数字图像相关技术在复合材料本构参数识别中的应用

刘 刘　贺体人　著

U0315438

北 京

冶 金 工 业 出 版 社

2022

内 容 提 要

本书基于数字图像相关技术和有限元模型修正技术，提出通过短梁剪切实验，实现同时获得单向正交各向异性复合材料层合板主方向平面内多个力学性能参数的新方法，进而系统地研究了实验过程中实测位移误差对识别得到的材料力学性能参数不确定性的影响规律。实验方法可进一步用于二维平面编织高铝纤维硅氧铝基复合材料的面内非线性本构模型参数的识别。研究成果可促进固体力学、实验力学、计算力学和材料科学的综合交叉和有机融合，对复合材料本构行为分析、损伤识别和优化设计具有重要的工程应用价值。

本书既可作为从事复合材料开发、结构性能分析、评价和实验的技术人员的参考书，也可作为高等工科院校力学专业的教学参考书。

图书在版编目（CIP）数据

数字图像相关技术在复合材料本构参数识别中的应用/刘刘，贺体人著 . —北京：冶金工业出版社，2021.4（2022.4 重印）
ISBN 978-7-5024-8810-9

Ⅰ.①数… Ⅱ.①刘… ②贺… Ⅲ.①数字图像—应用—复合材料—本构关系—识别 Ⅳ.①TB33

中国版本图书馆 CIP 数据核字（2021）第 091548 号

数字图像相关技术在复合材料本构参数识别中的应用

出版发行	冶金工业出版社	电　　话	(010)64027926
地　　址	北京市东城区嵩祝院北巷 39 号	邮　　编	100009
网　　址	www.mip1953.com	电子信箱	service@mip1953.com

责任编辑　张熙莹　美术编辑　吕欣童　版式设计　禹　蕊
责任校对　李　娜　责任印制　禹　蕊
北京虎彩文化传播有限公司印刷
2021 年 4 月第 1 版，2022 年 4 月第 2 次印刷
710mm×1000mm　1/16；13.5 印张；2 彩页；266 千字；204 页
定价 86.00 元

投稿电话　（010）64027932　投稿信箱　tougao@cnmip.com.cn
营销中心电话　（010）64044283
冶金工业出版社天猫旗舰店　yjgycbs.tmall.com
（本书如有印装质量问题，本社营销中心负责退换）

前　言

复合材料是一大类新型材料，具有高比强度及高比刚度，铺层可设计及抗疲劳、耐腐蚀等优点。纤维增强聚合物基复合材料近年来在航空航天、能源、交通、建筑、机械等工程领域日益得到广泛应用。波音公司的 B787 "梦幻客机"、空客公司的 A350XWB 宽体远程客机及空直公司的 H-160 最新一代民用直升机，都采用了大量的复合材料，这些都表明复合材料结构应用进入一个全新的时代。复合材料的共性特征是具有多层次、多尺度的异质、异构界面。由于其各组分相力学响应各异并且各组分相界面复杂导致其具有宏观高度各向异性，充分认识复合材料结构在复杂载荷下的力学行为，深入理解材料损伤起始和演化规律、建立新研复合材料的强度准则及明确材料宏观力学行为与其加工缺陷、工艺参数等之间的相关性，都迫切需要发展一种简单可行的实验方法，实现通过最少量实验获得精确的复合材料完整的三维本构模型及性能参数，充分全面地描述和表征复合材料复杂载荷下的力学性能的各向异性特征和损伤演化行为。针对复合材料的这些特征，发展新型实验方法和技术，对进一步推动材料制备、设计和优化研究具有重要的理论意义和工程应用价值。

通过力学实验研究复合材料宏观力学行为并识别其力学性能参数依赖于实验中的变形测量精度。传统的接触式变形测量技术在复合材料力学性能测试中存在着一定的局限性。接触式变形测量方法采用应变片或线性位移传感器获得试样局部区域内的平均变形数据，但实现复合材料试样局部区域内变形的均匀分布存在困难。同时力学实验采用简单的单轴加载形式，每次实验仅能获得有限个材料性能参数。因此要得到非均质、各向异性复合材料的三维完整力学性能参数，需要开展极其大量的实验。随着实验力学的高速发展，出现了非干涉、非接触式全场变形测试技术，如网格法、数字图像相关技术（DIC）等，这些技术为力学实验提供了灵活、高精度的变形测试手段。它们的出现为解决各向异性、非均质复合材料试样中难以获得均布变形的问题提供了手段。特别是依托于低成本 CCD 成像和高效图像处理技术而发展起来的数字图像相关技术，因其具备全场非接触性、数据采集简单、测量环境要求低、测量精度高等优点已经成为一种常用而有效的表面变形测量手段，广泛应用于力学实验领域。采用 DIC 技术一方面可获得复杂载荷条件下试样表面全场实测应变，另一方面通过弹性力学或有限元数值分析可获得试样该条件下的应力分布，这就为构造材料三维完整的本构关系提供了大量充分的数据。全场变形测量技术在各向异性复合材料力学实验中的应用，对大大减少实验次数，降低数据分散度，充分认识和深入理解材料在复杂载荷状态下的力学行为、缺陷及其空间分布对材料性能的影响提供了广阔的前景。

本书提出将数字图像相关技术（DIC）和有限元模型修正技术（FEMU）相结合，可实现通过单次短梁剪切（SBS）实验同时获得单向正交各向异性复合材料层合板主方向平面内多个力学性能参数的方法。该实验方法可进一步推广到二维平面编织硅氧铝基复合材料的面内非线性本构行为识别工作中。实验和分析手段对复合材料本构行为分析、损伤识别和优化具有重要的工程应用价值。

本书有以下特点：

（1）本书重点介绍了改进短梁剪切实验，通过 DIC 获得碳纤维增强树脂基单向带层合板加载平面全场变形，以 DIC 实测变形和有限元数值计算变形之间的方差建立目标函数，通过最小二乘回归同时识别多个材料主平面内的力学性能参数。该方法识别效率高，对识别过程中的初值不敏感。该工作为数字图像相关技术在复合材料力学行为分析和损伤识别方面的应用提出了新的研究方向。

（2）给出了实测位移数据误差对识别得到的材料力学性能参数不确定性的影响规律。通过全场有限元近似方法对数值模拟位移数据开展重构，系统研究了离散位移数据中随机误差和重构算法误差与最优重构单元尺寸的关系，研究数字图像相关方法中随机误差和重构算法误差对识别得到的材料力学性能参数不确定性的影响。

（3）为显著降低随机误差和重构算法误差对材料力学性能参数识别结果不确定性的影响，提出采用重构位移构造目标函数开展材料力学性能参数识别。结果表明该方法相比于采用重构应变数据为目标函数的识别方法，结果与真值偏差更小，可有效解决低应变水平或高噪声水平实验的本构参数识别问题，对本构参数初值不敏感。

（4）将数字图像相关技术和有限元模型修正技术相结合的材料力学性能测试方法推广到二维平面编织硅氧铝基复合材料，通过材料的正轴及偏轴拉伸实验，获得了材料面内多个工程弹性常数，同时研究了目标函数选取、优化方法、参数初值、实测位移场随机误差水平对识别结果和效率的影响。

本书内容丰富，数据详实，在提出数字图像相关技术和有限元模型修正方法前，采用必要篇幅介绍了固体力学、复合材料宏观力学和数字图像相关方法的基础知识，因此方便非力学专业的科研人员理解。内容理论与实践并重，深入浅出，既可作为从事复合材料开发、结构性能分析、评价和实验的技术人员的参考书，也可作为高等工科院校力学专业的教学参考书。本书各个章节具有一定的独立性，在参考过程中可以根据实际情况有针对性地选用。

本书第1~3章和第5~8章由刘刘执笔，第4章由贺体人执笔，姬晓慧、邓琳琳、郝自清等研究生参加了审校工作。在编写过程中还得到北京理工大学宇航学院力学系教师们的大力支持，在此谨向他们表示衷心的感谢。

由于作者水平所限，书中不足之处，恳请读者批评指正。

作　者
2020 年 10 月于北京理工大学

目　录

1 绪 论

1.1 引言

复合材料是指由两种或两种以上具有不同物理、化学性质的材料经过复杂的组合形成的新型材料，其突出优点是复合材料的整体性能并不是各组分性能的简单叠加，而是在各组分相性能的基础上取长补短，发挥相互之间的协同效应，使得新型材料的整体性能高于各组分性能之和[1]。复合材料不仅在轻质上具有优势，还具有比模量大和比强度高的特点。如纤维增强复合材料是指由纤维和基体组成，其中碳纤维增强环氧树脂基复合材料的比强度是普通钢的7倍，比模量是普通钢的4倍。同时，复合材料还具有良好的抗疲劳、耐高低温的性能，减振及隔热性能，以及优良的化学稳定性能。另外，对于复杂构件的加工，复合材料可以实现构件和材料一次整体成型，成型工艺简便灵活，一次成型还可以提高整体性能。由于复合材料较之传统材料的优势以及现今轻量化趋势的需求，先进复合材料被广泛应用在航空航天、海洋船舶、汽车制造和风力发电等领域。

在航空航天领域，复合材料已经广泛应用在民用客机、无人机以及军用航空航天领域。ATR的外翼翼盒第一次实现了民用飞机发展史上复合材料在主承力结构的应用。我国的C919客机在襟翼、副翼、方向舵、升降舵和尾翼翼盒等部位采用了复合材料，复合材料在结构件中的质量比为18%[2]。空客A350-1000客机质量比70%的机体结构由先进的复合材料制造[2]。

由于复合材料轻质、高比模量、高比强度的特点也可以满足汽车轻量化、高负压等要求，复合材料越来越多地被用于汽车车身覆盖件、内外饰、结构件和功能件的开发和制造。我国首辆具有自主知识产权的碳纤维新能源汽车奥新e25紧凑型A级车于2015年在江苏盐城下线，比传统汽车减重50%，降低了单位里程能耗，提高了动力和续航能力。此外，中国一汽大众的奥迪A6的SMC后保险杠缓冲梁、GMT后备箱、BMC车灯反射罩、GMT前端模块以及宝来的GMT前端模块都应用了复合材料，奇瑞汽车的东方之子GMT保险杠缓冲梁也采用了复合材料。

风力发电作为一种清洁环保和可再生资源近年来迅猛发展，同时也为复合材料的应用提供了市场，我国连云港中复复合材料有限公司和中材科技风电叶片股份有限公司实现了碳纤维在风电叶片的规模化应用，复合材料在风机叶片中的应用还具有广阔的发展空间。

综上，随着现代科学技术的发展，复合材料作为现代新材料以其轻质、高比强度、耐高温、耐腐蚀等优势在工程和生活中得到了越来越广泛的应用。复合材料本身就是材料学、力学和航空航天工程与技术等多学科交叉的研究方向，而物理、化学和3D打印技术的进一步交叉和融合，又为新型复合材料的开发和应用提供了更为充足的条件。

复合材料是具有多层次，宏细观多尺度的异质、异构界面材料，主要由纤维和基体或夹杂和基体构成，在细观结构上包含了夹杂、孔洞和材料界面等局部特征，表现出非均匀性；而在宏观上又有均质材料的特性。由于各组分力学性能不同并且各组分之间的界面响应比较复杂，宏观上复合材料表现出了很强的各向异性特征；同时树脂基结构复合材料也表现出明显的物理非线性。如树脂基复合材料单向带层合板在剪切加载过程中，没有明显的屈服点，材料存在明显的剪切非线性行为。再以碳纤维环氧树脂基复合材料为例，由于复合材料在拉-压状态下纤维、基体各组分相对承载的贡献不同，因此表现出拉、压模量不一致的特点：当复合材料单向带受拉时，其拉伸性能主要取决于纤维。当复合材料单向带的纤维缺陷少并且尺寸较小，材料的拉伸模量高、强度大时，由于纤维轴向拉伸性能表现为线性，因此复合材料单向拉伸应力-应变关系在拉伸失效前也表现为线性；当复合材料单向带受压时，由于碳纤维的受压性能弱于受拉性能，且材料受压时还要考虑基体和界面之间的作用，因此复合材料单向带表现为拉、压模量不一致的特点。充分认识和理解复合材料复杂应力状态下的非线性物理本构关系，对实现复合材料的高性能、低缺陷、低成本的广泛应用以及发展新型高强高模轻质复合材料具有重要的研究价值和重大的工程需求。

近些年来，由于计算机技术的飞速发展，各种数字计算和图形处理的软硬件的数据处理水平不断提高，光学全场测量技术如光弹性法、云纹干涉法、数字图像相关方法等也得到迅速的发展，在很多领域得到了广泛的应用。与应变片等电测方法需要获得测试区域内均布变形场数据不同，光学测量方法的特点是可以获得测试区域内非均布的变形场，实现全场位移、应变场的量化分析。得益于计算机和图像处理技术的迅速发展，数据的自动化采集和处理提高了实验效率和精度，光测方法可以完成过去接触式测量手段难以解决的测量难题，且凭借全场非接触性、测量环境要求低以及数据采集过程简单等特点，在实验力学领域得到广泛的应用。国内外学者在数字图像相关方法的新理论和新算法以及在不同领域的应用方面都取得了丰富的研究成果。数字图像相关方法由于其自身的优势，在力学实验中得到了广泛的应用，在国内外的研究工作中通过该技术已经实现了诸如小尺度、软物质以及恶劣环境下的材料变形的测量。

　　全场变形测量技术在宏观各向异性复合材料力学实验中的应用，可以大大简化实验形式和减少实验次数。获得复合材料的复杂载荷条件下完整的非线性本构关系需要应变的精准测量和应力的精确计算。一方面通过数字图像相关方法可以获得复合材料试样表面高应力水平下的全场实测应变；另一方面通过弹性力学或有限元数值分析可以得到试样在该载荷条件下的应力分布，这就为得到复合材料的非线性本构关系提供了可能。由于复合材料具有各向异性、物理非线性和非均质等特点，实测应变数据和计算所得的应力分量很难建立起简单的本构关系，且应力的计算结果对材料本构关系敏感，所以通过力学实验结合数字图像相关方法实测应变数据，获得复合材料宏观各向异性本构关系以及力学性能参数为一个典型的反问题，求解这一反问题需要结合反问题分析方法，如有限元模型修正技术或虚场法（Virtual Field Method，VFM）等优化识别技术。其中有限元模型修正技术（Finite Element Model Updating，FEMU）是通过最小化实测应变和数值计算应变之间的方差目标函数迭代识别材料本构关系多个参数的反问题求解方法。利用全场变形测量技术通过单一形式少次实验识别材料本构关系参数的另一个重要方法是虚场法。该方法由 Grédiac 和 Pierron 等人首先提出，并开展了一系列的理论和实验研究。虚场法利用全场变形实测数据结合材料未知本构参数和满足位移边界条件以及连续性条件的虚位移场给出结构应变能表达式，根据虚功原理可获得实测变形、载荷与本构模型中未知材料参数之间的显式表达式。该方法最显著的优势是可以建立实测数据与未知材料参数之间的显式关系，避免了大量的数值迭代和修正过程，大大提高了计算效率。

　　在有限元模型修正法和数字图像相关方法相结合进行复合材料本构关系参数识别的过程中，精确的应变场数据是获得准确的本构关系参数的关键，而在实验过程中可能存在着诸如光照条件变化、CCD 相机元器件热变形等原因，使得 DIC 设备采集的图像存在噪声，同时由图像信息计算位移数据的相关算法也可能引入系统误差。应变数据需要通过对位移数据进行数值微分的方法获得，计算应变数据的过程中也不可避免地会放大位移数据中的误差，应变数据中的误差会引起识别所得的材料参数的不确定性。因此，明确和量化位移测量中的误差对应变计算和识别得到的材料本构关系参数的不确定性的影响是一个重要问题。

　　本书主要采用适用性广泛的有限元模型修正方法，通过数字图像相关技术辅助的力学实验，讨论了碳纤维增强树脂基复合材料和二维平纹编织陶瓷基复合材料在常温和高温环境下的力学性能参数和本构模型参数的识别问题；进而通过系统分析实验中的随机误差和变形场重构过程中算法误差，研究实验误差对识别结果的影响规律，提高识别结果的可靠性。研究工作为揭示复合材料复杂的变形机理以及强度理论奠定实验基础，为发展材料"虚拟实验"技术提供了一种可行的方法。

1.2　连续介质运动学描述框架

为了帮助读者理解复合材料的宏观各向异性特征以及采用有限元模型修正方法识别材料力学性能的基本原理，本节对连续固体力学基本公式做简要介绍。首先定义"连续"的概念。在微观尺度下，介质都是由物质组成的。固体或流体都是由离散的原子组成，包括质子、中子和电子等；在宏观尺度下，假设组成介质的材料点之间不存在孔隙、裂缝等，因此介质可以不考虑孔隙而被无限细分下去。在这个概念前提下，任意小的一个区域就可以被压缩成一个点，并且可以定义与介质相关的任意物理量对空间的导数。物理量如介质的密度 $\rho(x,\ t)$ 定义为单位体积上的质量，可以假设极限存在：

$$\rho(X,\ t) = \lim_{\Delta V \to 0} \frac{\Delta m}{\Delta V} \tag{1.1}$$

式中，Δm 为无限小体积内介质的质量；X 为位置矢量；t 为时间。

但当我们讨论纳米尺度（10^{-9}m）或者原子尺度的介质时，连续性假设不再满足。本书目前不讨论这个尺度的介质。

满足连续性条件的介质可以通过牛顿经典力学中的守恒原理推导控制方程，守恒原理包括质量守恒原理、线动量守恒原理、角动量守恒原理、能量守恒原理。

但上述这些原理未考虑介质在载荷或环境作用下的几何改变或机械响应。不考虑这些因素，仅通过守恒原理推导得到的控制方程无法充分描述介质的响应，因此还必须考虑另外两组方程：运动学方程（应变-位移关系方程）及本构方程（如应力-应变关系）。

运动学研究介质的运动和变形，但不考虑引起运动和变形的载荷（力）的作用。本构方程是描述介质机械响应行为的方程，它将动能方程中的物理量（如动量和能量守恒方程）与运动学方程中的物理量建立起关系。上述控制方程中还涉及空间坐标和时间，因此确定方程的解还需要建立适当的边界条件和初始条件。

目前有两种可以互相替代的框架描述连续介质的运动。一种是考虑通过空间中固定位置处所有介质的运动，关注各个时刻该位置处介质的各种物理参数，如速度、压力、温度、密度。这种描述方法称为空间描述或者欧拉描述。另外一种是仅考虑确定的一组介质点（材料点），关注这些材料点在外载或温度作用下相对位移和应力。这种描述方法称为材料描述或拉格朗日描述。欧拉描述方法通常用于研究流体或热和流体之间的耦合问题，拉格朗日描述常用于研究固体的传热、应力和变形问题。

为了理解材料描述和空间描述之间的区别，考虑一连续介质，研究其中一个区域。X 表示该区域中任意一个介质点时刻 $t=0$ 时的位置，同时设位置 X 处的介质点为 X。$t>0$ 时刻，位置 X 在空间描述中保持不变，设为 x。可见空间描述中当前时刻的位置 x 和初始时刻的位置 X 是一样的，但这两个时刻下同一位置处的介质并不相同，如介质点 X 在时刻 $t>0$ 已经不再处于位置 x 处。但在材料描述中，关注材料本身，如在 $t=0$ 时处于位置 X 处的材料点 X 在 $t>0$ 时运动到新的位置 x。

为了进一步理解这两个框架的区别，考虑这两个描述下的一个标量，如密度 ρ。在材料描述框架下，它可表示为关于介质点 X 的坐标 X 的函数：

$$\rho = \rho(X,\ t) \tag{1.2}$$

但在空间描述下，它是关于空间坐标 x 的函数，表示时刻 t 空间坐标 x 处的介质的密度：

$$\rho = \rho(x,\ t) \tag{1.3}$$

式（1.2）表示不同时刻 t，相同的介质点 X 密度不同。介质点当下的位置矢量 x 可表示为 $t=0$ 时刻位置矢量 X 的函数。因此在材料描述框架下，始终关注介质点随时间的变化。

式（1.3）表示不同时刻 t 下，由于占据相同空间位置 x 处的材料发生了变化，因此可观察到不同的材料密度。可见空间描述框架下，始终关注空间位置处物理量随时间的变化。

1.3 固体力学基本公式

1.3.1 线动量和角动量守恒（平衡方程）

1.3.1.1 运动方程

由线动量守恒或牛顿第二定律可知，质点系（或刚体）应满足线动量的变化率等于质点系所受的合外力，写成矢量表达式：

$$\frac{\mathrm{d}}{\mathrm{d}t}(mv) = F \tag{1.4}$$

式中，m 为总质量；v 为速度；F 为质点系的合力。

对于恒质量体系有：

$$F = m\frac{\mathrm{d}v}{\mathrm{d}t} = ma \tag{1.5}$$

式（1.5）就是我们熟悉的牛顿第二定律。为了进一步推导得到体系的（如空间中某一特定区域中通过它的介质流或运动中的某一特定材料体）的运动学方程，还需要确定作用在体系上的力。

作用在体系上的力可分为内力和外力两种。内力是物体内部各质点之间的相互作用力，内力能够使各质点之间保持一定的相对位置，从而使物体维持一定的几何形状。因此一个完全不受外力作用的物体也是具有内力的。当物体受外力作用发生变形时，内部质点间的相对距离发生了改变，从而引起内力的改变，这种内力的改变量可理解为"附加内力"，也正是本书中定义的内力。内力和外力的大小相等但方向相反，用来抵抗外力作用引起的物体形状和尺寸的改变，并力图使物体回复到变形前的状态和位置。物体单位面积上的内力我们称为应力。外力是物体可以承受或传递的力，外力又可以进一步分为面力和体力。

体力是指物体体积内分布的力，如物体的重力。如果材料具有磁性或者分布有非自由电荷，那么磁力和静电力也是体力。定义 f 为物体单位质量上的体力，考虑物体体积 V 内大小为 dV 的微元体，则该物体的体力大小为 ρdVf，则该物体的体力为：

$$\int_V \rho f \mathrm{d}V \tag{1.6}$$

面力是作用在物体表面的接触力。如施加在物体表面的外力为一典型的面力。设 t 为单位面积上的表面力，则面积为 dS 的微元上的面力为 $t\mathrm{d}S$，则作用在物体封闭表面上的总面力为：

$$\oint_S t\mathrm{d}S \tag{1.7}$$

由于表面力矢量 t 与应力张量 $\vec{\vec{\sigma}}$ 有关，由柯西公式可知：

$$t = \hat{n} \cdot \vec{\vec{\sigma}} \tag{1.8}$$

式中，$\hat{n}$ 为物体表面单位法线矢量。

则面力可表示为：

$$\oint_S \hat{n} \cdot \vec{\vec{\sigma}} \mathrm{d}S$$

由散度定理可知：

$$\oint_S \hat{n} \cdot \vec{\vec{\sigma}} \mathrm{d}S = \oint_V \nabla \cdot \vec{\vec{\sigma}} \mathrm{d}V \tag{1.9}$$

由固体的线动量守恒定律可知：

$$\nabla \cdot \vec{\vec{\sigma}} + \rho f = \rho \frac{\partial^2 u}{\partial t^2} \tag{1.10}$$

式中，u 为位移矢量。

在笛卡尔直角坐标系中，式（1.10）可表示为分量形式：

$$\frac{\partial \sigma_{ji}}{\partial x_j} + \rho f_i = \rho \frac{\partial^2 u_i}{\partial t^2} \quad (i = 1,\ 2,\ 3) \tag{1.11}$$

式（1.11）也可通过对微元体采用牛顿第二定律推导获得。考虑物体内受体力和应力的无限小六面体微元，沿坐标轴 x_1、x_2 和 x_3 的尺寸分别为 $\mathrm{d}x_1$、$\mathrm{d}x_2$ 和

$\mathrm{d}x_3$ 的六面体微元，其各个面上的应力分量如图 1.1 所示，则沿 x_1 方向的合力可写为：

$$\left(\sigma_{11} + \frac{\partial\sigma_{11}}{\sigma x_1}\mathrm{d}x_1\right)\mathrm{d}x_2\mathrm{d}x_3 - \sigma_{11}\mathrm{d}x_2\mathrm{d}x_3 + \left(\sigma_{21} + \frac{\partial\sigma_{21}}{\partial x_2}\mathrm{d}x_2\right)\mathrm{d}x_1\mathrm{d}x_3 - \sigma_{21}\mathrm{d}x_1\mathrm{d}x_3 +$$

$$\left(\sigma_{31} + \frac{\partial\sigma_{31}}{\partial x_3}\mathrm{d}x_3\right)\mathrm{d}x_1\mathrm{d}x_2 - \sigma_{31}\mathrm{d}x_1\mathrm{d}x_2 + \rho f_1\mathrm{d}x_1\mathrm{d}x_2\mathrm{d}x_3 = \left(\frac{\partial\sigma_{11}}{\partial x_1} + \frac{\partial\sigma_{21}}{\partial x_2} + \frac{\partial\sigma_{31}}{\partial x_3}\right)\mathrm{d}x_1\mathrm{d}x_2\mathrm{d}x_3$$

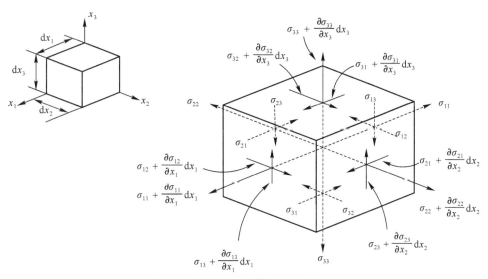

图 1.1 作用在六面体微元上的应力

由牛顿第二定律，合力等于质量与 x_1 方向加速度的积

$$(\rho\,\mathrm{d}x_1\mathrm{d}x_2\mathrm{d}x_3)\frac{\partial^2 u_1}{\partial t^2}$$

式中，ρ 为材料的密度。

上述两式除以 $\mathrm{d}x_1\mathrm{d}x_2\mathrm{d}x_3$，则有：

$$\frac{\partial\sigma_{11}}{\partial x_1} + \frac{\partial\sigma_{21}}{\partial x_2} + \frac{\partial\sigma_{31}}{\partial x_3} + \rho f_1 = \rho\,\frac{\partial^2 u_1}{\partial t^2}$$

类似地，沿 x_2 和 x_3 方向通过微元体的牛顿第二定律可得：

$$\frac{\partial\sigma_{12}}{\partial x_1} + \frac{\partial\sigma_{22}}{\partial x_2} + \frac{\partial\sigma_{32}}{\partial x_3} + \rho f_2 = \rho\,\frac{\partial^2 u_2}{\partial t^2}$$

$$\frac{\partial\sigma_{13}}{\partial x_1} + \frac{\partial\sigma_{23}}{\partial x_2} + \frac{\partial\sigma_{33}}{\partial x_3} + \rho f_3 = \rho\,\frac{\partial^2 u_3}{\partial t^2}$$

或写成：

$$\frac{\partial \sigma_{ji}}{\partial x_j} + \rho f_i = \rho \frac{\partial^2 u_i}{\partial t^2} \quad (i, j = 1, 2, 3) \tag{1.12}$$

式（1.12）与式（1.11）一致。对于静力学问题，对时间的导数项为零，可得到静平衡方程：

$$\frac{\partial \sigma_{ji}}{\partial x_j} + \rho f_i = 0 \quad (i, j = 1, 2, 3) \tag{1.13}$$

1.3.1.2　应力张量的对称性

角动量守恒定理可表述为连续介质角动量的变化率等于作用在该介质上外力矩的矢量和。在不考虑体力矩的情况下，通过角动量守恒定理可得到应力张量的对称性，也就是说由应力分量构成的矩阵是对称矩阵：

$$\sigma_{23} = \sigma_{32}, \quad \sigma_{31} = \sigma_{13}, \quad \sigma_{12} = \sigma_{21}$$

因此应力分量中仅有6个独立分量。当 $i=j$ 时，σ_{ij} 为正应力；当 $i \neq j$，$\sigma_{ij} = \tau_{ij}$ 为剪应力。

应力张量的对称性也可以通过力矩的牛顿第二定律推导得到。考虑作用在图1.1 所示六面体微元上所有力关于 x_3 轴的力矩，采用右手法则定义矩的正方向，推导矩的平衡方程，有：

$$\left[\left(\sigma_{12} + \frac{\partial \sigma_{12}}{\partial x_1} dx_1\right) dx_2 dx_3\right] \frac{dx_1}{2} + (\sigma_{12} dx_2 dx_3) \frac{dx_1}{2} -$$

$$\left[\left(\sigma_{21} + \frac{\partial \sigma_{21}}{\partial x_2} dx_2\right) dx_1 dx_3\right] \frac{dx_2}{2} - (\sigma_{21} dx_1 dx_3) \frac{dx_2}{2} = 0$$

上式两侧都除以 $\frac{1}{2} dx_1 dx_2 dx_3$，并取极限 $dx_1 \to 0$，$dx_2 \to 0$，可以得到：

$$\sigma_{12} - \sigma_{21} = 0$$

类似地，建立关于 x_1 轴和 x_2 轴矩平衡方程，有：

$$\sigma_{23} - \sigma_{32} = 0, \quad \sigma_{31} - \sigma_{13} = 0$$

1.3.2　变形的运动学

1.3.2.1　应变张量

运动学是从几何的角度描述和研究物体的位置和形态（变形）随时间的变化，但不涉及物体本身的物理性质和加在物体上的力。在外力作用下，物体将出现位移和变形（应变）。"变形"是指物体几何形状的改变。如果一个物体仅存在刚体运动，则是指该物体内任意两点间的距离保持不变，任意小两线段之间的夹角保持不变。刚体运动不改变物体的几何形状。因此变形是用于表征物体内两点间距离的变化和两条线段之间夹角的变化。在材料描述框架下，引入应变张量描述物体的变形。

考虑体积为 V，外表面闭合面积为 S 的一个固体，为了简化问题，也用 V 表示该固体所占据的区域。通常用 X 表示区域 V 内的一个材料点，它在笛卡尔直角坐标系下的位置为 X。在外载作用下的固体（同时存在几何约束）可发生变形，材料点 X 运动到新的位置 x。由于固体内的所有材料点都将发生运动，但运动的幅值大小不等，因此可导致固体占据的区域也发生变化，如图 1.2 所示。

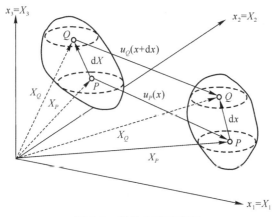

图 1.2　物体变形示意图

为了确定固体的运动中是否包括变形（或应变），需要计算变形后相邻两点的距离。设 $P(X_1, X_2, X_3)$ 和 $Q(X_1 + dX_1, X_2 + dX_2, X_3 + dX_3)$ 为 $t = 0$ 时刻参考坐标系下的任意两点，如图 1.2 所示。在外载作用下，固体发生变形，点 P 和 Q 移动到新的位置，分别为 $\overline{P}(x_1, x_2, x_3)$ 和 $\overline{Q}(x_1 + dx_1, x_2 + dx_2, x_3 + dx_3)$。变形前（参考坐标系下）位置 X 处的质点 X 变形后运动到位置 x 处，质点 X 的位移矢量可写为：

$$\boldsymbol{u} = \boldsymbol{x} - \boldsymbol{X} \quad \text{或} \quad u_i = x_i - X_i \quad (i = 1, 2, 3) \tag{1.14}$$

在材料描述中，材料点当前位置 x 可写成 $t = 0$ 时刻的位置 X 和时间 t 的函数：

$$\boldsymbol{x} = \boldsymbol{x}(\boldsymbol{X}, t), \quad x_i = x_i(X_1, X_2, X_3, t) \quad (i = 1, 2, 3) \tag{1.15}$$

假设研究对象连续介质中不存在不连续间隙和叠加，则变形前的材料点和变形后的材料点之间存在唯一可逆的一对一映射，因此式（1.15）的逆映射存在唯一。

需要进一步确定变形后点 $\overline{P}$ 和点 $\overline{Q}$ 之间的距离，并与变形前点 P 和点 Q 之间的距离进行比较。点 P 和点 Q 之间的距离和点 $\overline{P}$ 和点 $\overline{Q}$ 之间的距离可分别写为：

$$(\mathrm{d}S)^2 = \mathrm{d}\boldsymbol{X} \cdot \mathrm{d}\boldsymbol{X} = \mathrm{d}X_i\mathrm{d}X_i, \quad (\mathrm{d}s)^2 = \mathrm{d}\boldsymbol{x} \cdot \mathrm{d}\boldsymbol{x} = \mathrm{d}x_i\mathrm{d}x_i \qquad (1.16)$$

式（1.16）中重复下角标表示求和。如果 $\mathrm{d}S \neq \mathrm{d}s$，则认为变形体发生了变形，出现了应变。由式（1.16）可知：

$$\begin{aligned}
(\mathrm{d}s)^2 - (\mathrm{d}S)^2 &= \mathrm{d}\boldsymbol{x} \cdot \mathrm{d}\boldsymbol{x} - \mathrm{d}\boldsymbol{X} \cdot \mathrm{d}\boldsymbol{X} = \mathrm{d}x_m\mathrm{d}x_m - \mathrm{d}X_i\mathrm{d}X_i \\
&= \left(\frac{\partial x_m}{\partial X_i}\mathrm{d}X_i\right)\left(\frac{\partial x_m}{\partial X_j}\mathrm{d}X_j\right) - \mathrm{d}X_i\mathrm{d}X_j = \frac{\partial x_m}{\partial X_i}\frac{\partial x_m}{\partial X_j}\mathrm{d}X_i\mathrm{d}X_j - \delta_{ij}\mathrm{d}X_i\mathrm{d}X_j \\
&= 2\varepsilon_{ij}\mathrm{d}X_i\mathrm{d}X_j
\end{aligned} \qquad (1.17)$$

式中，ε_{ij} 为点 P 的格林应变张量分量。

$$\overset{\leftrightarrow}{\varepsilon} = \varepsilon_{ij}\hat{\boldsymbol{E}}_i\hat{\boldsymbol{E}}_j \qquad (1.18a)$$

由式（1.17）显见：

$$\varepsilon_{ij} = \frac{1}{2}\left(\frac{\partial x_m}{\partial X_i}\frac{\partial x_m}{\partial X_j} - \delta_{ij}\right) \qquad (1.18b)$$

式中，$\hat{\boldsymbol{E}}_i$ 为笛卡尔直角坐标系 (X_1, X_2, X_3) 下的单位基矢量。

从式（1.18b）的定义可见格林应变张量分量具有对称性。当且仅当 $\varepsilon_{ij} = 0$，变形体上线单元长度的变化为零。

应变分量也可以通过点 P 的位移分量给出：

$$x_m = u_m + X_m, \qquad \frac{\partial x_m}{\partial X_i} = \frac{\partial u_m}{\partial X_i} + \delta_{mi} \qquad (1.19)$$

因此有：

$$\varepsilon_{ij} = \frac{1}{2}\left[\left(\frac{\partial u_m}{\partial X_i} + \delta_{mi}\right)\left(\frac{\partial u_m}{\partial X_j} + \delta_{mj}\right) - \delta_{ij}\right] = \frac{1}{2}\left(\frac{\partial u_i}{\partial X_j} + \frac{\partial u_j}{\partial X_i} + \frac{\partial u_m}{\partial X_i}\frac{\partial u_m}{\partial X_j}\right) \quad (1.20)$$

展开式（1.20），典型的应变分量如：

$$\varepsilon_{11} = \frac{\partial u_1}{\partial X_1} + \frac{1}{2}\left[\left(\frac{\partial u_1}{\partial X_1}\right)^2 + \left(\frac{\partial u_2}{\partial X_1}\right)^2 + \left(\frac{\partial u_3}{\partial X_1}\right)^2\right]$$

$$\varepsilon_{12} = \frac{1}{2}\left(\frac{\partial u_1}{\partial X_2} + \frac{\partial u_2}{\partial X_1} + \frac{\partial u_1}{\partial X_1}\frac{\partial u_1}{\partial X_2} + \frac{\partial u_2}{\partial X_1}\frac{\partial u_2}{\partial X_2} + \frac{\partial u_3}{\partial X_1}\frac{\partial u_3}{\partial X_2}\right) \qquad (1.21)$$

当位移分量的微分远远小于 1，则它们的乘积可以忽略不计，即：

$$\frac{\partial u_i}{\partial X_j} \ll 1, \qquad \left(\frac{\partial u_i}{\partial X_j}\right)^2 \approx 0 \qquad (1.22)$$

这种情况下，格林应变分量变为小应变分量 e_{ij}：

$$\varepsilon_{ij} \approx e_{ij} = \frac{1}{2}\left(\frac{\partial u_i}{\partial X_j} + \frac{\partial u_j}{\partial X_i}\right) = \frac{1}{2}\left(\frac{\partial u_i}{\partial x_j} + \frac{\partial u_j}{\partial x_i}\right) \qquad (1.23)$$

当 $i = j$ 时，ε_{ij} 为正应变。当 $i \neq j$ 时，$\varepsilon_{ij} = \dfrac{1}{2}\gamma_{ij}$，$\gamma_{ij}$ 称为工程剪切应变。

1.3.2.2　应变协调方程

当给定充分可微的位移场，可通过式（1.20）或式（1.23）直接计算获得应变分量。但由于6个应变分量对应3个位移分量，因此给定应变分量，无法确定位移分量。换句话说，存在包括3个未知量的6个微分方程。综上，6个微分方程应该相互协调，也就是说满足任意3个方程，都能够得到相同的位移场。

为了进一步理解上述协调关系，考察一个二维问题。线性位移-应变关系如下：

$$\frac{\partial u_1}{\partial x_1} = e_{11}, \qquad \frac{\partial u_2}{\partial x_2} = e_{22}, \qquad \frac{\partial u_1}{\partial x_2} + \frac{\partial u_2}{\partial x_1} = 2e_{12} \tag{1.24}$$

如果 e_{ij} 是 x_1 和 x_2 的函数，且 e_{11}、e_{22} 和 e_{12} 满足某种关系，则式（1.24）是相互协调的。它们应满足的关系可以通过下面方法推导得到。取式（1.24）中的第3式关于 x_1、x_2 的微分，有：

$$\frac{\partial^3 u_1}{\partial x_1 \partial x_2^2} + \frac{\partial^3 u_2}{\partial x_1^2 \partial x_2} = 2\frac{\partial^2 e_{22}}{\partial x_1 \partial x_2} \tag{1.25}$$

显然，通过式（1.24）中的第1式和第2式可得式（1.25）中关于 u_1 和 u_2 的三次微分，有：

$$\frac{\partial^3 u_1}{\partial x_1 \partial x_2^2} = \frac{\partial^2 e_{11}}{\partial x_2^2}, \quad \frac{\partial^3 u_2}{\partial x_1^2 \partial x_2} = \frac{\partial^2 e_{22}}{\partial x_1^2}$$

将上式代入式（1.25），可得到应变微分之间的关系式，有：

$$\frac{\partial^2 e_{11}}{\partial x_2^2} + \frac{\partial^2 e_{22}}{\partial x_1^2} = 2\frac{\partial^2 e_{22}}{\partial x_1 \partial x_2} \tag{1.26}$$

式（1.26）称为二维应变场的协调方程。

上述推导可进一步推广到三维弹性情况：

$$e_{ij,\,kl} = \frac{1}{2}(u_{i,\,jkl} + u_{j,\,ikl}), \qquad e_{kl,\,ij} = \frac{1}{2}(u_{k,\,lij} + u_{l,\,kij})$$

$$e_{lj,\,ki} = \frac{1}{2}(u_{l,\,jki} + u_{j,\,lki}), \qquad e_{ki,\,lj} = \frac{1}{2}(u_{k,\,ilj} + u_{i,\,klj}) \tag{1.27}$$

将式（1.27）中前两式和后两式分别相加，有：

$$e_{ij,\,kl} + e_{kl,\,ij} = \frac{1}{2}(u_{i,\,jkl} + u_{j,\,ikl} + u_{k,\,lij} + u_{l,\,kij})$$

$$e_{lj,\,ki} + e_{ki,\,lj} = \frac{1}{2}(u_{l,\,jki} + u_{j,\,lki} + u_{k,\,ilj} + u_{i,\,klj}) \tag{1.28}$$

显然，式（1.28）中等号右边两式相等（逗号后的下角标顺序可调），因此在笛卡尔坐标系下有：

$$e_{ij,\,kl} + e_{kl,\,ij} = e_{lj,\,ki} + e_{ki,\,lj} \tag{1.29}$$

式（1.29）即为给定应变场条件下，存在单值位移场的充分必要条件。虽然式（1.29）存在 81 个分量形式，但这些等式中仅有 6 个是独立的，这 6 个独立等式为：

$$\frac{\partial^2 e_{11}}{\partial x_2^2} + \frac{\partial^2 e_{22}}{\partial x_1^2} = 2 \frac{\partial^2 e_{12}}{\partial x_1 \partial x_2}$$

$$\frac{\partial^2 e_{22}}{\partial x_3^2} + \frac{\partial^2 e_{33}}{\partial x_2^2} = 2 \frac{\partial^2 e_{23}}{\partial x_2 \partial x_3}$$

$$\frac{\partial^2 e_{11}}{\partial x_3^2} + \frac{\partial^2 e_{33}}{\partial x_1^2} = 2 \frac{\partial^2 e_{13}}{\partial x_1 \partial x_3}$$

$$\frac{\partial}{\partial x_1}\left(-\frac{\partial e_{23}}{\partial x_1} + \frac{\partial e_{13}}{\partial x_2} + \frac{\partial e_{12}}{\partial x_3} \right) = \frac{\partial^2 e_{11}}{\partial x_2 \partial x_3} \tag{1.30}$$

$$\frac{\partial}{\partial x_2}\left(-\frac{\partial e_{13}}{\partial x_2} + \frac{\partial e_{12}}{\partial x_3} + \frac{\partial e_{23}}{\partial x_1} \right) = \frac{\partial^2 e_{22}}{\partial x_1 \partial x_3}$$

$$\frac{\partial}{\partial x_3}\left(-\frac{\partial e_{12}}{\partial x_3} + \frac{\partial e_{23}}{\partial x_1} + \frac{\partial e_{13}}{\partial x_2} \right) = \frac{\partial^2 e_{33}}{\partial x_1 \partial x_2}$$

对于二维问题，这组 6 个等式减少为 1 个：

$$\frac{\partial^2 e_{11}}{\partial x_2^2} + \frac{\partial^2 e_{22}}{\partial x_1^2} = 2 \frac{\partial^2 e_{22}}{\partial x_1 \partial x_2} \tag{1.31}$$

由此可见，由位移场计算得到的应变自动满足应变协调关系，对通过平衡的应力分量计算得到的应变，应校核是否满足应变协调条件。

1.3.3　本构方程

上述章节中讨论的运动学关系和热力学原理对于任何连续介质均成立。还需要建立表征某一材料的响应和其所受到外力之间的关系，这些关系称为材料的本构关系。如果材料的性质处处相同（与材料点的位置无关），则该材料为均质材料；而在非均质材料中，材料的性质是位置的函数。各向异性材料是指同一材料点处沿不同方向，材料的性质不同，即材料的性质与方向相关；各向同性材料是指同一材料点处沿不同方向材料的性质均相同。各向同性或各向异性材料可以是均质的或非均质的。

等温条件下，引起变形的外力消失后能够完全恢复初始状态的材料称为理想弹性材料，其材料的应力状态和应变状态之间可以建立一一对应关系。本构关系中不包括时间相关的材料蠕变和松弛行为。本构关系中描述应力和应变关系的材料常数在变形过程中保持常数。理想弹性材料的本构关系中通过引入热膨胀系数考虑温度的影响，即温度变化与机械载荷一样，均可引起材料的应力或应变。本构关系中也可考虑材料常数随温度的变化。

1.3.3.1 广义胡克定律

广义胡克定律将 6 个应力分量和 6 个应变分量沿着材料主方向（x_1，x_2，x_3）联系起来：

$$\sigma_{ij} = C_{ijkl}\varepsilon_{kl} \tag{1.32}$$

式中，σ_{ij} 为应力分量；ε_{kl} 为应变分量；C_{ijkl} 为沿材料主方向的弹性常数。

式（1.32）可写成矩阵形式：

$$\begin{Bmatrix} \sigma_1 \\ \sigma_2 \\ \sigma_3 \\ \sigma_4 \\ \sigma_5 \\ \sigma_6 \end{Bmatrix} = \begin{bmatrix} C_{11} & C_{12} & C_{13} & C_{14} & C_{15} & C_{16} \\ C_{21} & C_{22} & C_{23} & C_{24} & C_{25} & C_{26} \\ C_{31} & C_{32} & C_{33} & C_{34} & C_{35} & C_{36} \\ C_{41} & C_{42} & C_{43} & C_{44} & C_{45} & C_{46} \\ C_{51} & C_{52} & C_{53} & C_{54} & C_{55} & C_{56} \\ C_{61} & C_{62} & C_{63} & C_{64} & C_{65} & C_{66} \end{bmatrix} \begin{Bmatrix} \varepsilon_1 \\ \varepsilon_2 \\ \varepsilon_3 \\ \varepsilon_4 \\ \varepsilon_5 \\ \varepsilon_6 \end{Bmatrix} \tag{1.33}$$

式（1.33）中应力和应变分量采用了单下角标的形式，这种表示方法称为简化角标表示法，满足：

$$\sigma_1 = \sigma_{11}, \ \sigma_2 = \sigma_{22}, \ \sigma_3 = \sigma_{33}, \ \sigma_4 = \tau_{23}, \ \sigma_5 = \tau_{13}, \ \sigma_6 = \tau_{12}$$

$$\varepsilon_1 = \varepsilon_{11}, \ \varepsilon_2 = \varepsilon_{22}, \ \varepsilon_3 = \varepsilon_{33}, \ \varepsilon_4 = 2\varepsilon_{23} = \gamma_{23}, \ \varepsilon_5 = 2\varepsilon_{31} = \gamma_{31}, \ \varepsilon_6 = 2\varepsilon_{12} = \gamma_{12}$$

双角标弹性常数 C_{ij} 可以通过下面的角标变换关系与 C_{ijkl} 联系起来：

$$11 \rightarrow 1, \ 22 \rightarrow 2, \ 33 \rightarrow 3, \ 23 \rightarrow 4, \ 13 \rightarrow 5, \ 12 \rightarrow 6$$

则式（1.33）由简化角标表示法可写为：

$$\sigma_i = C_{ij}\varepsilon_j \tag{1.34}$$

假设存在势函数 $W = W(\varepsilon_{ij})$（又称为应变能密度函数），可以推导出刚度矩阵 $[C]$ 满足对称性，即 $C_{ij} = C_{ji}$。对于理想弹性材料，应变能势函数或应变能密度函数存在，材料单位体积内应变能增量 $\mathrm{d}\varepsilon_i$ 所做的功为：

$$\mathrm{d}W = \sigma_i \mathrm{d}\varepsilon_i$$

由式（1.34）中的广义胡克定律，可得

$$C_{ij} = \frac{\partial \sigma_i}{\partial \varepsilon_j} = \frac{\partial \left(\frac{\partial W}{\partial \varepsilon_i}\right)}{\partial \varepsilon_j} = \frac{\partial^2 W}{\partial \varepsilon_i \partial \varepsilon_j} = \frac{\partial \left(\frac{\partial W}{\partial \varepsilon_j}\right)}{\partial \varepsilon_i} = \frac{\partial \sigma_j}{\partial \varepsilon_i} = C_{ji} \tag{1.35}$$

满足式（1.34）的材料称为各向异性材料。各向异性材料的刚度矩阵 $[C]$ 中仅存在 21 个独立的弹性常数。刚度矩阵取逆，可获得各向异性材料应变-应力关系如下：

$$\begin{Bmatrix} \varepsilon_1 \\ \varepsilon_2 \\ \varepsilon_3 \\ \gamma_{23} \\ \gamma_{13} \\ \gamma_{12} \end{Bmatrix} = \begin{bmatrix} S_{11} & S_{12} & S_{13} & S_{14} & S_{15} & S_{16} \\ S_{21} & S_{22} & S_{23} & S_{24} & S_{25} & S_{26} \\ S_{13} & S_{23} & S_{33} & S_{34} & S_{35} & S_{36} \\ S_{14} & S_{24} & S_{34} & S_{44} & S_{45} & S_{46} \\ S_{15} & S_{25} & S_{35} & S_{45} & S_{55} & S_{56} \\ S_{16} & S_{26} & S_{36} & S_{46} & S_{56} & S_{66} \end{bmatrix} \begin{Bmatrix} \sigma_1 \\ \sigma_2 \\ \sigma_3 \\ \tau_{23} \\ \tau_{31} \\ \tau_{12} \end{Bmatrix} \tag{1.36}$$

式中，S_{ij} 为柔性系数，满足 $[S] = [C]^{-1}$，且满足 $S_{ij} = S_{ji}$。

当材料存在 3 个相互垂直对称弹性平面时，则沿材料主方向弹性常数的个数减少为 9 个，这种材料称为正交各向异性材料，正交各向异性材料沿材料主方向的应力-应变关系如下：

$$\begin{Bmatrix} \sigma_1 \\ \sigma_2 \\ \sigma_3 \\ \tau_{23} \\ \tau_{13} \\ \tau_{12} \end{Bmatrix} = \begin{bmatrix} C_{11} & C_{12} & C_{13} & 0 & 0 & 0 \\ C_{21} & C_{22} & C_{23} & 0 & 0 & 0 \\ C_{31} & C_{32} & C_{33} & 0 & 0 & 0 \\ 0 & 0 & 0 & C_{44} & 0 & 0 \\ 0 & 0 & 0 & 0 & C_{55} & 0 \\ 0 & 0 & 0 & 0 & 0 & C_{66} \end{bmatrix} \begin{Bmatrix} \varepsilon_1 \\ \varepsilon_2 \\ \varepsilon_3 \\ \gamma_{23} \\ \gamma_{31} \\ \gamma_{12} \end{Bmatrix} \tag{1.37}$$

矩阵取逆，应变-应力关系如下：

$$\begin{Bmatrix} \varepsilon_1 \\ \varepsilon_2 \\ \varepsilon_3 \\ \gamma_{23} \\ \gamma_{13} \\ \gamma_{12} \end{Bmatrix} = \begin{bmatrix} S_{11} & S_{12} & S_{13} & 0 & 0 & 0 \\ S_{21} & S_{22} & S_{23} & 0 & 0 & 0 \\ S_{31} & S_{32} & S_{33} & 0 & 0 & 0 \\ 0 & 0 & 0 & S_{44} & 0 & 0 \\ 0 & 0 & 0 & 0 & S_{55} & 0 \\ 0 & 0 & 0 & 0 & 0 & S_{66} \end{bmatrix} \begin{Bmatrix} \sigma_1 \\ \sigma_2 \\ \sigma_3 \\ \tau_{23} \\ \tau_{31} \\ \tau_{12} \end{Bmatrix}$$

$$= \begin{bmatrix} \dfrac{1}{E_1} & -\dfrac{\nu_{21}}{E_2} & -\dfrac{\nu_{31}}{E_3} & 0 & 0 & 0 \\ -\dfrac{\nu_{12}}{E_1} & \dfrac{1}{E_2} & -\dfrac{\nu_{32}}{E_3} & 0 & 0 & 0 \\ -\dfrac{\nu_{13}}{E_1} & -\dfrac{\nu_{23}}{E_2} & \dfrac{1}{E_3} & 0 & 0 & 0 \\ 0 & 0 & 0 & \dfrac{1}{G_{23}} & 0 & 0 \\ 0 & 0 & 0 & 0 & \dfrac{1}{G_{31}} & 0 \\ 0 & 0 & 0 & 0 & 0 & \dfrac{1}{G_{12}} \end{bmatrix} \begin{Bmatrix} \sigma_1 \\ \sigma_2 \\ \sigma_3 \\ \tau_{23} \\ \tau_{31} \\ \tau_{12} \end{Bmatrix} \tag{1.38}$$

式中，E_1，E_2，E_3 分别为沿 1，2 和 3 材料主方向的弹性模量；ν_{ij} 为泊松比，其定义为沿 j 方向的横向（面外）应变与沿 i 方向的轴向（面内）应变之比；G_{23}，G_{31}，G_{12} 分别为材料 2—3、1—3 和 1—2 面的剪切模量。

材料主方向是指平行于 3 个相互正交的弹性对称面交线的方向，3 个材料主方向构成了主材料坐标系。由于柔度矩阵 $[S]$ 是刚度矩阵 $[C]$ 的逆矩阵，由于对称矩阵的逆矩阵也是对称的，因此柔度矩阵 $[S]$ 也为对称矩阵，满足下述关系式：

$$\frac{\nu_{21}}{E_2} = \frac{\nu_{12}}{E_1}, \qquad \frac{\nu_{31}}{E_3} = \frac{\nu_{13}}{E_1}, \qquad \frac{\nu_{32}}{E_3} = \frac{\nu_{23}}{E_2} \tag{1.39a}$$

或简写为：

$$\frac{\nu_{ij}}{E_i} = \frac{\nu_{ji}}{E_j} \quad (i, j \text{ 不求和}, \ i, j = 1, 2, 3) \tag{1.39b}$$

因此显然对于正交各向异性材料，仅存在 9 个独立的材料常数，称为正交各向异性材料的工程弹性常数，它们分别为：E_1，E_2，E_3，G_{23}，G_{31}，G_{12}，ν_{12}，ν_{13}，ν_{23}。

由柔度矩阵和刚度矩阵互逆性可得

$$C_{11} = \frac{S_{22}S_{33} - S_{23}^2}{S}, \quad C_{12} = \frac{S_{13}S_{23} - S_{12}S_{33}}{S}, \quad C_{13} = \frac{S_{12}S_{23} - S_{13}S_{22}}{S}$$

$$C_{22} = \frac{S_{33}S_{11} - S_{13}^2}{S}, \quad C_{23} = \frac{S_{12}S_{13} - S_{23}S_{11}}{S}, \quad C_{33} = \frac{S_{11}S_{21} - S_{12}^2}{S} \tag{1.40a}$$

$$C_{44} = \frac{1}{S_{44}}, \quad C_{55} = \frac{1}{S_{55}}, \quad C_{66} = \frac{1}{S_{66}}$$

其中

$$S = S_{11}S_{22}S_{33} - S_{11}S_{23}^2 - S_{22}S_{13}^2 - S_{33}S_{12}^2 + 2S_{12}S_{23}S_{13} \tag{1.40b}$$

由柔度系数与 9 个独立的材料工程弹性常数之间的关系可得：

$$C_{11} = \frac{1 - \nu_{23}\nu_{32}}{E_2 E_3 \Delta}, \quad C_{22} = \frac{1 - \nu_{13}\nu_{31}}{E_1 E_3 \Delta}$$

$$C_{12} = \frac{\nu_{21} + \nu_{31}\nu_{23}}{E_2 E_3 \Delta} = \frac{\nu_{12} + \nu_{32}\nu_{13}}{E_1 E_3 \Delta}, \quad C_{23} = \frac{\nu_{32} + \nu_{12}\nu_{31}}{E_1 E_3 \Delta} = \frac{\nu_{23} + \nu_{21}\nu_{13}}{E_1 E_2 \Delta}$$

$$C_{13} = \frac{\nu_{31} + \nu_{21}\nu_{32}}{E_2 E_3 \Delta} = \frac{\nu_{13} + \nu_{12}\nu_{23}}{E_1 E_2 \Delta}, \quad C_{33} = \frac{1 - \nu_{12}\nu_{21}}{E_1 E_2 \Delta}$$

$$C_{44} = G_{23}, \quad C_{55} = G_{31}, \quad C_{66} = G_{12}$$

$$\tag{1.41a}$$

其中

$$\Delta = \frac{1 - \nu_{12}\nu_{21} - \nu_{23}\nu_{32} - 2\nu_{21}\nu_{32}\nu_{13}}{E_1 E_2 E_3} \tag{1.41b}$$

当材料存在无穷多个弹性对称面，则独立的弹性常数个数减少到 2 个，这种材料称为各向同性材料。对于各向同性材料，有 $E_1 = E_2 = E_3 = E$，$G_{23} = G_{31} = G_{12} = G$ 和 $\nu_{12} = \nu_{13} = \nu_{23} = \nu$。这三个弹性常数中仅有两个是独立的，它们之间满足如下关系：

$$G = \frac{E}{2(1 + \nu)} \tag{1.42}$$

1.3.3.2 平面应力状态下的本构关系

平面应力状态是指忽略全部面外应力分量的应力状态，对于正交各向异性弹性变形体来说，平面应力状态下沿材料主方向应变–应力关系可写为：

$$
\begin{Bmatrix} \varepsilon_1 \\ \varepsilon_2 \\ \gamma_{12} \end{Bmatrix} =
\begin{bmatrix} S_{11} & S_{12} & 0 \\ S_{21} & S_{22} & 0 \\ 0 & 0 & S_{66} \end{bmatrix}
\begin{Bmatrix} \sigma_1 \\ \sigma_2 \\ \tau_{12} \end{Bmatrix} =
\begin{bmatrix} \dfrac{1}{E_1} & -\dfrac{\nu_{21}}{E_2} & 0 \\ -\dfrac{\nu_{12}}{E_1} & \dfrac{1}{E_2} & 0 \\ 0 & 0 & \dfrac{1}{G_{12}} \end{bmatrix}
\begin{Bmatrix} \sigma_1 \\ \sigma_2 \\ \tau_{12} \end{Bmatrix} \tag{1.43}
$$

上述的应变–应力关系求逆可获得材料的刚度矩阵：

$$
\begin{Bmatrix} \sigma_1 \\ \sigma_2 \\ \tau_{12} \end{Bmatrix} =
\begin{bmatrix} Q_{11} & Q_{12} & 0 \\ Q_{21} & Q_{22} & 0 \\ 0 & 0 & Q_{66} \end{bmatrix}
\begin{Bmatrix} \varepsilon_1 \\ \varepsilon_2 \\ \gamma_{12} \end{Bmatrix} \tag{1.44}
$$

式中，Q_{ij} 为平面应力折减刚度系数。

$$Q_{11} = \frac{S_{22}}{S_{11}S_{22} - S_{12}^2} = \frac{E_1}{1 - \nu_{12}\nu_{21}}$$

$$Q_{12} = Q_{21} = \frac{S_{12}}{S_{11}S_{22} - S_{12}^2} = \frac{\nu_{12}E_2}{1 - \nu_{12}\nu_{21}} = \frac{\nu_{21}E_1}{1 - \nu_{12}\nu_{21}} \tag{1.45}$$

$$Q_{22} = \frac{S_{11}}{S_{11}S_{22} - S_{12}^2} = \frac{E_2}{1 - \nu_{12}\nu_{21}}$$

$$Q_{66} = \frac{1}{S_{66}} = G_{12}$$

显然，折减刚度系数与 4 个独立的材料常数 E_1，E_2，ν_{12} 和 G_{12} 有关，且有 $\nu_{12}/E_1 = \nu_{21}/E_2$。面外剪切应力与面外剪切应变之间的关系可写为：

$$
\begin{Bmatrix} \tau_{23} \\ \tau_{31} \end{Bmatrix} =
\begin{bmatrix} Q_{44} & 0 \\ 0 & Q_{55} \end{bmatrix}
\begin{Bmatrix} \gamma_{23} \\ \gamma_{31} \end{Bmatrix} \tag{1.46}
$$

其中， $Q_{44} = C_{44} = G_{23}$，$Q_{55} = C_{55} = G_{31}$

1.3.3.3 热弹本构关系

当弹性体的温度发生改变，即使不考虑材料弹性常数随温度的变化，也要考虑材料的热变形。当弹性体的应变、几何变形和温度变化都足够小时，所有的控制方程均是线性的，因此机械和热效应可以叠加。线性热弹本构方程形如：

$$\sigma_j = C_{ji}[-\alpha_i(T - T_0) + \varepsilon_i] \tag{1.47}$$

$$\varepsilon_j = S_{ji}\sigma_i + \alpha_j(T - T_0) \tag{1.48}$$

式中，$\alpha_i(i = 1, 2, 3)$ 为线膨胀系数；T 为温度；T_0 为变形前弹性体的参考温度。

上述式中假设 α_i 和 C_{ij} 不随温度的改变而改变。对于各向同性弹性体，有 $\alpha_1 = \alpha_2 = \alpha_3 \equiv \alpha$。平面应力状态下的各向异性材料热弹本构关系可写为：

$$\begin{Bmatrix} \sigma_1 \\ \sigma_2 \\ \tau_{12} \end{Bmatrix} = \begin{bmatrix} Q_{11} & Q_{12} & 0 \\ Q_{12} & Q_{22} & 0 \\ 0 & 0 & Q_{66} \end{bmatrix} \begin{Bmatrix} \varepsilon_1 - \alpha_1 \Delta T \\ \varepsilon_2 - \alpha_2 \Delta T \\ \gamma_{12} \end{Bmatrix} \tag{1.49}$$

式中，ΔT 为与参考温度 T_0 之间的温差，$\Delta T = T - T_0$；$\alpha_i(i = 1, 2)$ 为正交各向异性材料沿 x_i 方向的热膨胀系数。

此外，式（1.46）对于热弹性问题也成立。

参 考 文 献

[1] 沈观林，胡更开，刘彬. 复合材料力学 [M]. 2 版. 北京：清华大学出版社，2013：4~5.

[2] 曲伟，储开宇，赵久兰. 基于专利分析的我国复合材料发展研究 [J]. 中国材料进展，2016，35(11)：872~879.

[3] 杜善义. 先进复合材料及其在航空航天中应用 [C]//李和娣. 固体力学进展及应用：庆贺李敏华院士 90 华诞文集. 北京：科学出版社，2007.

2 复合材料宏观力学行为分析

本书主要讨论纤维增强结构复合材料的宏观力学性能参数识别问题。纤维增强复合材料是由基体材料和增强材料两相组成，其中增强材料在复合材料中起主要作用，提供刚度和强度，控制复合材料基本性能；基体材料起配合作用，它支持和固定增强材料（增强纤维），传递纤维间的载荷，保护纤维，防止磨损或腐蚀，并可改善纤维的性能。

2.1 单层复合材料宏观力学性能

研究单层复合材料，首先应解决以下问题：单层复合材料的特征是什么？受力条件下它的力学响应行为是什么？单层纤维增强复合材料是指增强纤维按一个方向整齐排列或由双向交织纤维平面排列（或曲面排列，如壳体）在基体材料中。本章讨论的单层复合材料仅指沿同一方向的单层板。深入理解单向板复合材料的宏观力学行为对分析和预测复合材料层合板的宏观力学行为至关重要。本章仅讨论单向板的宏观线弹性力学行为，即仅研究材料的平均线弹性力学性能，而不讨论复合材料不同成分之间的相互作用。

2.1.1 各向异性材料的宏观力学行为

第 1 章中式（1.33）给出了弹性体的小应变定义和广义胡克定律。满足广义胡克定律的材料为各向异性材料，即材料中不存在弹性对称面。各向异性材料又称为三斜系材料，即材料的 3 个主轴相互倾斜，非正交，刚度矩阵中有 21 个独立的弹性常数。

下面进一步讨论材料存在弹性对称面条件下的本构关系或刚度矩阵。如果材料存在一个弹性对称面，则 21 个独立弹性常数的广义胡克定律（式（1.33））可简化为式（2.1）：

$$
\begin{Bmatrix} \sigma_1 \\ \sigma_2 \\ \sigma_3 \\ \tau_{23} \\ \tau_{31} \\ \tau_{12} \end{Bmatrix} = \begin{bmatrix} C_{11} & C_{12} & C_{13} & 0 & 0 & C_{16} \\ C_{12} & C_{22} & C_{23} & 0 & 0 & C_{26} \\ C_{13} & C_{23} & C_{33} & 0 & 0 & C_{36} \\ 0 & 0 & 0 & C_{44} & C_{45} & 0 \\ 0 & 0 & 0 & C_{45} & C_{55} & 0 \\ C_{16} & C_{26} & C_{36} & 0 & 0 & C_{66} \end{bmatrix} \begin{Bmatrix} \varepsilon_1 \\ \varepsilon_2 \\ \varepsilon_3 \\ \gamma_{23} \\ \gamma_{31} \\ \gamma_{12} \end{Bmatrix} \tag{2.1}
$$

式中材料的弹性对称面为 1—2 平面。这种材料体系称为单斜系，存在 13 个独立的弹性常数，具体推导方法见参考文献 [1]。

如果材料存在两个相互正交的弹性对称面，则也必然存在第三个弹性对称面，3 个对称面相互正交，这种材料称为正交各向异性材料，在第 1 章中已经给出了正交各向异性材料沿材料主方向的线弹性本构关系或刚度矩阵（式 (1.36) 和式 (1.37)）。正交各向异性材料有 9 个独立的弹性系数。本书重点讨论的单层复合材料，它沿材料主方向（主方向定义：1 为面内纤维方向，2 为面内与纤维垂直方向，3 为面外厚度方向）即表现为正交各向异性材料。正交各向异性材料的正应力 σ_1、σ_2 和 σ_3 与剪应变 γ_{23}、γ_{31} 和 γ_{12} 之间不存在相互影响，即正应力不会引起剪应变。剪应力与正应变之间也不存在相互影响，即剪应力不会引起正应变。此外剪切力也不会引起不同弹性对称面内的剪应变[2]。

对于正交各向异性材料，如果其中一个弹性平面内，材料的力学性能沿各个方向相同，这种材料称为横观各向同性材料。如 1—2 面为材料的各向同性平面，刚度矩阵中的 1 和 2 下角标可以交换顺序，则刚度矩阵中仅存在 5 个独立的弹性常数，写为如下形式[1]：

$$\begin{Bmatrix} \sigma_1 \\ \sigma_2 \\ \sigma_3 \\ \tau_{23} \\ \tau_{31} \\ \tau_{12} \end{Bmatrix} = \begin{bmatrix} C_{11} & C_{12} & C_{13} & 0 & 0 & 0 \\ C_{12} & C_{11} & C_{13} & 0 & 0 & 0 \\ C_{13} & C_{13} & C_{33} & 0 & 0 & 0 \\ 0 & 0 & 0 & C_{44} & 0 & 0 \\ 0 & 0 & 0 & 0 & C_{44} & 0 \\ 0 & 0 & 0 & 0 & 0 & (C_{11} - C_{12})/2 \end{bmatrix} \begin{Bmatrix} \varepsilon_1 \\ \varepsilon_2 \\ \varepsilon_3 \\ \gamma_{23} \\ \gamma_{31} \\ \gamma_{12} \end{Bmatrix} \quad (2.2)$$

单层复合材料沿同一方向铺设构成的单向复合材料层合板，若 1 为纤维方向，则单向复合材料层合板 2—3 面内材料的力学性能沿各个方向相同，2—3 面为材料的各向同性平面，单向层合板沿材料主方向为横观各向同性材料。

当材料存在无穷多个对称弹性平面时，则材料为各向同性材料。各向同性材料刚度矩阵中仅有 2 个独立的弹性常数。材料的柔度矩阵可以通过刚度矩阵求逆获得，这里不再罗列。

研究材料的应变-应力关系的一个重要目的是研究某一应力状态下材料的变形行为。如通过各向异性材料的柔度矩阵可得：

$$\varepsilon_1 = S_{11}\sigma_1 + S_{12}\sigma_2 + S_{13}\sigma_3 + S_{14}\tau_{23} + S_{15}\tau_{31} + S_{16}\tau_{12}$$
$$\vdots \qquad\qquad (2.3)$$
$$\gamma_{12} = S_{16}\sigma_1 + S_{26}\sigma_2 + S_{36}\sigma_3 + S_{46}\tau_{23} + S_{56}\tau_{31} + S_{66}\tau_{12}$$

因此，对于单轴应力状态，即 $\sigma_1 = \sigma$（其他应力分量均为零），有：

$$\begin{aligned} \varepsilon_1 = S_{11}\sigma, \quad &\varepsilon_2 = S_{12}\sigma, \quad \varepsilon_3 = S_{13}\sigma, \\ \gamma_{23} = S_{14}\sigma, \quad &\gamma_{31} = S_{15}\sigma, \quad \gamma_{12} = S_{16}\sigma \end{aligned} \quad (2.4)$$

通过上述应变-应力关系可想象，受单向应力的各向异性立方体将产生复杂的形变。如由于 $S_{11} \neq S_{12} \neq S_{13}$，因此立方体各边的长度形变各不相同；由于 $S_{14} \neq S_{15} \neq S_{16}$，因此立方体各边的剪切形变也各不相同，因此各向异性立方体将变为不规则的异型体。相反，对于受单向应力的各向同性材料，由于 $S_{12} = S_{13}$，沿 2 方向和 3 方向的长度变形相同，并且由于 $S_{14} = S_{15} = S_{16} = 0$，各边不产生剪切变形，因此各向同性的立方体单向应力条件下沿受应力方向将变为规则的长方体。各向异性材料应力和应变响应之间存在显著的耦合作用。

对于受任意应力的各向异性材料，柔度系数 S_{11}、S_{22} 和 S_{33} 分别表示受正应力 σ_1、σ_2 和 σ_3 条件下材料沿相同方向的拉伸响应；S_{44}、S_{55} 和 S_{66} 表示受剪切应力条件下的同一平面内的剪切响应；S_{12}、S_{13} 和 S_{23} 代表不同正应力和正应变之间的耦合作用，即正应力引起与应力垂直方向的正应变响应（泊松效应），称为拉伸-拉伸耦合系数；S_{14}、S_{15}、S_{16}、S_{24}、S_{25}、S_{26}、S_{34}、S_{35} 和 S_{36} 表示剪切应力引起的正应变，称为剪切-拉伸耦合系数；S_{45}、S_{46} 和 S_{56} 表示剪切应力引起的不同平面内的剪切应变。通过第 1 章给出的柔度系数与工程常数之间的关系可见，对于正交各向异性材料，S_{11}、S_{22} 和 S_{23} 分别与沿材料主方向 1、2 和 3 方向的弹性模量有关，S_{12}、S_{13} 和 S_{23} 与材料主平面的泊松比有关，S_{44}、S_{55} 和 S_{66} 分别与材料主平面 2—3、3—1 和 1—2 平面内的剪切模量有关。

2.1.2　工程弹性常数的范围

对于各向同性材料，式（1.40）给出了弹性模量 E、泊松比 ν 和剪切模量 G 之间的关系。为了保证弹性模量 E 和剪切模量 G 恒为正，由式（1.41）可得：

$$\nu > -1$$

当各向同性材料受静水压力，如 $\sigma_x = \sigma_y = \sigma_z = -p$，则体应变，即 3 个方向的正应变之和为：

$$\varepsilon = \varepsilon_1 + \varepsilon_2 + \varepsilon_3 = \frac{p}{E/3(1-2\nu)} = \frac{p}{k} \tag{2.5}$$

式中，K 为体模量。

$$K = \frac{E}{3(1-2\nu)} \tag{2.6}$$

弹性模量恒正，则由 $K > 0$ 可给出泊松比的范围：

$$\nu < \frac{1}{2} \tag{2.7}$$

因此对于各向同性材料的泊松比，其范围为：

$$-1 < \nu < \frac{1}{2} \tag{2.8}$$

因此剪切或静水载荷不会产生负的应变能。

对于正交各向异性材料，σ_i 和 ε_i 的乘积表示应力所做的功，所有应力所做的总功应为正值。该条件给出了弹性常数热力学的限制。材料的刚度矩阵和柔度矩阵均正定。对于正定的柔度矩阵，首先对角线元素必须为正，即有：

$$S_{11}, S_{22}, S_{33}, S_{44}, S_{55}, S_{66} > 0 \tag{2.9}$$

因此有

$$E_1, E_2, E_3, G_{23}, G_{31}, G_{12} > 0 \tag{2.10}$$

同理，刚度矩阵的对角线元素也应为正值，即：

$$C_{11}, C_{22}, C_{33}, C_{44}, C_{55}, C_{66} > 0$$

由正交各向异性材料刚度矩阵与工程弹性常数之间的关系式（1.40）可得：

$$(1 - \nu_{23}\nu_{32}) > 0, \ (1 - \nu_{13}\nu_{31}) > 0, \ (1 - \nu_{12}\nu_{21}) > 0 \tag{2.11}$$

且有：

$$\overline{\Delta} = 1 - \nu_{12}\nu_{21} - \nu_{23}\nu_{32} - 2\nu_{21}\nu_{32}\nu_{13} > 0 \tag{2.12}$$

由于正定矩阵的行列式必须是正的，由式（1.41）中刚度矩阵元素与柔度矩阵元素之间的关系可知：

$$|S_{23}| < \sqrt{S_{22}S_{33}}, \ |S_{13}| < \sqrt{S_{11}S_{33}}, \ |S_{12}| < \sqrt{S_{11}S_{22}} \tag{2.13}$$

由式（1.39b）结合式（2.11）可知：

$$|\nu_{21}| < \sqrt{\frac{E_2}{E_1}}, \ |\nu_{32}| < \sqrt{\frac{E_3}{E_2}}, \ |\nu_{13}| < \sqrt{\frac{E_1}{E_3}}$$

$$|\nu_{12}| < \sqrt{\frac{E_1}{E_2}}, \ |\nu_{23}| < \sqrt{\frac{E_2}{E_3}}, \ |\nu_{31}| < \sqrt{\frac{E_3}{E_1}} \tag{2.14}$$

再由式（2.12）结合式（2.14）可得：

$$\nu_{21}\nu_{32}\nu_{13} < \frac{1 - \nu_{21}^2\dfrac{E_1}{E_2} - \nu_{32}^2\dfrac{E_2}{E_3} - \nu_{13}^2\dfrac{E_3}{E_1}}{2} < \frac{1}{2} \tag{2.15}$$

由 $1 - \nu_{21}^2\dfrac{E_1}{E_2} - \nu_{32}^2\dfrac{E_2}{E_3} - \nu_{13}^2\dfrac{E_3}{E_1} - 2\nu_{21}\nu_{32}\nu_{13} > 0$ 可得：

$$\left(1 - \nu_{32}^2\frac{E_2}{E_3}\right)\left(1 - \nu_{13}^2\frac{E_3}{E_1}\right) - \left(\nu_{21}^2\sqrt{\frac{E_1}{E_2}} + \nu_{32}\nu_{13}\sqrt{\frac{E_2}{E_1}}\right)^2 > 0 \tag{2.16}$$

通过式（2.16）进一步可获得泊松比 ν_{21} 的范围如下：

$$-\left[\nu_{32}\nu_{13}\frac{E_2}{E_1} + \sqrt{1 - \nu_{32}^2\frac{E_2}{E_3}}\sqrt{1 - \nu_{13}^2\frac{E_3}{E_1}}\sqrt{\frac{E_2}{E_1}}\right] < \nu_{21} <$$

$$-\left[\nu_{31}\nu_{13}\frac{E_2}{E_1} - \sqrt{1 - \nu_{32}^2\frac{E_2}{E_3}}\sqrt{1 - \nu_{13}^2\frac{E_3}{E_1}}\sqrt{\frac{E_2}{E_1}}\right] \tag{2.17}$$

类似地，可得到正交各向异性材料泊松比 ν_{32} 和 ν_{13} 的范围。

正交各向异性材料的工程弹性常数的范围通常用于校核实验结果是否满足弹性力学本构模型的数学框架。如针对 boron-epoxy 复合材料，Dickerson 和 DiMartino 实验获得材料的泊松比 ν_{12} 为 1.97，而材料沿主方向的两个弹性模量分别为 $E_1 = 81.77\text{GPa}$，$E_2 = 9.17\text{GPa}$，有 $\sqrt{E_1/E_2} = 2.99$，满足式（2.14）条件 $|\nu_{12}| < \sqrt{E_1/E_2}$。因此 $\nu_{12} = 1.97$ 合理，尽管该数值远远偏离各向同性材料泊松比的合理范围（$\nu < 1/2$）。

2.1.3　单层复合材料沿任意方向的应力-应变关系

图 2.1 所示为 1—2 面内纤维增强单向单层板复合材料示意图。单层复合材料通常不单独使用，而是作为层合结构的基本单元使用。单层复合材料的厚度（图中 3 方向）与面内其他两个方向的（图中的 1、2 方向，1 为纤维方向，2 为与纤维垂直方向）尺寸相比，一般是很小的，因此单向单层板复合材料受力状态为典型的平面应力状态，满足 $\sigma_3 = 0$，$\tau_{23} = 0$，$\tau_{13} = 0$，且 $\sigma_1 \neq 0$，$\sigma_2 \neq 0$，$\tau_{12} \neq 0$。单层复合材料无法承受除纤维方向以外的其他方向的高水平应力，仅考虑承受面内应力，因此为了承受面外应力（如 σ_3）和与纤维方向垂直的面内应力，复合材料结构通常采用层合结构，需要通过不同纤维增强方向的单层复合材料协同承载。因此单层复合材料是层合复合材料结构的基本单元，因此建立单层复合材料平面应力受力状态下的线弹性本构关系对理解层合复合材料结构宏观力学行为和复合材料层合板设计都是至关重要的。

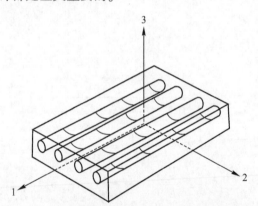

图 2.1　1—2 面内纤维增强单向单层板复合材料示意图

在第 1 章中已经讨论了正交各向异性材料平面应力状态下沿材料主方向（如 1、2 和 3 方向）的应力-应变关系、刚度矩阵元素及柔度矩阵元素与工程弹性常数之间的关系。这些关系仅定义了沿正交各向异性材料的材料主方向上应力和应变的关系，但复合材料层合结构在设计应用过程中，存在单层板材料主方向与层合结构总坐标（如 x、y 和 z 方向）不一致的情况。为了获得层合结构总坐标下的刚度矩阵，需要获得单层复合材料非材料主方向上的应力-应变关系和弹性常数，因此本小节讨论单层复合材料非材料主方向上（任意方向）的应力-应变关系。

2.1.3.1 应力、应变转轴公式

材料力学给出了平面应力状态下全局和局部坐标系下应力分量之间的变换公式（转轴公式），即用局部坐标下（1-2 坐标系，材料坐标系）的应力分量表示全局坐标系（x-y 坐标系，结构全局坐标系）下的应力分量：

$$
\begin{bmatrix} \sigma_x \\ \sigma_y \\ \tau_{xy} \end{bmatrix} = \begin{bmatrix} \cos^2\theta & \sin^2\theta & -2\sin\theta\cos\theta \\ \sin^2\theta & \cos^2\theta & 2\sin\theta\cos\theta \\ \sin\theta\cos\theta & -\sin\theta\cos\theta & \cos^2\theta - \sin^2\theta \end{bmatrix} \begin{bmatrix} \sigma_1 \\ \sigma_2 \\ \tau_{12} \end{bmatrix} = \begin{bmatrix} T_\sigma \end{bmatrix}^{-1} \begin{bmatrix} \sigma_1 \\ \sigma_2 \\ \tau_{12} \end{bmatrix} \quad (2.18)
$$

式中，θ 为由全局坐标系中的 x 轴旋转到材料坐标系中的 1 轴的角度定义的，旋转角的正方向如图 2.2 所示。需要指出的是上述变换与材料性能无关，仅变换了应力度量的方向或定义应力分量的坐标系，采用转轴变换公式时，明确转角正方向至关重要。

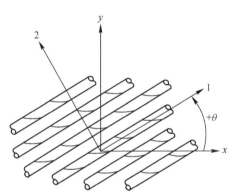

图 2.2 旋转角的正方向示意图

类似地，可给出应变转轴公式：

$$
\begin{bmatrix} \varepsilon_x \\ \varepsilon_y \\ \gamma_{xy} \end{bmatrix} = \begin{bmatrix} \cos^2\theta & \sin^2\theta & -\sin\theta\cos\theta \\ \sin^2\theta & \cos^2\theta & \sin\theta\cos\theta \\ 2\sin\theta\cos\theta & -2\sin\theta\cos\theta & \cos^2\theta - \sin^2\theta \end{bmatrix} \begin{bmatrix} \varepsilon_1 \\ \varepsilon_2 \\ \gamma_{12} \end{bmatrix} = \begin{bmatrix} T_\varepsilon \end{bmatrix}^{-1} \begin{bmatrix} \varepsilon_1 \\ \varepsilon_2 \\ \gamma_{12} \end{bmatrix}
$$

$$(2.19)$$

通常将式（2.18）和式（2.19）写成如下形式：

$$
\begin{bmatrix} \sigma_x \\ \sigma_y \\ \tau_{xy} \end{bmatrix} = \begin{bmatrix} T_\sigma \end{bmatrix}^{-1} \begin{bmatrix} \sigma_1 \\ \sigma_2 \\ \tau_{12} \end{bmatrix} \qquad \begin{bmatrix} \varepsilon_x \\ \varepsilon_y \\ \gamma_{xy} \end{bmatrix} = \begin{bmatrix} T_\varepsilon \end{bmatrix}^{-1} \begin{bmatrix} \varepsilon_1 \\ \varepsilon_2 \\ \gamma_{12} \end{bmatrix} \quad (2.20)
$$

其中

$$[T_{\sigma}] = \begin{bmatrix} \cos^2\theta & \sin^2\theta & 2\sin\theta\cos\theta \\ \sin^2\theta & \cos^2\theta & -2\sin\theta\cos\theta \\ -\sin\theta\cos\theta & \sin\theta\cos\theta & \cos^2\theta - \sin^2\theta \end{bmatrix}$$

$$[T_{\varepsilon}] = \begin{bmatrix} \cos^2\theta & \sin^2\theta & -\sin\theta\cos\theta \\ \sin^2\theta & \cos^2\theta & \sin\theta\cos\theta \\ 2\sin\theta\cos\theta & -2\sin\theta\cos\theta & \cos^2\theta - \sin^2\theta \end{bmatrix}$$

(2.21)

2.1.3.2　单层复合材料沿任意方向的应力-应变关系

定义一种特殊的正交各向异性单层复合材料，即材料主方向与结构全局坐标系方向一致的单层复合材料，有：

$$\begin{bmatrix} \sigma_x \\ \sigma_y \\ \tau_{xy} \end{bmatrix} = \begin{bmatrix} \sigma_1 \\ \sigma_2 \\ \tau_{12} \end{bmatrix} = \begin{bmatrix} Q_{11} & Q_{12} & 0 \\ Q_{12} & Q_{22} & 0 \\ 0 & 0 & Q_{66} \end{bmatrix} \begin{bmatrix} \varepsilon_1 \\ \varepsilon_2 \\ \gamma_{12} \end{bmatrix} = \begin{bmatrix} Q_{11} & Q_{12} & 0 \\ Q_{12} & Q_{22} & 0 \\ 0 & 0 & Q_{66} \end{bmatrix} \begin{bmatrix} \varepsilon_x \\ \varepsilon_y \\ \gamma_{xy} \end{bmatrix}$$

(2.22)

这里材料主方向如图 2.1 所示。当结构全局坐标系的坐标轴方向与材料主方向一致时，本书第 1 章给出的正交各向异性材料的本构关系等均适用。

当材料主方向与结构全局坐标系的坐标轴方向不一致时，即全局坐标系定义的坐标轴与材料主方向偏离材料主方向，即存在夹角，那么当给定材料坐标系下正交各向异性单层复合材料的应力-应变关系时，还需要确定结构全局坐标下的应力-应变关系。由材料坐标系的应力-应变关系结合应力和应变转轴公式可知：

$$\begin{bmatrix} \sigma_1 \\ \sigma_2 \\ \tau_{12} \end{bmatrix} = [Q] \begin{bmatrix} \varepsilon_1 \\ \varepsilon_2 \\ \gamma_{12} \end{bmatrix}$$

则：

$$\begin{bmatrix} \sigma_x \\ \sigma_y \\ \tau_{xy} \end{bmatrix} = [T_{\sigma}]^{-1} \begin{bmatrix} \sigma_1 \\ \sigma_2 \\ \tau_{12} \end{bmatrix} = [T_{\sigma}]^{-1}[Q] \begin{bmatrix} \varepsilon_1 \\ \varepsilon_2 \\ \gamma_{12} \end{bmatrix} = [T_{\sigma}]^{-1}[Q][T_{\varepsilon}] \begin{bmatrix} \varepsilon_x \\ \varepsilon_y \\ \gamma_{xy} \end{bmatrix}$$

(2.23)

定义：

$$[\overline{Q}] = [T_{\sigma}]^{-1}[Q][T_{\varepsilon}]$$

(2.24)

其中

$$\overline{Q}_{11} = Q_{11}\cos^4\theta + 2(Q_{12} + 2Q_{66})\sin^2\theta\cos^2\theta + Q_{22}\sin^4\theta$$

$$\overline{Q}_{12} = (Q_{11} + Q_{22} - 4Q_{66})\sin^2\theta\cos^2\theta + Q_{12}(\sin^4\theta + \cos^4\theta)$$

$$\overline{Q}_{22} = Q_{11}\sin^4\theta + 2(Q_{12} + 2Q_{66})\sin^2\theta\cos^2\theta + Q_{22}\cos^4\theta$$

$$\overline{Q}_{16} = (Q_{11} - Q_{12} - 2Q_{66})\sin\theta\cos^3\theta + (Q_{12} - Q_{22} + 2Q_{66})\sin^3\theta\cos\theta$$

$$\overline{Q}_{26} = (Q_{11} - Q_{12} - 2Q_{66})\sin^3\theta\cos\theta + (Q_{12} - Q_{22} + 2Q_{66})\sin\theta\cos^3\theta$$

$$\overline{Q}_{66} = (Q_{11} + Q_{22} - 2Q_{12} - 2Q_{66})\sin^2\theta\cos^2\theta + Q_{66}(\sin^4\theta + \cos^4\theta) \quad (2.25)$$

式中，矩阵 $[\overline{Q}]$ 为折减刚度矩阵 $[Q]$ 的变换矩阵，其中的元素 $\overline{Q}_{ij}$ 称为变换折减刚度系数。

正交各向异性单层复合材料的折减刚度矩阵 $[Q]$ 的变换矩阵 $[\overline{Q}]$ 存在 9 个元素，一般都不为零。它也存在对称性，有 6 个不同的系数。虽然 $[\overline{Q}]$ 的形式与 $[Q]$ 大不相同，但其仍然是正交各向异性材料，因此 $[\overline{Q}]$ 的元素仅与 4 个独立的工程弹性常数有关（式（1.45）和式（2.25））。在结构全局坐标系（x-y 坐标系）下单层板复合材料表现出一般各向异性特征。由于 $[\overline{Q}]$ 存在 9 个不为零的元素，因此 x-y 坐标中表现出剪应变与正应力之间和正应变和剪应力之间的耦合行为，但它在材料主坐标系仍具有正交各向异性，因此称为广义正交各向异性单层板材料，区别于一般的各向异性材料。$[\overline{Q}]$ 的 6 个元素中，$\overline{Q}_{11}$，$\overline{Q}_{12}$，$\overline{Q}_{22}$ 和 $\overline{Q}_{66}$ 是 θ 的偶函数，$\overline{Q}_{16}$ 和 $\overline{Q}_{26}$ 是 θ 的奇函数。

沿材料主方向有：

$$\begin{bmatrix} \varepsilon_1 \\ \varepsilon_2 \\ \gamma_{12} \end{bmatrix} = \begin{bmatrix} S_{11} & S_{12} & 0 \\ S_{12} & S_{22} & 0 \\ 0 & 0 & S_{66} \end{bmatrix} \begin{bmatrix} \sigma_1 \\ \sigma_2 \\ \tau_{12} \end{bmatrix}$$

由应力和应变的转轴公式可知：

$$\begin{bmatrix} \varepsilon_x \\ \varepsilon_y \\ \gamma_{xy} \end{bmatrix} = [T_\varepsilon]^{-1} \begin{bmatrix} \varepsilon_1 \\ \varepsilon_2 \\ \gamma_{12} \end{bmatrix} = [T_\varepsilon]^{-1}[S] \begin{bmatrix} \sigma_1 \\ \sigma_2 \\ \tau_{12} \end{bmatrix} = [T_\varepsilon]^{-1}[S][T_\sigma] \begin{bmatrix} \sigma_x \\ \sigma_y \\ \tau_{xy} \end{bmatrix} \quad (2.26)$$

定义：

$$[\overline{S}] = [T_\varepsilon]^{-1}[S][T_\sigma] \quad (2.27)$$

其中

$$\overline{S}_{11} = S_{11}\cos^4\theta + (2S_{12} + S_{66})\sin^2\theta\cos^2\theta + S_{22}\sin^4\theta$$

$$\overline{S}_{12} = (S_{11} + S_{22} - S_{66})\sin^2\theta\cos^2\theta + S_{12}(\sin^4\theta + \cos^4\theta)$$

$$\overline{S}_{22} = S_{11}\sin^4\theta + (2S_{12} + S_{66})\sin^2\theta\cos^2\theta + S_{22}\cos^4\theta$$

$$\overline{S}_{16} = (2S_{11} - 2S_{12} - S_{66})\sin\theta\cos^3\theta - (2S_{22} - 2S_{12} - S_{66})\sin^3\theta\cos\theta$$

$$\overline{S}_{26} = (2S_{11} - 2S_{12} - S_{66})\sin^3\theta\cos\theta - (2S_{22} - 2S_{12} - S_{66})\sin\theta\cos^3\theta$$

$$\overline{S}_{66} = 2(2S_{11} + 2S_{22} - 4S_{12} - S_{66})\sin^2\theta\cos^2\theta + S_{66}(\sin^4\theta + \cos^4\theta)$$

(2.28)

由于 $\bar{S}_{16}$ 和 $\bar{S}_{26}$ 的存在，因此在全局坐标系中单层复合材料存在正应力与剪应变之间、剪应力与正应变之间的耦合行为。

由上述推导可给出广义正交各向异性单层复合材料在全局坐标系下的应变-应力关系，并建立柔度矩阵元素与工程弹性常数之间的关系：

$$\begin{bmatrix} \varepsilon_x \\ \varepsilon_y \\ \gamma_{xy} \end{bmatrix} = \begin{bmatrix} \bar{S}_{11} & \bar{S}_{12} & \bar{S}_{16} \\ \bar{S}_{12} & \bar{S}_{22} & \bar{S}_{26} \\ \bar{S}_{16} & \bar{S}_{26} & \bar{S}_{66} \end{bmatrix} \begin{bmatrix} \sigma_x \\ \sigma_y \\ \tau_{xy} \end{bmatrix} = \begin{bmatrix} \dfrac{1}{E_x} & -\dfrac{\nu_{yx}}{E_y} & \dfrac{\eta_{x,xy}}{G_{xy}} \\ -\dfrac{\nu_{xy}}{E_x} & \dfrac{1}{E_y} & \dfrac{\eta_{y,xy}}{G_{xy}} \\ \dfrac{\eta_{xy,x}}{E_x} & \dfrac{\eta_{xy,y}}{E_y} & \dfrac{1}{G_{xy}} \end{bmatrix} \begin{bmatrix} \sigma_x \\ \sigma_y \\ \tau_{xy} \end{bmatrix} \qquad (2.29)$$

且满足 $\dfrac{\nu_{yx}}{E_y}=\dfrac{\nu_{xy}}{E_x}$，$\dfrac{\eta_{x,xy}}{G_{xy}}=\dfrac{\eta_{xy,x}}{E_x}$，$\dfrac{\eta_{y,xy}}{G_{xy}}=\dfrac{\eta_{xy,y}}{E_y}$。式（2.29）中出现了新的工程弹性常数 $\eta_{i,ij}$ 和 $\eta_{ij,i}(i,j=x,y)$，称为交叉弹性常数，也可称为剪切-拉伸耦合系数，其物理意义如下：$\eta_{i,ij}$ 为第一类交叉弹性常数，表征了 ij 平面内的剪应力引起的 i 方向的正应变，当 $\tau_{ij}=\tau$，其他应力分量均为零时，$\eta_{i,ij}=\dfrac{\varepsilon_i}{\gamma_{ij}}$；$\eta_{ij,i}$ 为第二类交叉弹性常数，表征了 i 方向的正应力引起的 ij 平面内的剪应变，当 $\sigma_i=\sigma$，其他应力分量均为零时，$\eta_{i,ij}=\dfrac{\gamma_{ij}}{\varepsilon_i}$。

由式（1.43）平面应力条件下正交各向异性材料柔度元素与工程弹性常数之间的关系，结合式（2.28）和式（2.29），可获得结构全局坐标系下柔度矩阵元素与工程弹性常数之间的显式关系：

$$\bar{S}_{11} = \frac{1}{E_x} = \frac{1}{E_1}\cos^4\theta + \left(\frac{1}{G_{12}} - \frac{2\nu_{12}}{E_1}\right)\sin^2\theta\cos^2\theta + \frac{1}{E_2}\sin^4\theta$$

$$\bar{S}_{22} = \frac{1}{E_y} = \frac{1}{E_1}\sin^4\theta + \left(\frac{1}{G_{12}} - \frac{2\nu_{12}}{E_1}\right)\sin^2\theta\cos^2\theta + \frac{1}{E_2}\cos^4\theta$$

$$\bar{S}_{12} = -\frac{\nu_{xy}}{E_x} = -\frac{\nu_{12}}{E_1}(\sin^4\theta + \cos^4\theta) + \left(\frac{1}{E_1} + \frac{1}{E_2} - \frac{1}{G_{12}}\right)\sin^2\theta\cos^2\theta$$

$$\bar{S}_{66} = \frac{1}{G_{xy}} = 2\left(\frac{2}{E_1} + \frac{2}{E_2} + \frac{4\nu_{12}}{E_1} - \frac{1}{G_{12}}\right)\sin^2\theta\cos^2\theta + \frac{1}{G_{12}}(\sin^4\theta + \cos^4\theta) \qquad (2.30)$$

$$\bar{S}_{16} = \frac{\eta_{xy,x}}{E_x} = \left(\frac{2}{E_1} + \frac{2\nu_{12}}{E_1} - \frac{1}{G_{12}}\right)\sin\theta\cos^3\theta - \left(\frac{2}{E_2} + \frac{2\nu_{12}}{E_1} - \frac{1}{G_{12}}\right)\sin^3\theta\cos\theta$$

$$\bar{S}_{26} = \frac{\eta_{xy,y}}{E_y} = \left(\frac{2}{E_1} + \frac{2\nu_{12}}{E_1} - \frac{1}{G_{12}}\right)\sin^3\theta\cos\theta - \left(\frac{2}{E_2} + \frac{2\nu_{12}}{E_1} - \frac{1}{G_{12}}\right)\sin\theta\cos^3\theta$$

图2.3所示为某一典型单层玻璃纤维增强树脂基复合材料全局坐标系下的无量纲工程弹性常数（或称为表观工程弹性常数）随偏轴夹角 θ 的变化情况。从图中可见，E_x/E_2 在 $\theta = 0°$ 时取得最大值（为3），$\theta = 90°$ 时取得最小值（为1）。G_{xy}/G_{12} 在 $\theta = 0°$ 和90°时取得最小值（为1），45°时取得最大值，$\eta_{xy,x}$ 在 $\theta = 0°$ 和90°时为零，在中间角度取得最大值。ν_{xy} 在 $\theta = 0°$ 和90°之间某一角度取得最大值。但不同复合材料单层板的表观工程弹性常数随偏轴角的变化趋势并不完全相同。

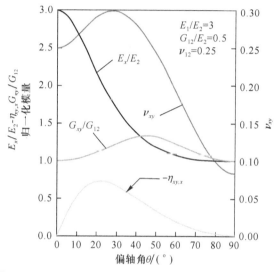

图2.3　典型单层玻璃纤维增强树脂基复合材料无量纲表观工程弹性常数

2.2　正交各向异性复合材料力学性能实验基本方法

复合材料本身就是一种结构，因此复合材料构件设计过程中首先要从复合材料层合板力学性能出发，在获得材料力学性能设计的许用值的基础上，合理设计复合材料构件的组分材料、铺层和结构形式。复合材料构件成型后还应根据需要进行适当的结构件力学性能验证。因此复合材料力学性能的试验评价是贯穿复合材料设计、制备和使用过程的重要环节之一[3]。为了能够科学地设计和评价复合材料的力学性能，美国军用复合材料手册 MIL-HDBK-17F[4] 给出了几个不同级别的系统性评价建议，包括对复合材料纤维、纤维形式、基体的各自性能进行试验评价，对复合材料中纤维和基体共同组成的单层板进行试验评价，对给定铺层方式的层合板进行试验评价，对结构元件进行试验评价以及对组合件进行试验评价。MIL-HDBK-17F[4] 给出了上述几种复合材料性能积木式评价试验组织方法，目前获得全球范围内的广泛认可和应用。本书简要给出积木式评价试验中的正交各向异性单向层合板标准化力学实验方法。

2.2.1　正交各向异性单层复合材料强度的概念

在给出复合材料层合板力学性能测试方法之前，先简要介绍单层复合材料强度的概念。单层复合材料为典型的正交异性复合材料，与各向同性材料相比，正交各向异性材料的强度在概念上有一定的特征：

(1) 与材料主方向无关的最大主应力在各向异性材料强度中没有显著意义，沿材料主方向的应力是最重要的，且材料沿主方向强度不同。

(2) 如果材料拉伸和压缩的强度相同，则正交异性单层材料的基本强度有 3 个，分别为 X——沿纤维方向（纵向）的强度；Y——与纤维方向垂直方向（横向）的强度；S——面内剪切强度（1—2 面内）。

在研究单层复合材料强度时，通常不考虑主应力。如某一单层复合材料的强度分别为 $X = 350\text{MPa}$、$Y = 7\text{MPa}$ 以及 $S = 14\text{MPa}$。沿材料主方向的 3 个应力分量分别为 $\sigma_1 = 315\text{MPa}$、$\sigma_2 = 14\text{MPa}$ 以及 $\tau_{12} = 7\text{MPa}$。显示材料的最大主应力低于材料的最高强度（$X = 350\text{MPa}$），然而材料主方向应力分量 σ_2 高于材料的横向强度 Y，因此基于某一强度理论，材料在该应力状态下可发生失效。上例中说明正交各向异性单层复合材料的强度是材料坐标系下应力方向的函数或与应力方向密切相关，而各向同性材料强度与方向无关。

如果材料的拉伸和压缩性能不同，则正交异性单层复合材料的基本强度有 5 个，分别为：X_t——沿纤维方向（纵向）的拉伸强度；X_c——沿纤维方向（纵向）的压缩强度；Y_t——与纤维方向垂直方向（横向）的拉伸强度；Y_c——与纤维方向垂直方向（横向）的压缩强度；S——面内剪切强度（1—2 面内）。

这些强度指标可由单层复合材料铺设得到的单向复合材料层合板的单轴试验确定。

试验确定单层复合材料的强度和工程弹性常数的关键因素是在试样上某一区域实现均匀应力状态。各向同性材料相对容易实现均匀的应力状态。然而对于正交各向异性材料，如果试验加载方向不沿材料主方向，则复合材料的各向异性特征可能导致不同应力分量和应变之间存在复杂的耦合关系，如正应力和剪切应变之间、剪切应力和正应变之间。因此在设计或开展单层复合材料的力学性能试验前，必须深入理解试验目的，以预示试验结果，明确误差来源。合理的单层复合材料力学实验应满足以下试验"准则"：

(1) 高应力水平出现在试样标距内（横截面积最小的区域），因此试验中失效应出现在标距区域内。

(2) 标距区域体积内应力场分布均匀。

(3) 无其他应力分量影响，如在轴向拉伸或压缩试验中，应避免由于夹具不对中导致弯曲应力。

（4）数据处理过程中考虑试样边缘效应。

（5）试样材料和试验过程应具有代表性，可明确表征复合材料采用的制备工艺、特征尺寸（如厚度）和环境（复合材料结构应用过程中的加载速率、温度、湿度）条件下的材料性能。

2.2.2 单层复合材料拉伸力学性能实验测试方法

为了规范纤维增强聚合物基复合材料拉伸力学性能的试验评价方法，且区别于金属材料，美国材料实验协会（ASTM）早在 1971 年发布了 ASTM D3039/D3039M，即"聚合物复合材料拉伸性能标准实验方法"。1993 年进行了重大改写和完善，从 2000 年至今该方法又经历了 5 次修改与再版。该标准经过不断修改与完善已经日趋成熟，是目前应用最广泛的连续纤维增强树脂基复合材料力学性能标准试验方法。本小节以该试验标准为基础，简要介绍单层复合材料拉伸试验的要点。

采用单层复合材料制备单向复合材料层合板，试验中将矩形截面的薄层合板试样安装于力学试验机夹头中，施加单调拉伸力，同时记录力的大小。由试样破坏前承受的最大力确定材料的极限强度，试验中通常可采用应变片或位移传感器记录应变的大小，并获得材料应力−应变响应曲线，从而获得材料的极限拉伸应变、拉伸弹性模量和泊松比。

在试验过程中应注意，试样两端粘贴加强片的目的是尽可能减小轴向载荷施加过程中在试验两端处产生的应力，但由于不适当的加强片胶黏剂或粘贴位置会影响试验结果，因此在拉伸试验过程中如果试样能够在不粘贴加强片的情况下体现出正常的断裂模式和承载水平，则尽可能选择不粘贴加强片。由于单向复合材料层合板本身也是一种结构，其某个方向上的力学性能与内部纤维排列方式密切相关，因此在拉伸试样制备过程中应严格保证所需的纤维方向，纤维准直度不能超过相关标准要求。复合材料单向层合板是由多层单层复合材料预浸料按规定纤维方向铺放固化而成，不同的预浸料厚度差异大，因此试验前应对每个复合材料试样的宽度、厚度等关键尺寸进行多次（至少 3 次）测量并记录。加载系统的对中度不好会使试样提前发生破坏，使得试样表观拉伸强度的模量出现较大偏差，因此试验前需要对加载系统精细校准。复合材料试样的夹持不同于金属，过高的夹紧力会导致试样端部发生破坏，因此试验机必须能够调节夹紧力。推荐的拉伸试样和加强片尺寸见表 2.1。典型拉伸试样示意图如图 2.4 所示。

对于 0° 试样，采用引伸计或电阻应变片测量沿纤维方向和与纤维方向垂直的两个方向的正应变 ε_1、ε_2。确定拉伸弹性模量 E_{1t}、X_t 和 ν_{12} 的公式如下：

$$E_{1t} = \frac{P_1}{\varepsilon_1 bh}, \qquad X_t = \frac{P_{1max}}{bh}, \qquad \nu_{12} = -\frac{\varepsilon_2}{\varepsilon_1} \qquad (2.31)$$

式中，b 为试样标距段宽度；h 为标距段厚度；$P_{1\text{max}}$ 为沿纤维方向（1 方向）拉伸极限载荷；ε_1、ε_2 分别为 1 方向和 2 方向的正应变。

表 2.1　单层复合材料拉伸试样推荐尺寸

纤维方向	推荐尺寸					
	宽度 b /mm	总长度 L /mm	厚度 h /mm	加强片长度 a/mm	加强片厚度 t/mm	加强片斜削 θ/(°)
0°	15	250	1	56	1.5	7 或 90
90°	25	175	2	25	1.5	90
0°/90°	25	250	2.5	—	—	—

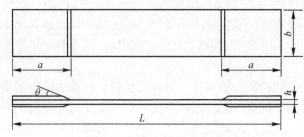

图 2.4　典型拉伸试样示意图

对于弹性模量，试验标准建议采用 $1000\mu\varepsilon$ 和 $3000\mu\varepsilon$ 这两点的应力数据，通过弦线法确定弹性模量。弦线法确定弹性模量的公式如下：

$$E_1^{\text{chord}} = \frac{\Delta\sigma_1}{\Delta\varepsilon_1} \tag{2.32}$$

式中，E_1^{chord} 为 1 方向弦线法获得的弹性模量；$\Delta\sigma_1$ 为弦线法中两个应变点之间的应力差值；$\Delta\varepsilon_1$ 为弦线法中两个应变差。

对于 90°试样，确定 E_{2t}、Y_t 和 ν_{21} 的公式如下：

$$E_{2t} = \frac{P_2}{\varepsilon_2 bh}, \qquad Y_t = \frac{P_{2\text{max}}}{bh}, \qquad \nu_{21} = -\frac{\varepsilon_1}{\varepsilon_2} \tag{2.33}$$

式中，P_2 为垂直于向纤维方向（2 方向）的拉伸载荷；$P_{2\text{max}}$ 为 2 方向拉伸极限载荷。

0°和 90°拉伸试样中纤维方向和试验曲线示意图如图 2.5 和图 2.6 所示。对于单层复合材料制备单向复合材料层合板，通常 Y_t 低于 X_t。图中假设 0°和 90°复合材料单向层合板沿材料主方向单轴拉伸载荷下表现出线性响应行为特征，直至材料破坏。此外，0°和 90°拉伸试验获得的材料弹性模量和泊松比数据应满足正交各向异性材料的本构关系：

$$\frac{\nu_{12}}{E_1} = \frac{\nu_{21}}{E_2} \tag{2.34}$$

否则在排除了试验本身出现问题的前提下，说明试验材料不满足线弹性应力-应变关系。

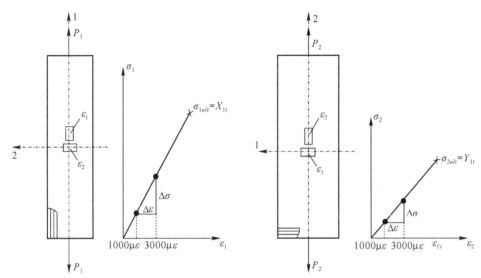

图 2.5　0°拉伸试样中纤维方向和　　　　图 2.6　90°拉伸试样中纤维方向和
实验应力-应变曲线示意图　　　　　　　实验应力-应变曲线示意图

2.2.3　单层复合材料压缩力学性能实验测试方法

采用单向层合板开展轴向压缩试验，可获得单层复合材料沿材料主方向的 E_{1c}、E_{2c}、X_c、Y_c 等力学性能参数。但相比轴向拉伸试验，压缩试验中载荷易偏心，试件易失稳以及出现端部压溃现象，因此纤维增强复合材料的压缩力学性能评价存在很大的难度。国内外先后出版了多个版本的标准试验方法，这些试验方法的主要区别在于压缩载荷的引入方式[3]，大致可分为三类：（1）通过试样夹持端承受剪切载荷将压缩载荷引入标距段；（2）通过试样端部直接加载（直接压缩）方式引入载荷；（3）通过联合加载（端部加载和夹持端剪切加载）方式引入压缩载荷。经过多年的实践，采用联合加载方式开展压缩试验被复合材料工程领域普遍接受。因此采用联合加载卡具（CLC）测定聚合物基复合材料压缩特性（ASTM D6641）是国内外采用最为广泛的复合材料压缩性能评价方式，我国标准 GB/T 5258 也发布了类似的联合加载试验方法，其中联合加载试验卡具示意图如图 2.7 所示，压缩试样尺寸示意图如图 2.8 所示。国标建议压缩试样的宽度为 12mm，在试样厚度上没有明确要求，但至少保证标距段内不发生欧拉屈曲失效。试样的长度可根据卡具自行确定，但一般不小于 140mm。试验中试样端部承受部分压缩载荷，因此试样两端机械加工的平行度以及试样长轴的垂直度至关重要。压缩试验采用与拉伸试验类似的方法确定沿材料主方向的 E_{1c}、E_{2c}、X_c、Y_c 等力学性能参数。将压缩试验所得的试验结果与拉伸试验比较可发现，一般 E_{1t} 与 E_{1c}、E_{2t} 与 E_{2c} 接近，但有些材料，如碳纤维增强环氧树脂基复合材料，其拉伸模量显著高于压缩模量，而硼纤维增强环氧树脂基复合材料，其拉伸模量低于压缩模量，这些材料称为双模量复合材料。由于通常单层复合材料的拉伸强度不同于压缩强度，因此应考虑材料拉压具有不同强度的特征。

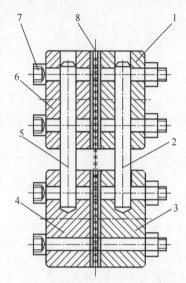

图 2.7　联合加载试验卡具示意图

1—右上压块；2—右导向轴；3—右下压块；4—左下压块；5—左导向轴；6—左上压块；7—螺栓；8—试样

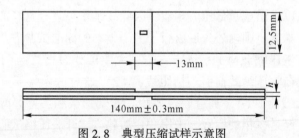

图 2.8　典型压缩试样示意图

2.2.4　单层复合材料面内剪切力学性能测试方法

面内剪切试验用于测定单层复合材料面内剪切模量 G_{12} 和剪切强度 S。复合材料基体性能对剪切应力-应变行为影响较大，因此剪切应力-应变曲线与材料拉伸或压缩应力-应变曲线表现出的线性行为有较大差异，τ_{12}-γ_{12} 曲线具有明显的非线性特征。对于面内剪切模量 G_{12} 可采用对 45° 单向层合板进行单轴拉伸试验，并通过分析单向层合板沿任意方向的应力-应变关系确定材料面内剪切模量。用单层板制备 $\theta = 45°$ 偏轴拉伸试样，在轴向载荷 P_x 的作用下，试样处于平面应力状态，由式（2.29）有：

$$\begin{bmatrix} \varepsilon_x \\ \varepsilon_y \\ \gamma_{xy} \end{bmatrix} = \begin{bmatrix} \bar{S}_{11} & \bar{S}_{12} & \bar{S}_{16} \\ \bar{S}_{12} & \bar{S}_{22} & \bar{S}_{26} \\ \bar{S}_{16} & \bar{S}_{26} & \bar{S}_{66} \end{bmatrix} \begin{bmatrix} \sigma_x \\ \sigma_y \\ \tau_{xy} \end{bmatrix} \tag{2.35}$$

其中 $\bar{S}_{ij}$ 可用沿材料主方向的工程弹性常数和偏轴角 θ 表达：

$$\bar{S}_{12} = -\frac{\nu_{xy}}{E_x} = -\frac{\nu_{12}}{E_1}(\sin^4\theta + \cos^4\theta) + \left(\frac{1}{E_1} + \frac{1}{E_2} - \frac{1}{G_{12}}\right)\sin^2\theta\cos^2\theta \tag{2.36}$$

令 $\theta = 45°$，应力 $\sigma_x = \dfrac{P_x}{bt}$，$\sigma_y = 0$，$\tau_{xy} = 0$，则有：

$$\bar{S}_{11} = \frac{\varepsilon_x}{\sigma_x} = \frac{1}{E_{45}} = \frac{1}{4}\left[\frac{1}{E_1} + \left(\frac{1}{G_{12}} - \frac{2\nu_{12}}{E_1}\right) + \frac{1}{E_2}\right] \tag{2.37}$$

显然：

$$G_{12} = \frac{1}{\dfrac{1}{E_{45}} - \dfrac{1}{E_1} - \dfrac{1}{E_2} + \dfrac{2\nu_{12}}{E_1}} \tag{2.38}$$

由 45°单向层合板进行单轴拉伸试验可知：

$$E_{45} = E_x = \frac{P_x/A}{\varepsilon_x} \tag{2.39}$$

此外，已由 0°和 90°方向的拉伸试样确定了沿材料主方向的 E_1、E_2 和 ν_{12}，故由式（2.38）可获得单层复合材料面内剪切模量 G_{12}。

由式（2.35）可见，45°单向层合板单轴拉伸试验中虽然仅存在轴向应力 σ_x 的作用，但实验坐标系内由于 $\bar{S}_{16}$ 的存在，正应力 σ_x 可引起面内剪切应变 γ_{xy}，耦合效应可影响试验结果，因此试验标准建议采用 ±45°层压板拉伸试验测试聚合物基复合材料面内剪切响应，如 ASTM D3518/D3518M-13。±45°层压板拉伸试验试样的尺寸示意图如图 2.9 所示。标准推荐的试样宽度为 25mm，试样长度为 200~300mm。面内剪切应力 $\tau_{12} = P_x/A$，面内剪切应变 $\gamma_{12} = \varepsilon_x - \varepsilon_y$。面内剪切模量 G_{12} 采用弦线法确定，即采用剪切应力-应变曲线上低应变部分的两个数据点确定剪切模量，试验标准推荐的数据点起点为剪切应变在 $1500\mu\varepsilon \sim 2500\mu\varepsilon$ 之间的某一数据点，终点为剪切应变增量为 $(4000\pm200)\mu\varepsilon$ 的数据点。

±45°层压板拉伸试验得到的剪切强度结果受层间应力影响，第一层铺层的破坏是以正应力为主，而非纯剪破坏，因此该试验得到的试验值一般会低于实际材料的剪切强度。该试验的结果受层合板总厚度的影响，因此该试验方法要求均匀

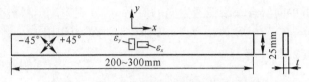

图 2.9　典型±45°层压板拉伸试样示意图

的铺层顺序和固定的铺层数，即仅在层合板中间两侧对称铺设两个重复的单层。如试样铺层顺序为 $[45/-45]_{ns}$，其中对于单向带，$4 \le n \le 6$（即层合板 16 层、20 层或 24 层）；对于织物，$2 \le n \le 4$（即层合板 8 层、12 层或 16 层）。实践经验表明，轴线应变每增加 2%，纤维偏转增加 1°（拉伸-剪切耦合作用）。即当拉伸过程发生大变形时，该试验方法定义的±45°层合板假设不再成立。因此试验标准规定当剪切应变大于 5%时，无论试样是否发生破坏，均判定试验结束，否则会产生显著高于实际情况的剪切强度测试值。试验剪切应力和剪切应变的确定严重依赖于轴向应力的均匀性，因此该试验对试验设备的对中性和试样加工精度要求高。

2.2.5　单向复合材料层合板层间剪切力学性能测试方法

可采用短梁剪切实验获得单向复合材料层间剪切力学性能，试验标准（ASTM 2344）建议的短梁剪切试验平直试样及加载装置示意图如图 2.10 所示。短梁试样中心加载，试样两端置于允许横向运动的两个支座上，用加载头在载荷中心施加载荷。试验标准建议加载的跨距与试样的厚度比为 4，试样的厚度 h 为 2~6mm，试样长度 L 为 $6h$，宽度 b 为 $2h$。加载头和支座分别采用 6mm 和 3mm 直径的圆柱体。该试验可测量高模量纤维增强聚合物基复合材料层间剪切强度，层间剪切强度的计算公式为：

$$S = \frac{3P_{\max}}{4bh} \tag{2.40}$$

式中，$P_{\max}$ 为最大载荷；b 为试验前测得的试样中部宽度；h 为试验前测得的试样中部厚度。

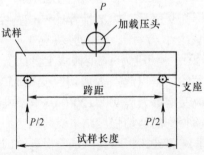

图 2.10　短梁剪切试样及加载示意图

该单向复合材料的剪切强度计算公式采用均质线弹性假设，未考虑材料失效前表现出显著剪切非线性行为，得到的层间剪切强度指标高于真值，Andrew 等人采用全场变形测试技术（DIC）结合有限元模型修正方法，对该剪切强度指标进行了完善修正[4,5]。

2.3 复合材料层合板的宏观力学行为分析

2.3.1 概述

多层单层板粘合在一起组成整体的结构板称为复合材料层合板。层合板的性能与组成层合板的各层单层板的性能密切相关，也与各层单层板的铺设方式有关。正如前面章节讨论得到的，单层板的性能与材料及材料主方向有关，将各层单层板的材料主方向按不同方式和不同顺序铺设，可得到不同性能的层合板。由于组成层合板的单层板的材料、厚度和材料主方向等可以互不相同，因此适当地改变这些参数，就可以设计出最有效承受特定外载的结构元件，这是复合材料层合板突出的优点之一。

由于层合板通常是由具有不同物理性质和几何尺寸单层板根据一定的铺设方式组成的整体结构，因此层合板具有一般的各向异性性质，且不一定有确定的主方向，在厚度方向具有客观的非均匀性和力学性质的不连续性，所以层合板的宏观力学行为分析比单层板更为复杂。

层合板的具体特征包括：

（1）层合板的结构刚度取决于单层板的性能和铺层方式，因此当层合板中各单层板的性能和铺设方式给定后，可以计算得到层合板的结构刚度。

（2）一般层合板有耦合效应，即面内拉伸（压缩）载荷可引起层合板发生弯曲变形，面内剪切载荷可引起层合板发生扭转变形；或反之，弯曲或扭转载荷可引起层合板拉伸（压缩）或剪切变形。

（3）单层板受载荷破坏时即全部失效，但层合板由多层单层板组成，其中某一层或数层破坏时，其余各层可能继续承受载荷，不一定全部失效，因此层合板的强度分析比单层板复杂。

（4）由于层合板在制备黏结时要加热固化，冷却后由于各个单层板的热胀冷缩不一致，因此存在热应力，强度计算时应考虑热应力对层合板强度的影响。

（5）由于层合板由不同的单层板黏结在一起，在变形时要满足变形协调条件，因此各单层板之间存在层间应力。

由于上述特征，层合板的宏观力学行为分析（刚度和强度）比单层板复杂，分析过程中可将单层板看成均质各向异性薄板，再把各单层板层合成层合板，分析层合板结构的刚度和强度。

层合板的表示方式如下：一般选择结构的自
然轴方向为层合板的坐标系统，例如矩形板可选
择垂直于两边方向为层合板的全局坐标系统。选
定坐标后，对层合板进行标号，标号规定层合板
中单层板材料主方向与全局坐标系统中坐标轴的
夹角，以逆时针方向为正，顺时针方向为负，如
图 2.11 中所示的 θ 为正，因此 $0° \leq \theta \leq 90°$。

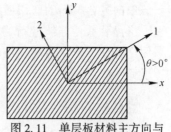

图 2.11　单层板材料主方向与
层合板全局坐标轴的夹角

对于等厚度单层板组成的层合板，可以用各
个单层板的角度表征，并按由下向上的顺序写出。如层合板自下向上由 4 层单层
板黏结而成，各个单层板的材料主方向夹角第一层为 $+\alpha$，第二层为 0°，第三层
为 90°，第四层为 $-\alpha$，则该层合板可表示为 $[\alpha/0°/90°/-\alpha]$。对于不同厚度单层
板组成的层合板，除了单层板材料主方向的角度外，还需要注明各层厚度，如
$[0°t/90°2t/0°t/45°4t]$，该层合板第一层厚度为 t，第二层厚度为 $2t$，第三层厚度
为 t，第四层厚度为 $4t$。根据层合板关于中面的对称性，可分为以下三种层合板：

（1）对称层合板，指几何尺寸和材料性能都对称于中面的层合板。如
$[30°/-60°/15°/15°/-60°/30°]$ 和 $[0°t/90°2t/45°3t/90°2t/0°t]$。如果对称的各
个单层板的性能均相同，则称为对称层合板。对称层合板也可以只写对称部分，
上两例中的层合板也可写成：$[30°/-60°/15°]_s$ 和 $[0°t/90°2t/45°1.5t]_s$，这里 s
表示对称的意思。

（2）反对称层合板，指层合板中与中面相对的单层板材料主方向与层合板
全局坐标轴的夹角有正负交替符号，但几何尺寸和其他材料性能均相同的层合
板。如：$[-45°/60°/-60°/45°]$ 和 $[30°/-60°/15°/-15°/60°/-30°]$。对于 0° 与
90°，看作交错角，因此 $[0°/90°/0°/90°/0°/90°]$ 也是反对称层合板。如果 0°
或 90° 作为层合板的中间层，而其他各单层板与中间层成反对称，也为反对称层
合板，如 $[-45°/30°/0°/-30°/45°]$。

（3）一般层合板，指与中面不存在对称性的一般层合板。如 $[90°/60°/$
$-45°/0°]$ 和 $[-45°/15°/0°/-30°/45°]$。对于具有连续重复铺层的一般层合板，
连续重复层的层数用下标数字表示。如 $[45°/0°_2]$ 表示由下向上的单层板分别
为 45° 以及两层连续重复铺层的 0° 单层板。具有连续正负铺层的层合板中，连续
正负铺层用 ± 或 ∓ 表示，上面的符号表示前一个铺层，下面的符号表示后一个铺
层。如 $[0°/90°/\pm45°]$ 层合板表示由下向上单层板铺设角度分别为 0°，90°，
+45° 和 -45°。

当层合板存在一个多次重复的多向铺层组合时，该组合称为子层合板。子层
合板的重复数用下标数字表示。如层合板 $[\pm45°]_3$ 表示由 3 组 $[\pm45°]$ 的子层
合板组成。混杂纤维层合板纤维的种类用英文字母下标表示，其中 C 表示碳纤

维，K 表示芳纶纤维，G 表示玻璃纤维，B 表示硼纤维，如 $[0°_C/90°_K/45°_G]$。

2.3.2　层合板的刚度

以下简要介绍层合板在线弹性范围内的刚度和柔度计算方法。为了简化问题，对层合板做如下假设：

（1）层间变形一致性假设。层合板各单层之间黏合层非常薄，单层边界两边的位移是连续的，层间不能滑移，无相对位移；所以，根据应变和位移的关系，在相邻的层界面处应变是连续的。

（2）层合板虽然由多层单层板组成，但其总厚度仍然符合克希荷夫假设（Kirchhoff）薄板假设，即研究薄板问题的时候引入了材料力学中处理梁问题的一些基本假设。层合板的厚度满足远远小于板另外两个方向的尺寸，分析限于薄板假设。板的变形为一阶小量，忽略二阶及更高阶变形分量，刚度和柔度分析限于线弹性问题。假定板内各层互不挤压，因此板法向的正应力为零。

（3）直法线不变假设。假设垂直于层合板中面的一根初始直线在层合板受到拉伸和弯曲后仍保持直线并垂直于中面。满足变形前中面法线在变形后仍是中面法线，且长度不变，因此板横截面内的剪应力为零，且有：

$$\varepsilon_z = \gamma_{xz} = \gamma_{yz} = 0$$

通过上述线弹性薄板直法线假设，三维弹性力学问题可简化成二维问题。

层合板由单层板组成，每一层单层板为层合板中的一层，在平面应力状态下，正交各向异性单层板沿材料主方向的应力-应变关系由式（1.44）和式（1.45）所示：

$$\begin{Bmatrix} \sigma_1 \\ \sigma_2 \\ \tau_{12} \end{Bmatrix} = \begin{bmatrix} Q_{11} & Q_{12} & 0 \\ Q_{12} & Q_{22} & 0 \\ 0 & 0 & Q_{66} \end{bmatrix} \begin{Bmatrix} \varepsilon_1 \\ \varepsilon_2 \\ \gamma_{12} \end{Bmatrix}$$

当单层板的材料主方向与层合板的全局坐标轴成任意角度 θ，在全局坐标系 $x-y$ 中的应力-应变关系式（2.23）和式（2.24）给出：

$$\begin{Bmatrix} \sigma_x \\ \sigma_y \\ \tau_{xy} \end{Bmatrix} = \begin{bmatrix} \overline{Q}_{11} & \overline{Q}_{12} & \overline{Q}_{16} \\ \overline{Q}_{12} & \overline{Q}_{22} & \overline{Q}_{26} \\ \overline{Q}_{16} & \overline{Q}_{26} & \overline{Q}_{66} \end{bmatrix} \begin{Bmatrix} \varepsilon_x \\ \varepsilon_y \\ \gamma_{xy} \end{Bmatrix}$$

式中，$\overline{Q}_{ij}$ 由式（2.25）给出，其中 $\overline{Q}_{11}$、$\overline{Q}_{12}$ 和 $\overline{Q}_{66}$ 是 θ 的偶函数，$\overline{Q}_{16}$ 和 $\overline{Q}_{26}$ 是 θ 的奇函数。

层合板中第 k 层的应力应变关系可写为：

$$\{\sigma\}_k = [\overline{Q}]_k \{\varepsilon\}_k \tag{2.41}$$

进而根据层合板的线弹性薄板直法线假设，首先 $\varepsilon_z = \partial w / \partial z = 0$，说明板厚度方向的位移 w 与 z 无关，则设 $w = w(x, y) = w_o$。其次根据变形假设（见图 2.12），变形前中面上点 B 沿 x 方向的位移设为 u_o，直线段 $ABCD$ 变形后仍然保持直线，则点 C 的位移为：

$$u_c = u_o - z_c \beta \tag{2.42}$$

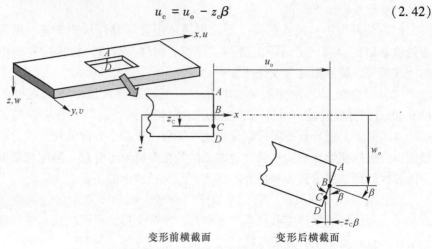

变形前横截面　　　　　变形后横截面

图 2.12　层合板横截面（x-z 平面内）的变形示意图

由于变形前垂直于中面的直线变形后仍保持直线且垂直于中面，则图中 β 为层合板中面挠度 w 沿 x 方向的斜率，即

$$\beta = \frac{\partial w_o}{\partial x} \tag{2.43}$$

因此沿层合板厚度方向任意点的位移 u 可写为：

$$u = u_o - z \frac{\partial w_o}{\partial x} \tag{2.44}$$

类似地，可以得到：

$$v = v_o - z \frac{\partial w_o}{\partial y} \tag{2.45}$$

由于层合板满足克希荷夫薄板假设，有 $\varepsilon_z = \gamma_{xz} = \gamma_{yz} = 0$，因此 6 个应变分量减少到 3 个，线弹性小变形假设条件下，由式（1.23）、式（2.44）和式（2.45），3 个应变分别为：

$$\varepsilon_x = \frac{\partial u}{\partial x} = \frac{\partial u_o}{\partial x} - z \frac{\partial^2 w_o}{\partial x^2}$$

$$\varepsilon_y = \frac{\partial v}{\partial y} = \frac{\partial v_o}{\partial y} - z \frac{\partial^2 w_o}{\partial y^2}$$

$$\gamma_{xy} = \frac{\partial u}{\partial y} + \frac{\partial v}{\partial x} = \frac{\partial u_o}{\partial y} + \frac{\partial v_o}{\partial x} - 2z\frac{\partial^2 w_o}{\partial x \partial y} \tag{2.46}$$

或

$$\begin{bmatrix} \varepsilon_x \\ \varepsilon_y \\ \gamma_{xy} \end{bmatrix} = \begin{bmatrix} \varepsilon_x^o \\ \varepsilon_y^o \\ \gamma_{xy}^o \end{bmatrix} + z\begin{bmatrix} \kappa_x \\ \kappa_y \\ \kappa_{xy} \end{bmatrix} \tag{2.47}$$

其中中面应变为：

$$\begin{bmatrix} \varepsilon_x^o \\ \varepsilon_y^o \\ \gamma_{xy}^o \end{bmatrix} = \begin{bmatrix} \dfrac{\partial u_o}{\partial x} \\ \dfrac{\partial v_o}{\partial y} \\ \dfrac{\partial v_o}{\partial y} + \dfrac{\partial v_o}{\partial x} \end{bmatrix} \tag{2.48}$$

中面曲率为：

$$\begin{bmatrix} \kappa_x \\ \kappa_y \\ \kappa_{xy} \end{bmatrix} = -\begin{bmatrix} \dfrac{\partial^2 w_o}{\partial x^2} \\ \dfrac{\partial^2 w_o}{\partial y^2} \\ 2\dfrac{\partial^2 w_o}{\partial x \partial y} \end{bmatrix} \tag{2.49}$$

式中，κ_{xy} 为层合板中面的扭转曲率。

由式（2.47）可见，层合板的应变沿厚度方向为线性分布。将沿厚度分布的应变代入式（2.41），则第 k 层的应力可写为：

$$\begin{bmatrix} \sigma_x \\ \sigma_y \\ \tau_{xy} \end{bmatrix}_k = \begin{bmatrix} \overline{Q}_{11} & \overline{Q}_{12} & \overline{Q}_{16} \\ \overline{Q}_{12} & \overline{Q}_{22} & \overline{Q}_{26} \\ \overline{Q}_{16} & \overline{Q}_{26} & \overline{Q}_{66} \end{bmatrix}_k \left(\begin{bmatrix} \varepsilon_x^o \\ \varepsilon_y^o \\ \gamma_{xy}^o \end{bmatrix} + z\begin{bmatrix} \kappa_x \\ \kappa_y \\ \kappa_{xy} \end{bmatrix} \right) \tag{2.50}$$

层合板每一层的 $\overline{Q}_{ij}$ 均不同，因此层合板沿厚度方向的应变是连续线性变化的，但应力变化是不连续的，如图 2.13 所示。

设 N_x、N_y 和 N_{xy} 为层合板横截面上单位长度上的合内力，如图 2.14 所示；M_x，M_y 和 M_{xy} 为层合板横截面上单位长度上的合内力矩，如图 2.15 所示，则通过横截面上的应力沿厚度积分可获得内力和内力矩。设层合板总厚度为 h，如：

$$N_x = \int_{-h/2}^{h/2} \sigma_x \mathrm{d}z, \qquad M_x = \int_{-h/2}^{h/2} \sigma_x z \mathrm{d}z \tag{2.51}$$

则，横截面上的内力和内弯矩分量分别为：

$$\begin{bmatrix} N_x \\ N_y \\ N_{xy} \end{bmatrix} = \int_{-h/2}^{h/2} \begin{bmatrix} \sigma_x \\ \sigma_y \\ \tau_{xy} \end{bmatrix} \mathrm{d}z = \sum_{k=1}^{N} \int_{z_{k-1}}^{z_k} \begin{bmatrix} \sigma_x \\ \sigma_y \\ \tau_{xy} \end{bmatrix}_k \mathrm{d}z \qquad (2.52)$$

和

$$\begin{bmatrix} M_x \\ M_y \\ M_{xy} \end{bmatrix} = \int_{-h/2}^{h/2} \begin{bmatrix} \sigma_x \\ \sigma_y \\ \tau_{xy} \end{bmatrix} z\mathrm{d}z = \sum_{k=1}^{N} \int_{z_{k-1}}^{z_k} \begin{bmatrix} \sigma_x \\ \sigma_y \\ \tau_{xy} \end{bmatrix} z\mathrm{d}z \qquad (2.53)$$

式中，z_k 和 z_{k-1} 的定义如图 2.16 所示。从图中可见，定义 z 的方向向下为正，z_k 表示第 z_k 层单向板底部到中面的有向距离，z_{k-1} 表示第 z_k 层单向板顶部到中面的有向距离，因此 $z_o = -h/2$，$z_1 = -\dfrac{h}{2} + h_1$，…，进而 $z_N = +h/2$，$z_{N-1} = +\dfrac{h}{2} - h_N$。显然，积分后合力以及合力矩与坐标 z 不相关，仅与层合板中面坐标 x 和 y 相关。

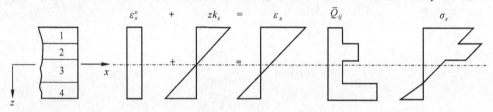

层合板　　　中面应变　　　线性应变　　　总应变分布　　变换折减刚度矩阵分布　　应力分布

图 2.13　层合板沿厚度方向应变，应力变化示意图

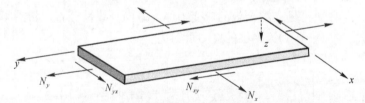

图 2.14　层合板横截面合轴力和剪力示意图

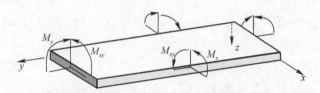

图 2.15　层合板横截面合弯矩和扭矩示意图

在每一层单向板的变换折减刚度矩阵 $[\overline{Q}_{ij}]_k$ 为常数情况下，结合式 (2.50)，

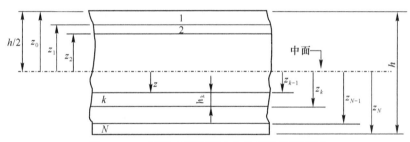

图 2.16 N 层层合板厚度方向坐标定义示意图

层合板横截面合内力和合内力矩可写为:

$$\begin{bmatrix} N_x \\ N_y \\ N_{xy} \end{bmatrix} = \sum_{k=1}^{N} \begin{bmatrix} \overline{Q}_{11} & \overline{Q}_{12} & \overline{Q}_{16} \\ \overline{Q}_{12} & \overline{Q}_{22} & \overline{Q}_{26} \\ \overline{Q}_{16} & \overline{Q}_{26} & \overline{Q}_{66} \end{bmatrix}_k \left(\int_{z_{k-1}}^{z_k} \begin{bmatrix} \varepsilon_x^{\circ} \\ \varepsilon_y^{\circ} \\ \gamma_{xy}^{\circ} \end{bmatrix} dz + \int_{z_{k-1}}^{z_k} \begin{bmatrix} \kappa_x \\ \kappa_y \\ \kappa_{xy} \end{bmatrix} z dz \right) \tag{2.54}$$

$$\begin{bmatrix} M_x \\ M_y \\ M_{xy} \end{bmatrix} = \sum_{k=1}^{N} \begin{bmatrix} \overline{Q}_{11} & \overline{Q}_{12} & \overline{Q}_{16} \\ \overline{Q}_{12} & \overline{Q}_{22} & \overline{Q}_{26} \\ \overline{Q}_{16} & \overline{Q}_{26} & \overline{Q}_{66} \end{bmatrix}_k \left(\int_{z_{k-1}}^{z_k} \begin{bmatrix} \varepsilon_x^{\circ} \\ \varepsilon_y^{\circ} \\ \gamma_{xy}^{\circ} \end{bmatrix} z dz + \int_{z_{k-1}}^{z_k} \begin{bmatrix} \kappa_x \\ \kappa_y \\ \kappa_{xy} \end{bmatrix} z^2 dz \right) \tag{2.55}$$

当每一层单向板的变换折减刚度矩阵 $[\overline{Q}_{ij}]_k$ 关于厚度 z 不为常数时，如每一层单向板中存在温度或湿度梯度时，则其不能从积分中提出来，这种条件下层合板每一层均为非均质单向板，其力学行为更为复杂。

由于 ε_x°、ε_y°、γ_{xy}°、κ_x、κ_y 和 κ_{xy} 与坐标 z 无关，仅是中面坐标 x 和 y 的函数，可从积分号中提出，故式（2.54）和式（2.55）可写为:

$$\begin{bmatrix} N_x \\ N_y \\ N_{xy} \end{bmatrix} = \begin{bmatrix} A_{11} & A_{12} & A_{16} \\ A_{12} & A_{22} & A_{26} \\ A_{16} & A_{26} & A_{66} \end{bmatrix} \begin{bmatrix} \varepsilon_x^{\circ} \\ \varepsilon_y^{\circ} \\ \gamma_{xy}^{\circ} \end{bmatrix} + \begin{bmatrix} B_{11} & B_{12} & B_{16} \\ B_{12} & B_{22} & B_{26} \\ B_{16} & B_{26} & B_{66} \end{bmatrix} \begin{bmatrix} \kappa_x \\ \kappa_y \\ \kappa_{xy} \end{bmatrix} \tag{2.56}$$

$$\begin{bmatrix} M_x \\ M_y \\ M_{xy} \end{bmatrix} = \begin{bmatrix} B_{11} & B_{12} & B_{16} \\ B_{12} & B_{22} & B_{26} \\ B_{16} & B_{26} & B_{66} \end{bmatrix} \begin{bmatrix} \varepsilon_x^{\circ} \\ \varepsilon_y^{\circ} \\ \gamma_{xy}^{\circ} \end{bmatrix} + \begin{bmatrix} D_{11} & D_{12} & D_{16} \\ D_{12} & D_{22} & D_{26} \\ D_{16} & D_{26} & D_{66} \end{bmatrix} \begin{bmatrix} \kappa_x \\ \kappa_y \\ \kappa_{xy} \end{bmatrix} \tag{2.57}$$

其中

$$A_{ij} = \sum_{k=1}^{N} (\overline{Q}_{ij})_k (z_k - z_{k-1})$$

$$B_{ij} = \frac{1}{2} \sum_{k=1}^{N} (\overline{Q}_{ij})_k (z_k^2 - z_{k-1}^2)$$

$$D_{ij} = \frac{1}{3} \sum_{k=1}^{N} (\overline{Q}_{ij})_k (z_k^3 - z_{k-1}^3) \tag{2.58}$$

子矩阵 A、B 和 D 分别称为面内（拉伸）刚度矩阵、耦合刚度矩阵和弯曲刚度矩阵，都是 3×3 对称矩阵。

A、B 和 D 是层合板各层单向板材料性能和几何参数的函数。层合板刚度系数 A_{ij}、B_{ij} 和 D_{ij} 的物理意义如下：A_{11}、A_{12} 和 A_{22} 为横截面拉（压）轴力与中面拉伸（压缩）变形之间的刚度系数，A_{66} 为横截面剪切载荷与中面剪切变形之间的刚度系数，A_{16} 和 A_{26} 为拉伸与剪切之间的耦合刚度系数。B_{11}、B_{12} 和 B_{22} 为层合板拉伸与弯曲变形之间的耦合刚度系数，B_{66} 为剪切与扭转之间的耦合刚度系数，B_{16} 和 B_{26} 为拉伸与扭转或剪切与弯曲之间的耦合刚度系数，即轴力不仅引起层合板的拉伸变形，而且也使层合板扭转或弯曲，层合板承受力矩作用时，也会引起中面的拉伸变形。D_{11}、D_{12} 和 D_{22} 为横截面弯矩与层合板曲率之间的刚度系数，D_{66} 为扭转与扭转曲率之间的刚度系数，D_{16} 和 D_{26} 为扭转与弯曲之间的耦合刚度系数。

上述层合板刚度系数计算方法是基于线弹性薄板直法线假设得到的，称为经典层合板理论。但当板厚增加或层合板横向剪切刚度很低时，导致板的横向剪切应变 γ_{xz} 和 γ_{yz} 增大，无法忽略，即层合板不再满足直法线假设，此时应考虑采用板的一阶或高阶剪切变形理论，这里不再展开讨论。对于特殊铺设的层合板，可简化 A、B 和 D 矩阵。

2.3.3 层合板的柔度

层合板的柔度可以由其刚度矩阵求逆计算得到。式（2.56）和式（2.57）可简写为：

$$\begin{bmatrix} N \\ M \end{bmatrix} = \begin{bmatrix} A & B \\ B & D \end{bmatrix} \begin{bmatrix} \varepsilon^o \\ \kappa \end{bmatrix} \tag{2.59}$$

式中

$$A = [A_{ij}], \quad B = [B_{ij}], \quad D = [D_{ij}]$$

$$\varepsilon^o = \begin{bmatrix} \varepsilon_x^o \\ \varepsilon_y^o \\ \gamma_{xy}^o \end{bmatrix}, \quad \kappa = \begin{bmatrix} \kappa_x \\ \kappa_y \\ \kappa_{xy} \end{bmatrix}, \quad N = \begin{bmatrix} N_x \\ N_y \\ N_{xy} \end{bmatrix}, \quad M = \begin{bmatrix} M_x \\ M_y \\ M_{xy} \end{bmatrix}$$

则有：

$$N = A\varepsilon^o + B\kappa \tag{2.60}$$

$$M = B\varepsilon^o + D\kappa \tag{2.61}$$

由式（2.60）可得：

$$\varepsilon^o = A^{-1}N - A^{-1}B\kappa$$

将上式代入式 (2.61) 可得:

$$M = BA^{-1}N + (-BA^{-1}B + D)\kappa$$

将上面两式联立,

$$\begin{bmatrix} \varepsilon^o \\ M \end{bmatrix} = \begin{bmatrix} A^{-1} & -A^{-1}B \\ BA^{-1} & -BA^{-1}B + D \end{bmatrix} \begin{bmatrix} N \\ \kappa \end{bmatrix} = \begin{bmatrix} A^* & B^* \\ H^* & D^* \end{bmatrix} \begin{bmatrix} N \\ \kappa \end{bmatrix} \qquad (2.62)$$

其中

$$A^* = A^{-1}, \quad B^* = -A^{-1}B, \quad H^* = BA^{-1}, \quad D^* = -BA^{-1}B + D$$

上式也可写为:

$$\varepsilon^o = A^*N + B^*\kappa$$
$$M = H^*N + D^*\kappa \qquad (2.63)$$

由上式中的第二式可得:

$$\kappa = D^{*-1}M - D^{*-1}H^*N \qquad (2.64)$$

将式 (2.64) 代入式 (2.63) 中的第一式, 可得:

$$\varepsilon^o = (A^* - B^*D^{*-1}H^*)N + B^*D^{*-1}M \qquad (2.65)$$

联立式 (2.64) 和式 (2.65) 可得:

$$\begin{bmatrix} \varepsilon^o \\ \kappa \end{bmatrix} = \begin{bmatrix} A^* - B^*D^{*-1}H^* & B^*D^{*-1} \\ -D^{*-1}H^* & D^{*-1} \end{bmatrix} \begin{bmatrix} N \\ M \end{bmatrix} = \begin{bmatrix} A' & B' \\ H' & D' \end{bmatrix} \begin{bmatrix} N \\ M \end{bmatrix} \qquad (2.66)$$

其中

$$A' = A^* - B^*D^{*-1}H^*, \quad B' = B^*D^{*-1}, \quad H' = -D^{*-1}H^*, \quad D' = D^{*-1}$$

将式 (2.62) 中的 B^*, H^* 和 D^* 代入式 (2.66), 可得 B' 和 H':

$$B' = B^{-1} - A^{-1}BD^{-1}$$
$$H' = B^{-1} - D^{-1}BA^{-1}$$

由于 A、B 和 D 均为对称矩阵, A^{-1}, B^{-1} 和 D^{-1} 也为对称矩阵, 因此一般情况下 $B' = H'^{\mathrm{T}}$, 特殊情况下, $B' = H'$。因此有:

$$\begin{bmatrix} \varepsilon^o \\ \kappa \end{bmatrix} = \begin{bmatrix} A' & B' \\ B' & D' \end{bmatrix} \begin{bmatrix} N \\ M \end{bmatrix} = \begin{bmatrix} A' & B' \\ H' & D' \end{bmatrix} \begin{bmatrix} N \\ M \end{bmatrix} \qquad (2.67)$$

式中, A', B' 和 D' 为层合板的柔度矩阵。

2.3.4 层合板的刚度矩阵的几种典型特例

层合板结构有几种典型的特殊铺设方式, 在特殊铺设方式下, 上述层合板的刚度和柔度矩阵中很多系数均为零, 以下简单讨论层合板的刚度矩阵的几种典型特例。

2.3.4.1 单层板

单层板不同于组成层合板的单层复合材料, 单层板是指由多层相同材料和相同主方向的单层复合材料黏合而成的层合板，存在以下几种形式的单层板：

（1）各向同性单层板。它是指组成单层板的单层复合材料为各向同性材料。因此由 1.3.3 节内容可知，层合板刚度矩阵系数中有 $E_1 = E_2 = E$，$\nu_{21} = \nu_{12} = \nu$，且 $G = \dfrac{E}{2(1+\nu)}$，则由平面应力状态下的本构关系中给出的式（1.44）和式（1.45）可知：

$$[\boldsymbol{Q}] = \begin{bmatrix} Q_{11} & Q_{12} & 0 \\ Q_{12} & Q_{22} & 0 \\ 0 & 0 & Q_{66} \end{bmatrix} = \begin{bmatrix} Q_{11} & Q_{12} & 0 \\ Q_{12} & Q_{22} & 0 \\ 0 & 0 & Q_{66} \end{bmatrix} = \begin{bmatrix} \dfrac{E}{1-\nu^2} & \dfrac{\nu E}{1-\nu^2} & 0 \\ \dfrac{\nu E}{1-\nu^2} & \dfrac{E}{1-\nu^2} & 0 \\ 0 & 0 & \dfrac{E}{2(1+\nu)} \end{bmatrix}$$

因此由上式和式（2.58），对于各向同性单层板来说，有：

$$A_{11} = \frac{Eh}{1-\nu^2} = A = A_{22}, \ A_{12} = \nu A, \ A_{16} = A_{26} = 0, \ A_{66} = \frac{Et}{2(1+\nu)} = \frac{1-\nu}{2} A$$

$$B_{ij} = 0$$

$$D_{11} = \frac{Eh^3}{12(1-\nu^2)} = D = D_{22}, \ D_{12} = \nu D, \ D_{16} = D_{26} = 0, \ D_{66} = \frac{Eh^3}{24(1+\nu)} = \frac{1-\nu}{2} D$$

$$\tag{2.68}$$

式中，h 为各向同性单层板的厚度。

因此各向同性单层板的面内轴力和弯矩与变形之间的关系可写为：

$$\begin{bmatrix} N_x \\ N_y \\ N_{xy} \end{bmatrix} = \begin{bmatrix} A & \nu A & 0 \\ \nu A & A & 0 \\ 0 & 0 & \dfrac{1-\nu}{2} A \end{bmatrix} \begin{bmatrix} \varepsilon_x^{\,\circ} \\ \varepsilon_y^{\,\circ} \\ \gamma_{xy}^{\,\circ} \end{bmatrix} \tag{2.69}$$

$$\begin{bmatrix} M_x \\ M_y \\ M_{xy} \end{bmatrix} = \begin{bmatrix} D & \nu D & 0 \\ \nu D & D & 0 \\ 0 & 0 & \dfrac{1-\nu}{2} D \end{bmatrix} \begin{bmatrix} \kappa_x \\ \kappa_y \\ \kappa_{xy} \end{bmatrix} \tag{2.70}$$

从上述刚度矩阵形式可见，对于各向同性单层板，不存在弯曲和拉伸之间的耦合作用，横截面拉伸（压缩）轴力仅与层合板中面面内的正应变有关，横截面剪切合力仅与中面面内剪切应变有关。横截面合弯矩仅与中面弯曲曲率相关，合扭矩仅与扭转曲率相关。在不考虑层间行为的条件下，各向同性单层板的力学行为与均质各向同性材料薄板一致。

（2）特殊正交各向异性单层板。它是指组成单层板的单向复合材料为正交各向异性材料，并且单层板的全局坐标系与单向复合材料的材料坐标系一致，则由平面应力状态下正交各向异性材料的本构关系，即式（1.44）和式（1.45）可知：

$$[Q] = \begin{bmatrix} Q_{11} & Q_{12} & 0 \\ Q_{12} & Q_{22} & 0 \\ 0 & 0 & Q_{66} \end{bmatrix} = \begin{bmatrix} \dfrac{E_1}{1-\nu_{12}\nu_{21}} & \dfrac{\nu_{12}E_2}{1-\nu_{12}\nu_{21}} & 0 \\ \dfrac{\nu_{21}E_1}{1-\nu_{12}\nu_{21}} & \dfrac{E_2}{1-\nu_{12}\nu_{21}} & 0 \\ 0 & 0 & G_{12} \end{bmatrix}$$

因此由上式和式（2.58），对于厚度为 h 的特殊正交各向异性单层板来说，有：

$$A_{11} = Q_{11}h, \quad A_{12} = Q_{12}h, \quad A_{22} = Q_{22}h, \quad A_{16} = A_{26} = 0, \quad A_{66} = Q_{66}h$$

$$B_{ij} = 0$$

$$D_{11} - \frac{Q_{11}h^3}{12}, \quad D_{12} - \frac{Q_{12}h^3}{12}, \quad D_{22} = \frac{Q_{22}h^3}{12}, \quad D_{16} = D_{26} = 0, \quad D_{66} = \frac{Q_{66}h^3}{12}$$

$$(2.71)$$

由式（2.56）和式（2.57）可得到特殊的正交各向异性单层板截面内力和变形之间的关系形如：

$$\begin{bmatrix} N_x \\ N_y \\ N_{xy} \end{bmatrix} = \begin{bmatrix} A_{11} & A_{12} & 0 \\ A_{12} & A_{22} & 0 \\ 0 & 0 & A_{66} \end{bmatrix} \begin{bmatrix} \varepsilon_x^o \\ \varepsilon_y^o \\ \gamma_{xy}^o \end{bmatrix} \qquad (2.72)$$

$$\begin{bmatrix} M_x \\ M_y \\ M_{xy} \end{bmatrix} = \begin{bmatrix} D_{11} & D_{12} & 0 \\ D_{12} & D_{22} & 0 \\ 0 & 0 & D_{66} \end{bmatrix} \begin{bmatrix} \kappa_x \\ \kappa_y \\ \kappa_{xy} \end{bmatrix} \qquad (2.73)$$

可见，特殊的正交各向异性单层板与各向同性单层板行为一致，即不存在弯曲和拉伸之间的耦合作用，横截面拉伸（压缩）轴力仅与层合板中面面内正应变有关，横截面剪切合力仅与中面面内剪切应变有关。横截面合弯矩仅与中面弯曲曲率相关，合扭矩仅与扭转曲率相关。

（3）一般正交各向异性单层板。它是指组成单层板的单向复合材料为正交各向异性材料，但单层板的全局坐标系与单向复合材料的材料坐标系不一致，因此根据单层复合材料沿任意方向的应力-应变关系可得到单层板全局坐标系的变换折减刚度系数 $\overline{Q}_{ij}$（式（2.25））。对于厚度为 h 的特殊正交各向异性单层板来说，有：

$$A_{ij} = \overline{Q}_{ij}h, \quad B_{ij} = 0, \quad D_{ij} = \frac{\overline{Q}_{ij}h^3}{12} \qquad (2.74)$$

则一般正交各向异性单层板截面内力和变形之间的关系形如：

$$\begin{bmatrix} N_x \\ N_y \\ N_{xy} \end{bmatrix} = \begin{bmatrix} A_{11} & A_{12} & A_{16} \\ A_{12} & A_{22} & A_{26} \\ A_{16} & A_{26} & A_{66} \end{bmatrix} \begin{bmatrix} \varepsilon_x^o \\ \varepsilon_y^o \\ \gamma_{xy}^o \end{bmatrix} \tag{2.75}$$

$$\begin{bmatrix} M_x \\ M_y \\ M_{xy} \end{bmatrix} = \begin{bmatrix} D_{11} & D_{12} & D_{16} \\ D_{12} & D_{22} & D_{26} \\ D_{16} & D_{26} & D_{66} \end{bmatrix} \begin{bmatrix} \kappa_x \\ \kappa_y \\ \kappa_{xy} \end{bmatrix} \tag{2.76}$$

式（2.76）说明与各向同性单层板和特殊正交各向异性单层板不同的是，由于 $A_{16} \neq 0$，$A_{26} \neq 0$，板结构存在拉伸与剪切之间的耦合行为，即横截面拉伸（压缩）轴力与中面剪切应变有关，横截面剪切合力与中面正应变有关；由于 $D_{16} \neq 0$，$D_{26} \neq 0$，存在弯曲与扭转之间的耦合行为，即横截面上合弯矩与中面扭转曲率有关，横截面上合扭矩与中面弯曲曲率有关。

（4）一般各向异性单层板。它是指组成单层板的单层复合材料为一般各向异性材料。它与一般正交各向异性单层板的区别是一般各向异性单层复合材料即使其材料坐标系与单层板结构全局坐标系保持一致，但单层复合材料的应力-应变关系也形如：

$$[\boldsymbol{Q}] = \begin{bmatrix} Q_{11} & Q_{12} & Q_{16} \\ Q_{12} & Q_{22} & Q_{26} \\ Q_{16} & Q_{26} & Q_{66} \end{bmatrix}$$

对于厚度为 h 的一般各向同性单层板来说，有：

$$A_{ij} = Q_{ij}h, \qquad B_{ij} = 0, \qquad D_{ij} = \frac{Q_{ij}h^3}{12} \tag{2.77}$$

因此其刚度矩阵的形式与式（2.75）和式（2.76）一致，单层板的力学响应耦合行为也与一般正交各向异性单层板一致。

2.3.4.2　对称层合板

对称层合板是指组成层合板的各单层板的几何尺寸和材料性能均对称于层合板中面，示意图如图 2.17 所示。由于对称性，其刚度矩阵的形式可以大大简化。如通过式（2.58）可计算耦合刚度矩阵系数如下：

$$B_{ij} = \frac{1}{2} \sum_{k=1}^{N} (\overline{Q}_{ij})_k (z_k^2 - z_{k-1}^2) = \frac{1}{2} (\overline{Q}_{ij})_1 (z_1^2 - z_0^2) + \frac{1}{2} (\overline{Q}_{ij})_2 (z_2^2 - z_1^2) + \cdots +$$

$$\frac{1}{2} (\overline{Q}_{ij})_{\frac{N}{2}} (0 - z_{\frac{N}{2}-1}^2) + \frac{1}{2} (\overline{Q}_{ij})_{\frac{N}{2}+1} (z_{\frac{N}{2}+1}^2 - 0) + \cdots +$$

$$\frac{1}{2} (\overline{Q}_{ij})_{N-1} (z_{N-1}^2 - z_{N-2}^2) + \frac{1}{2} (\overline{Q}_{ij})_N (z_N^2 - z_{N-1}^2) \tag{2.78}$$

根据对称层合板的定义，有

$$(\overline{Q}_{ij})_1 = (\overline{Q}_{ij})_N, \qquad (z_1^2 - z_0^2) = -(z_N^2 - z_{N-1}^2)$$

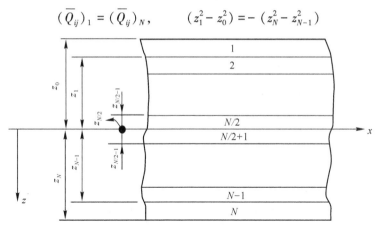

图 2.17 对称铺设层合板的各层厚度方向坐标示意图

因此式（2.78）中第 1 项和第 N 项的代数和为零，第 2 项与第 $N-1$ 项代数和为零，显然各个对应项之和均为零，即：

$$B_{ij} = \frac{1}{2} \sum_{k=1}^{N} (Q_{ij})_k (z_k^2 - z_{k-1}^2) = 0 \tag{2.79}$$

因此对称层合板不存在拉伸和弯曲之间的耦合效应。对称层合板通常比有耦合影响的层合板容易分析，也没有因固化后冷却时的热收缩引起的扭曲倾向，因此是实际工程中常用的复合材料层板结构。与单层板类似，存在以下几种形式的对称层合板：

（1）各向同性对称层合板。它是指层合板由对称于中面不同的各向同性单层板组成，三层单层板组成的各向同性对称层合板示意图如图 2.18 所示。第 k 层材料沿对称层合板全局坐标轴 x，y 的变换折减刚度矩阵系数与该层材料的两个独立的工程弹性常数相关，分别为：

$$(\overline{Q}_{11})_k = (\overline{Q}_{22})_k = \frac{E_k}{1 - \nu_k^2}, \qquad (\overline{Q}_{16})_k = (\overline{Q}_{26})_k = 0$$

$$\tag{2.80}$$

$$(\overline{Q}_{16})_k = \frac{\nu_k E_k}{1 - \nu_k^2}, \qquad (\overline{Q}_{66})_k = \frac{E_k}{2(1 - \nu_k)}$$

因此各向同性对称层合板截面内力和变形之间的关系形如：

$$\begin{bmatrix} N_x \\ N_y \\ N_{xy} \end{bmatrix} = \begin{bmatrix} A_{11} & A_{12} & 0 \\ A_{12} & A_{22} & 0 \\ 0 & 0 & A_{66} \end{bmatrix} \begin{bmatrix} \varepsilon_x^o \\ \varepsilon_y^o \\ \gamma_{xy}^o \end{bmatrix} \tag{2.81}$$

$$\begin{bmatrix} M_x \\ M_y \\ M_{xy} \end{bmatrix} = \begin{bmatrix} D_{11} & D_{12} & 0 \\ D_{12} & D_{22} & 0 \\ 0 & 0 & D_{66} \end{bmatrix} \begin{bmatrix} \kappa_x \\ \kappa_y \\ \kappa_{xy} \end{bmatrix} \tag{2.82}$$

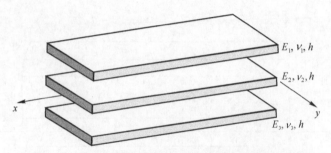

图 2.18　三层各向同性单层板组成的对称层合板示意图

且由式（2.80）可知，刚度矩阵系数满足 $A_{11}=A_{22}$，$D_{11}=D_{22}$。

（2）特殊正交各向异性对称层合板。它是指由对称于中面的正交各向异性单层板组成，且满足层合板全局坐标系与材料坐标系一致的对称层合板。每层正交各向异性单层板在结构全局坐标系下的变换折减刚度矩阵系数分别为：

$$(\overline{Q}_{11})_k = \frac{E_1^k}{1-\nu_{12}^k\nu_{21}^k}, \quad (\overline{Q}_{12})_k = \frac{\nu_{12}^k E_1^k}{1-\nu_{12}^k\nu_{21}^k}, \quad (\overline{Q}_{22})_k = \frac{E_2^k}{1-\nu_{12}^k\nu_{21}^k}$$

$$(\overline{Q}_{16})_k = 0, \quad (\overline{Q}_{26})_k = 0, \quad (\overline{Q}_{66})_k = G_{12}^k \tag{2.83}$$

由于 $(\overline{Q}_{16})_k = (\overline{Q}_{26})_k = 0$，则层合板刚度矩阵中 A_{16}，A_{26}，D_{16} 和 D_{26} 均为零。且由于对称性，层合板的 $B_{ij}=0$，因此显然特殊正交各向异性对称层合板的行为与特殊正交各向异性单层板的行为类似，其刚度矩阵的形式与式（2.81）和式（2.82）一致，但 $A_{11} \neq A_{22}$，$D_{11} \neq D_{22}$。

（3）正规对称正交铺设层合板。它是指层合板由材料主方向与全局坐标轴夹角为 0° 和 90° 的正交各向异性单层板交替铺设而成，且关于中面对称，层合板的层数必须为奇数。图 2.19 所示为一典型层正规对称正交铺设层合板示意图。这种层合板各层的刚度矩阵存在两种情况[6]：对于 0° 铺设的单层板，如图 2.19 中第一层和第三层，其折减刚度矩阵形式为：

$$[\boldsymbol{Q}]_{0°} = \begin{bmatrix} Q_{11} & Q_{12} & 0 \\ Q_{12} & Q_{22} & 0 \\ 0 & 0 & Q_{66} \end{bmatrix}_{0°}$$

对于 90° 铺设的单层板，其折减刚度矩阵形式为：

$$[\boldsymbol{Q}]_{90°} = \begin{bmatrix} Q_{11} & Q_{12} & 0 \\ Q_{12} & Q_{22} & 0 \\ 0 & 0 & Q_{66} \end{bmatrix}_{90°} = \begin{bmatrix} Q_{22} & Q_{12} & 0 \\ Q_{12} & Q_{11} & 0 \\ 0 & 0 & Q_{66} \end{bmatrix}_{0°}$$

对于正交铺设的完全相同的单层板，存在 $(Q_{11})_{0°} = (Q_{22})_{90°}$，$(Q_{22})_{0°} = (Q_{11})_{90°}$，因此 $[\boldsymbol{Q}]_{0°}$ 和 $[\boldsymbol{Q}]_{90°}$ 的差别仅是 Q_{11} 和 Q_{22} 位置互换。由于 $Q_{16}=Q_{26}=0$，层合板刚度矩阵中 A_{16}、A_{26}、D_{16} 和 D_{26} 均为零，$B_{ij}=0$，因此层合板的刚度矩

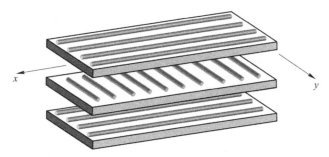

图 2.19 三层正规对称正交铺设层合板示意图

阵的形式也与式（2.81）和式（2.82）一致。

（4）正规对称角铺设层合板。它是指层合板由材料性能相同，主方向与层合板总体坐标系夹角大小相等，正负交替铺设而成，且满足关于中面对称。显然该类对称层合板的总层数为奇数，如 $[-\alpha 2h/\alpha h/-\alpha 2h/\alpha h/-\alpha 2h/\alpha h/-\alpha 2h]$。对于材料主方向与层合板总体坐标轴夹角为 α 的单层板，其在层合板总体坐标系下的变换折减刚度矩阵为：

$$[\overline{\boldsymbol{Q}}]_\alpha = \begin{bmatrix} \overline{Q}_{11} & \overline{Q}_{12} & \overline{Q}_{16} \\ \overline{Q}_{12} & \overline{Q}_{22} & \overline{Q}_{26} \\ \overline{Q}_{16} & \overline{Q}_{26} & \overline{Q}_{66} \end{bmatrix}_\alpha \tag{2.84}$$

与层合板总体坐标轴夹角为$-\alpha$的单层板，其在总体坐标系下的变换折减刚度矩阵为：

$$[\overline{\boldsymbol{Q}}]_{-\alpha} = \begin{bmatrix} \overline{Q}_{11} & \overline{Q}_{12} & \overline{Q}_{16} \\ \overline{Q}_{12} & \overline{Q}_{22} & \overline{Q}_{26} \\ \overline{Q}_{16} & \overline{Q}_{26} & \overline{Q}_{66} \end{bmatrix}_{-\alpha} = \begin{bmatrix} \overline{Q}_{11} & \overline{Q}_{12} & -\overline{Q}_{16} \\ \overline{Q}_{12} & \overline{Q}_{22} & -\overline{Q}_{26} \\ -\overline{Q}_{16} & -\overline{Q}_{26} & \overline{Q}_{66} \end{bmatrix}_\alpha \tag{2.85}$$

显然：$(\overline{Q}_{11})_\alpha = (\overline{Q}_{11})_{-\alpha}$，$(\overline{Q}_{12})_\alpha = (\overline{Q}_{12})_{-\alpha}$，$(\overline{Q}_{22})_\alpha = (\overline{Q}_{22})_{-\alpha}$，$(\overline{Q}_{66})_\alpha = (\overline{Q}_{66})_{-\alpha}$，而$(\overline{Q}_{16})_\alpha = -(\overline{Q}_{16})_{-\alpha}$，$(\overline{Q}_{26})_\alpha = -(\overline{Q}_{26})_{-\alpha}$。因此根据上述关系结合式（2.58）可计算层合板刚度矩阵系数：

$$A_{11} = (\overline{Q}_{11})_\alpha \sum_{k=1}^{N}(z_k - z_{k-1}) = (\overline{Q}_{11})_\alpha H(H \text{为层合板的总厚度})$$

$$A_{12} = (\overline{Q}_{12})_\alpha H, \ A_{22} = (\overline{Q}_{22})_\alpha H, \ A_{66} = (\overline{Q}_{66})_\alpha H$$

$$A_{16} = (\overline{Q}_{16})_\alpha \left(\sum_{\text{奇数层}} h_k - \sum_{\text{偶数层}} h_k\right), \ A_{26} = (\overline{Q}_{26})_\alpha \left(\sum_{\text{奇数层}} h_k - \sum_{\text{偶数层}} h_k\right)$$

$$B_{ij} = 0$$

$$D_{11} = \frac{1}{3}(\overline{Q}_{11})_\alpha \sum_{k=1}^{N}(z_k^3 - z_{k-1}^3) = (\overline{Q}_{11})_\alpha \frac{H^3}{12}$$

$$D_{12} = (\overline{Q}_{12})_\alpha \frac{H^3}{12}, \quad D_{22} = (\overline{Q}_{22})_\alpha \frac{H^3}{12}, \quad D_{66} = (\overline{Q}_{66})_\alpha \frac{H^3}{12}$$

$$D_{16} = \frac{1}{3}(\overline{Q}_{16})_\alpha [(z_1^3 - z_0^3) - (z_2^3 - z_1^3) + (z_3^3 - z_2^3) - (z_4^3 - z_3^3) + \cdots + (z_N^3 - z_{N-1}^3)]$$

$$D_{26} = \frac{1}{3}(\overline{Q}_{26})_\alpha [(z_1^3 - z_0^3) - (z_2^3 - z_1^3) + (z_3^3 - z_2^3) - (z_4^3 - z_3^3) + \cdots + (z_N^3 - z_{N-1}^3)]$$

$$(2.86)$$

因此，正规对称角铺设层合板的截面内力和变形之间的关系如下：

$$\begin{bmatrix} N_x \\ N_y \\ N_{xy} \end{bmatrix} = \begin{bmatrix} A_{11} & A_{12} & A_{16} \\ A_{12} & A_{22} & A_{26} \\ A_{16} & A_{26} & A_{66} \end{bmatrix} \begin{bmatrix} \varepsilon_x^o \\ \varepsilon_y^o \\ \gamma_{xy}^o \end{bmatrix} \tag{2.87}$$

$$\begin{bmatrix} M_x \\ M_y \\ M_{xy} \end{bmatrix} = \begin{bmatrix} D_{11} & D_{12} & D_{16} \\ D_{12} & D_{22} & D_{26} \\ D_{16} & D_{26} & D_{66} \end{bmatrix} \begin{bmatrix} \kappa_x \\ \kappa_y \\ \kappa_{xy} \end{bmatrix} \tag{2.88}$$

可见正规对称角铺设层合板面内（拉伸）刚度矩阵 A 和弯曲刚度矩阵 D 中系数均不为零，因此该类层合板存在面内拉伸与剪切变形以及截面弯曲与扭转变形之间的耦合效果。由于 $B_{ij}=0$，因此不存在拉伸与弯曲之间更为复杂的耦合效果。由于 A_{16}、A_{26}、D_{16} 和 D_{26} 中存在正负交替项，因此这些系数的数值比其他系数小。当层合板由等厚度的单层板组成，每层厚度为 H/N 时，由于层合板的总层数为奇数，因此有

$$A_{16} = (\overline{Q}_{16})_\alpha H/N, \qquad A_{26} = (\overline{Q}_{26})_\alpha H/N$$

随着层数 N 的增加，A_{16} 和 A_{26} 的数值减小，D_{16} 和 D_{26} 也存在这种情况。工程应用中由于这些系数数值小，计算刚度时可简化处理。正规对称角铺设层合板的剪切刚度比特殊正交各向异性对称层合板大，因此在工程上具有一定的应用价值。

（5）各向异性对称层合板。它是指由一般各向异性单层板组成的对称层合板，其也满足面内耦合刚度矩阵系数 $B_{ij}=0$，而面内拉伸和弯曲刚度矩阵的形式与式（2.87）和式（2.88）一致。

2.3.4.3　反对称层合板

反对称层合板是由关于中面反对称的单层板组成的，即单层板的材料主方向与层合板总体坐标轴的夹角大小相等，但正负号相反，层合板的总层数为偶数，示意图如图 2.20 所示。对于由正交各向异性单层板组成的反对称层合板，有：

$$A_{16} = \sum_{k=1}^{N} (\overline{Q}_{16})_k (z_k - z_{k-1}) = (\overline{Q}_{16})_1 (z_1 - z_0) + (\overline{Q}_{16})_2 (z_2 - z_1) + \cdots +$$

$$(\overline{Q}_{16})_{N-1} (z_{N-1} - z_{N-2}) + (\overline{Q}_{16})_N (z_N - z_{N-1})$$

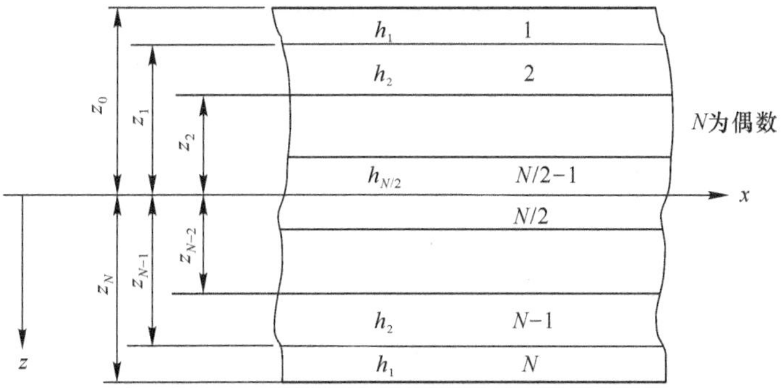

图 2.20 反对称铺设层合板的各层厚度方向坐标示意图

由反对称层合板的定义可知，$(\overline{Q}_{16})_1 = -(\overline{Q}_{16})_N$，$(\overline{Q}_{16})_2 = -(\overline{Q}_{16})_{N-1}$，…，且 $(z_1 - z_0) = h_1 = (z_N - z_{N-1})$，$(z_2 - z_1) = h_2 = (z_{N-1} - z_{N-2})$，…，因此可见 $A_{16} = 0$。同理 $A_{26} = D_{16} = D_{26} = 0$。常见的反对称层合板包括：

（1）反对称角铺设层合板。它是指组成层合板的正交各向异性单层板的材料主方向与总体坐标轴的夹角大小相等，但正负号相反，且对称厚度也相等。由于 $(\overline{Q}_{16})_\alpha = -(\overline{Q}_{16})_{-\alpha}$，因此，$A_{16} = A_{26} = D_{16} = D_{26} = 0$。又因为

$$(\overline{Q}_{11})_\alpha = (\overline{Q}_{11})_{-\alpha}, \qquad (\overline{Q}_{12})_\alpha = (\overline{Q}_{12})_{-\alpha},$$

$$(\overline{Q}_{22})_\alpha = (\overline{Q}_{22})_{-\alpha}, \qquad (\overline{Q}_{66})_\alpha = (\overline{Q}_{66})_{-\alpha}$$

因此 $B_{11} = B_{12} = B_{22} = B_{66} = 0$。因此可得反对称角铺设层合板截面内力与变形之间的关系如下：

$$\begin{bmatrix} N_x \\ N_y \\ N_{xy} \end{bmatrix} = \begin{bmatrix} A_{11} & A_{12} & 0 \\ A_{12} & A_{22} & 0 \\ 0 & 0 & A_{66} \end{bmatrix} \begin{bmatrix} \varepsilon_x^\circ \\ \varepsilon_y^\circ \\ \gamma_{xy}^\circ \end{bmatrix} + \begin{bmatrix} 0 & 0 & B_{16} \\ 0 & 0 & B_{26} \\ B_{16} & B_{26} & 0 \end{bmatrix} \begin{bmatrix} \kappa_x \\ \kappa_y \\ \kappa_{xy} \end{bmatrix} \qquad (2.89)$$

$$\begin{bmatrix} M_x \\ M_y \\ M_{xy} \end{bmatrix} = \begin{bmatrix} 0 & 0 & B_{16} \\ 0 & 0 & B_{26} \\ B_{16} & B_{26} & 0 \end{bmatrix} \begin{bmatrix} \varepsilon_x^\circ \\ \varepsilon_y^\circ \\ \gamma_{xy}^\circ \end{bmatrix} + \begin{bmatrix} D_{11} & D_{12} & 0 \\ D_{12} & D_{22} & 0 \\ 0 & 0 & D_{66} \end{bmatrix} \begin{bmatrix} \kappa_x \\ \kappa_y \\ \kappa_{xy} \end{bmatrix} \qquad (2.90)$$

上式说明反对称角铺设层合板存在拉伸和扭转之间的耦合。

（2）反对称正交铺设层合板。它是指组成层合板的正交各向异性单层板的材料主方向与层合板总体坐标轴夹角成 0° 和 90° 交错反对称铺设，图 2.21 所示为一个四层反对称正交铺设层合板示意图。由于 $(Q_{11})_{0°} = (Q_{22})_{90°}$，$(Q_{22})_{0°} =$

$(Q_{11})_{90°}$ 以及 $Q_{16}=Q_{26}=0$，因此有 $A_{11}=A_{22}$，$D_{11}=D_{22}$，$A_{16}=A_{26}=D_{16}=D_{26}=B_{16}=B_{26}=0$，且 $B_{12}=B_{66}=0$，$B_{22}=-B_{11}$，因此反对称正交铺设层合板截面内力与变形之间的关系如下：

$$\begin{bmatrix} N_x \\ N_y \\ N_{xy} \end{bmatrix} = \begin{bmatrix} A_{11} & A_{12} & 0 \\ A_{12} & A_{22} & 0 \\ 0 & 0 & A_{66} \end{bmatrix} \begin{bmatrix} \varepsilon_x^o \\ \varepsilon_y^o \\ \gamma_{xy}^o \end{bmatrix} + \begin{bmatrix} B_{11} & 0 & 0 \\ 0 & -B_{11} & 0 \\ 0 & 0 & 0 \end{bmatrix} \begin{bmatrix} \kappa_x \\ \kappa_y \\ \kappa_{xy} \end{bmatrix} \tag{2.91}$$

$$\begin{bmatrix} M_x \\ M_y \\ M_{xy} \end{bmatrix} = \begin{bmatrix} B_{11} & 0 & 0 \\ 0 & -B_{11} & 0 \\ 0 & 0 & 0 \end{bmatrix} \begin{bmatrix} \varepsilon_x^o \\ \varepsilon_y^o \\ \gamma_{xy}^o \end{bmatrix} + \begin{bmatrix} D_{11} & D_{12} & 0 \\ D_{12} & D_{22} & 0 \\ 0 & 0 & D_{66} \end{bmatrix} \begin{bmatrix} \kappa_x \\ \kappa_y \\ \kappa_{xy} \end{bmatrix} \tag{2.92}$$

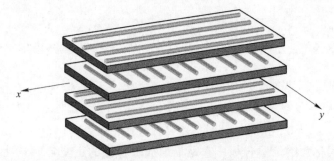

图 2.21　四层反对称正交铺设层合板示意图

显然该种反对称层合板存在拉伸与弯曲之间的耦合效果。

2.3.4.4　不对称层合板

不对称层合板分为各向同性单层板组成的不对称层合板、特殊正交各向异性不对称层合板和各向异性不对称层合板，分析发现不对称层合板 3×3 对称的面内（拉伸）刚度矩阵 **A**、耦合刚度矩阵 **B** 和弯曲刚度矩阵 **D** 系数均不为零，为满阵。

参 考 文 献

［1］ Tsai S W. Mechanics of Composite Materials，Part Ⅱ，Theoretical Aspects［R］. Air Force Materials Laboratory Technical Report AFML-TR-66-149，November 1966.

［2］ Jones R M. Mechanics of Composite Materials［M］. 2nd. Philadelphia：Taylor & Francis，Inc，1999.

［3］ 白光辉，张沫，郭悦. 先进复合材料力学性能测试标准图解［M］. 北京：化学工业出版社，2015.

［4］ Makeev A，He Y，Carpentier P，et al. A method for measurement of multiple constitutive properties for composite materials［J］. Composites Part A Applied Science & Manufacturing，2012，

43(12): 2199~2210.

[5] He T, Liu L, Makeev A, et al. Characterization of stress-strain behavior of composites using digital image correlation and finite element analysis[J]. Composite Structures, 2016, 140: 84~93.

[6] 沈观林, 胡更开, 刘彬. 复合材料力学[M]. 2版. 北京: 清华大学出版社, 2013: 93~104.

3 数字图像相关方法（DIC）基础

3.1 引言

数字图像相关（digital image correlation，DIC）方法是一种光学测量技术，可以在力学试验中测量试样表面上不断变化的全场二维或三维坐标。得到的坐标场可用于进一步获得试样的位移场、应变场等场物理量[1]。DIC 是一种非接触表面测量技术，可广泛用于不同尺寸的各种固体材料的力学试验中，研究和表征材料的变形。为了进一步探讨采用数值-实验混合技术，结合 DIC 快速识别树脂基纤维增强复合材料三维完整力学本构关系参数的方法，下面简要介绍 DIC 的基本原理。核心思想是基于一系列试样表面数字散斑图像，通过求解最优化问题，估算全场散斑的坐标和位移。DIC 中的基本假设是，无论是自然还是人工方式制备的散斑，试样表面的散斑图像都会随试样一起变形。因此，拍摄得到的试样表面散斑图像可用于相关计算，得到其全场坐标，用于进一步表征试样表面的形状、运动和变形。理想平面试样表面的 2D 坐标可用单相机系统实现拍摄和全场坐标的相关计算，称为 2D-DIC。三维物体表面坐标的测量除了图像相关外，还需要两个至少呈一定立体角的相机，被称为 Stereo-DIC[1]。在进行散斑图像测量前，相机/镜头系统通过间距已知的特征图像（标定板）进行标定，标定可校正镜头畸变。Stereo-DIC 系统还可以提供相机之间以及相机与试样之间的相对位置和姿态[1]。

散斑图像的相关计算有两种常见的方法：一种是局部 DIC 方法，另一种是全局 DIC 方法。局部 DIC 方法，一个兴趣点（point of interest，POI）的坐标求解仅依赖于该点附近的一小部分图像（即子区），与其他 POI 无关；局部 DIC 中，每个计算点（POI）均位于子区的中心，并可通过一定的规则定义计算点的间距（步长），因此相邻子区可能（或可能不）出现重叠。全局 DIC 中，一个 POI 的解与附近其他的 POI 的解有一定的依赖性，如满足位移和应变的连续性条件[1]。

为了表征物体的运动或变形，DIC 测量过程中从运动/变形之前的参考图像到运动/变形期间的每幅图像，都要对子区进行相关计算。该相关计算首先使用插值函数对每个子区中散斑图像的灰度分布进行近似，然后该函数基于子区形函数发生变形，结合子区权重的匹配准则用于匹配参考图像中的每个子区与变形图像中的相应子区。在 Stereo-DIC 中，匹配准则与立体系统的标定参数一起，用于匹配从其中一台相机到另一台相机的子区，图像相关计算的结果为每个子区中心的测量坐标[1]。

计算导出场是 DIC 测量过程的最后一步。从坐标场中导出的常见量为应变场。DIC 运动/变形测量的最小分辨率（本底噪声）及系统误差与测量设置（如相机选择、图像对比度、DIC 散斑的特征尺寸）和数据处理参数（如子区尺寸、形函数及应变导出方法）有关，因此 DIC 数据处理还需要通过不确定度量化分析确定感兴趣量的最小分辨率，给出数据不确定性的全场描述。下面简要介绍 DIC 通过散斑图像匹配确定全场散斑坐标和位移过程中涉及的具体问题和方法[1]。

3.2 图像匹配概述

图像匹配作为计算机视觉中的一门重要技术，在工业过程控制、停车场中车牌自动识别、生物生长现象、地质制图、立体视觉、视频压缩和空间探索自主机器人等领域都有广泛的应用。由于图像匹配应用场景的多样化，采用的匹配方法和算法也多种多样。许多算法是针对特定应用场景的，如用于确定流体流动小示踪粒子运动矢量的图像匹配算法等，本书中用于快速识别树脂基纤维增强复合材料三维完整力学本构关系参数的数字图像相关算法（DIC）也不例外，它是一种用于描述或表征固体变形过程的算法。但在一个方面，数字图像相关算法存在一定的特殊性。由于工程应用中对固体的微小运动和变形感兴趣，因此对数字图像相关算法中图像匹配的分辨率要求远高于大多数其他应用。为了采用 DIC 方法准确获得许多工程材料的应力-应变曲线，必须解决 10^{-5} m/m 尺度下的长度变化测量问题。这些要求推动了许多 DIC 算法的发展，其目的是为了不断提高图像分辨率和降低系统误差[2]。

本章重点围绕变形结构表面的运动问题，讨论图像匹配中的基本问题，提出了数字图像相关的各种基本概念，并探讨了最常用的数字图像相关方法[2]。

3.2.1 孔径问题

假设存在两张图像，第一幅图像（定义为参考图像）为结构变形前的某一表面的数字图像照片，第二幅图像（定义为变形图像）为结构变形后同一表面的数字图像照片。从第二幅图像中找到与第一幅图像中某一单像素相匹配的像素通常是不可能的。参考图像中单像素的灰度值可匹配第二幅图像中成百上千像素的灰度值，显然图像中单一像素的灰度值不存在唯一映射关系，因此考虑寻找感兴趣的像素点（兴趣点，POI）周围一个小邻域的映射关系。虽然这个小邻域提供了额外的信息，但单一像素的匹配问题仍然可能是不唯一的。如图 3.1(a) 所示，在图像上放置一个圆孔，邻域中存在某一直线，该直线发生了运动，从孔的上侧运动到孔的下侧（图 3.1(a) 虚线所示)。通过图像匹配可获得运动矢量垂直于直线方向的分量，但却无法获得沿直线方向的分量，即第一幅图像中直线上的一点可以匹配到第二幅图像中直线上的任意点。这种歧义被称为图像匹配中的孔径问题。图 3.1(b) 孔径增加了，给出了该直线的端点。在这种情况下，该直线的运动矢量可以唯一确定[2]。

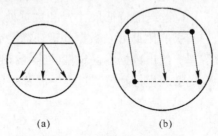

(a)　　　　　　　　　(b)

图 3.1　图像匹配中的孔径问题

(a) 图中变形前直线上的一点可以对应变形后直线上的任意点；
(b) 增加孔径，包括了直线的端点，则直线的运动矢量可唯一确定[3]

3.2.2　对应性问题

孔径问题是一般对应性问题的特例。在很多情况下，两幅图像中无法建立特征之间唯一的对应关系。如图 3.2 所示的两种情况，第一种情况为一点网格重复结构，当该重复结构发生运动时，通过图像匹配只能确定运动矢量为网格常数的未知倍数，如图 3.2(a) 所示。当通过增加孔径，使得孔径包括整个点网格重复结构时，则对应问题存在唯一解，因此可通过图像匹配获得结构的运动矢量[2]。

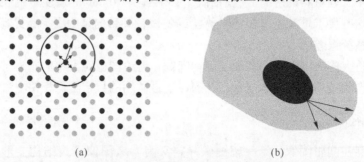

(a)　　　　　　　　　(b)

图 3.2　图像匹配中的对应性问题

(a) 典型网格重复结构的映射问题，只有当孔径足够大，包括了网格重复的结构的边界，才能确保映射的唯一性；(b) 对于不存在纹理特征的变形体，在没有其他假设条件的基础上，无法确定图像的映射关系[2]

当不局限于刚性运动，同时考虑变形体的变形情况时，那么对应的唯一性问题变得更加困难。如对于一个存在变形的无纹理结构（图 3.2(b)），由于不存在纹理等特征，我们无法确定其边界内的任何运动信息。由于存在变形，也无法确定结构边界上的运动矢量[2]。

3.2.3 散斑图

综上，为了保证变形体变形前后图像对应关系的存在唯一性，变形体表面必须具有某些特征。对孔径问题的讨论表明如果变形体表面仅存在定向的结构特征，如直线，则仅可确定与定向结构正交的运动矢量的分量。因此，理想的表面纹理特征应是各向同性的，也就是说，表面纹理特征不应该存在明显的方向性。此外，上述讨论也表明具有重复性特征的纹理会导致错误的映射关系。因此，表面纹理应该是非周期性的。显然随机散斑可满足上述这些要求。用于数字图像相关技术中的表面随机散斑应紧密附着于变形体表面，并随变形体共同变形，即使在变形体发生大平移和变形下，也不会发生图像特征相关性的退化或损失。即表面随机散斑的运动和变形应与散斑下方变形体的运动和变形始终保持一致。高质量散斑图像的关键特征之一是其信息含量高。由于变形体的整个表面都具有散斑特征，因此表面任意位置处均有可用于图像匹配的信息，这就允许图案匹配时使用相对较小的孔径，这个孔径通常称为数字图像相关技术中的子区或窗口[3]。

3.3 图像匹配的基本方法

对于人类观察者而言，识别连续图像中的运动是相对简单的，但用数学语言建立并求解这类问题却并不容易。实际上，存在许多不同的方法可用于识别连续图像中的运动。在本节中，将介绍一种基于光流法导出的简单方法，并说明它与经典的 Lucas-Kanade 示踪法之间的关系。然后，推广了模板匹配法，允许在变化的光照条件下进行图像匹配，并同时可考虑对象的变形[3]。

3.3.1 差分法

首先通过一维问题说明运动的估算问题，如图 3.3 所示，设 $G(x, t)$ 为随时间变化的观测对象的灰度分布，如果运动足够小，则可以通过一阶泰勒展开近似得到感兴趣点附近的灰度值如下：

$$G(x + \Delta x, t) = G(x, t) + \frac{\partial G}{\partial x}\Delta x \tag{3.1}$$

如果观测对象以恒定速度 $\dot{u}$ 运动，则灰度值在时间间隔 Δt 内偏移了 $\Delta x = \dot{u}\Delta t$，时间步长 Δt 后的灰度分布可表示为初始时刻灰度分布发生了平移，如图 3.3 所示，有：

$$\Delta G = G(x, t + \Delta t) - G(x, t) = G(x - \dot{u}\Delta t, t) - G(x, t)$$
$$= G(x - \Delta x, t) - G(x, t) \tag{3.2}$$

将式 (3.1) 代入式 (3.2)，显然灰度的变化可写为灰度斜率的函数，即：

$$G(x,\ t+\Delta t) - G(x,\ t) = -\frac{\partial G}{\partial x}\Delta x$$

(3.3)

$$\Delta G = -\frac{\partial G}{\partial x}\Delta x$$

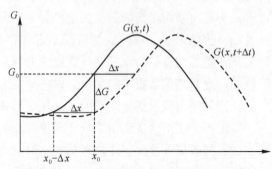

图 3.3   一维问题差分法运动估算示意图[3]

故可得到观测目标运动的近似值为：

$$\Delta x = -\frac{\Delta G}{\dfrac{\partial G}{\partial x}}$$

(3.4)

对于小幅值运动，观测目标的位移可写为灰度变化量除于灰度分布的斜率。将 $\Delta x = \dot{u}\Delta t$ 代入式（3.4），则观测目标速度的近似值可写为：

$$\dot{u}\Delta t = -\frac{\Delta G}{\dfrac{\partial G}{\partial x}}$$

(3.5)

对时间步长取极限，有：

$$\frac{\partial G}{\partial x} + \dot{u}\,\frac{\partial G}{\partial x} = 0$$

(3.6)

二维问题中的速度矢量 v 也可采用相同的推导方法获得。推导中的一阶泰勒展开可写为矢量形式 $G(x + \Delta x) = G(x) + \Delta x \cdot \nabla G$，最后可得：

$$\frac{\partial G}{\partial t} + v \cdot \nabla G = 0$$

(3.7)

式（3.7）通常被称为光流的亮度变化约束方程。在过去的几十年围绕该方向研究人员开展了大量的研究。对光流方法的讨论不在本书的范围之内，将讨论一种基于式（3.7）确定观测对象位移的简单方法。在离散条件下，将式（3.7）乘以两图像之间的时间步长 Δt，可得：

$$\Delta x \cdot \nabla G = -\Delta G$$

(3.8)

式（3.8）显示如果没有更多信息，一般不可能确定二维运动矢量 Δx。

首先，如果灰度的梯度 ∇G 为零，则无法确定运动矢量。但是，即使对于非零灰度梯度，式（3.8）有两个未知数，仅有一个方程。由于式（3.8）中的点乘 $\Delta x \cdot \nabla G$ 可写为灰度梯度的幅值（模）乘以运动矢量 Δx 沿局部灰度梯度方向的分量，如垂直于局部边缘的运动矢量分量 $\Delta_{\perp}$，若垂直于局部边缘的运动矢量分量 $\Delta_{\perp}$ 为：

$$\Delta_{\perp} = - \Delta G / |\nabla G| \qquad (3.9)$$

则上述问题即为 3.2.1 小节中孔径问题的数学表达，该问题可通过采用一个微小的邻域，而不是单个点来解决，如采用图像中正方形的子区。

假设运动在这个微小邻域内近似恒定，则对于感兴趣点邻域内有 N 个点，式（3.8）可写为：

$$
\begin{bmatrix}
\dfrac{\partial G^1}{\partial x} & \dfrac{\partial G^1}{\partial y} \\[2mm]
\dfrac{\partial G^2}{\partial x} & \dfrac{\partial G^2}{\partial y} \\[1mm]
\vdots & \vdots \\[1mm]
\dfrac{\partial G^N}{\partial x} & \dfrac{\partial G^N}{\partial y}
\end{bmatrix}
\begin{bmatrix}
\Delta \bar{x} \\[2mm]
\Delta \bar{y}
\end{bmatrix}
= -
\begin{bmatrix}
\Delta G^1 \\[1mm]
\Delta G^2 \\[1mm]
\vdots \\[1mm]
\Delta G^N
\end{bmatrix}
\qquad (3.10)
$$

如果 $N>2$，则式（3.10）为一个超定方程组：

$$G \Delta \bar{x} = -g \qquad (3.11)$$

通过最小二乘回归可得平均运动矢量 $\Delta \bar{x}$：

$$\Delta \bar{x} = - (G^{\mathrm{T}} G)^{-1} G^{\mathrm{T}} g \qquad (3.12)$$

式（3.12）可写成求和的形式：

$$
\begin{bmatrix}
\Delta \bar{x} \\[2mm]
\Delta \bar{y}
\end{bmatrix}
= -
\begin{bmatrix}
\sum \left(\dfrac{\partial G}{\partial x} \right)^2 & \sum \left(\dfrac{\partial G}{\partial x} \dfrac{\partial G}{\partial y} \right) \\[3mm]
\sum \left(\dfrac{\partial G}{\partial x} \dfrac{\partial G}{\partial y} \right) & \sum \left(\dfrac{\partial G}{\partial y} \right)^2
\end{bmatrix}^{-1}
\begin{bmatrix}
\sum \dfrac{\partial G}{\partial x} \Delta g \\[3mm]
\sum \dfrac{\partial G}{\partial y} \Delta g
\end{bmatrix}
\qquad (3.13)
$$

由式（3.12）和式（3.13）可见，只要 $G^{\mathrm{T}} G$ 非奇异，即可通过最小二乘回归获得运动矢量的近似值。

$G^{\mathrm{T}} G$ 非奇异要求：

$$\det(G^{\mathrm{T}} G) = \sum \left(\frac{\partial G}{\partial x} \right)^2 \sum \left(\frac{\partial G}{\partial y} \right)^2 - \left[\sum \left(\frac{\partial G}{\partial x} \frac{\partial G}{\partial y} \right) \right]^2 \neq 0 \qquad (3.14)$$

显然，这意味着不允许所有灰度导数均为零。换句话说，灰度值恒定的区域无法进行观测对象的运动估算。此外，如果所有灰度梯度都沿同一方向，则行列式也将为零。这种情况下，沿两个坐标方向上的偏导数可通过一个常数联系起来，这表明行列式（3.13）不存在。这些结果即为 3.2.2 节中讨论的对应问题的数学描述。

上面简要概括了一个相对简单用于确定两幅图像之间局部运动的方法。该方

法源于简单的几何分析，也自然导致人们建立起了"光流"的概念。在推导过程中做了两个基本假设。首先，运动必须足够小，才能使一阶泰勒级数展开有效。其次，在整个邻域内，运动必须近似为常数。除了对小运动的限制外，该方法的一个不太明显的缺点嵌入在式（3.12）和式（3.13）中。这两式表明用于确定超定问题最优解的度量是一个代数距离 $\| g + G\Delta\bar{x} \|^2$，没有直观的意义。在下面小节中，将介绍一种采用直观度量并且克服小运动限制的方法[2]。

3.3.2 模板匹配法

在本节中，将推导一种基于最小化子区灰度差的运动估计方法，其中的灰度差源于初始模板图像（运动前）和发生了运动的模板图像之间的灰度差。假设两幅图像不存在光照变化，运动前的模板图像和运动后模板图像之间仅高斯随机噪声水平不同；设运动前模板参考图像的灰度分布函数为 F，运动后的图像灰度分布函数为 G，希望运动前后两幅图像的灰度平方和偏差（SSD）最小，即：

$$\bar{d}_{\text{opt}} = \text{argmin} \sum |G(\boldsymbol{x} + \bar{\boldsymbol{d}}) - F(\boldsymbol{x})|^2 \tag{3.15}$$

为了求解最优位移矢量 $\bar{\boldsymbol{d}}_{\text{opt}}$，可以建立一个简单的迭代算法。对上述目标函数做一阶泰勒展开，得：

$$\chi^2(\bar{d}_x + \Delta_x,\ \bar{d}_y + \Delta_y) = \sum \left| G(\boldsymbol{x} + \bar{\boldsymbol{d}}) - \frac{\partial G}{\partial x}\Delta_x - \frac{\partial G}{\partial y}\Delta_y - F(\boldsymbol{x}) \right|^2 \tag{3.16}$$

式中，$\bar{d}_x$、$\bar{d}_y$ 分别为子区平均运动矢量沿 x 和 y 方向分量的当前估算值；Δ_x、Δ_y 为当前迭代步中待求解的运动增量步。

式（3.16）分别对 Δ_x 和 Δ_y 取偏导，并令其等于零，则可得到关于每个迭代步中待求增量步的线性方程组：

$$\begin{bmatrix} \Delta x \\ \Delta y \end{bmatrix} = \begin{bmatrix} \sum \left(\dfrac{\partial G}{\partial x}\right)^2 & \sum \left(\dfrac{\partial G}{\partial x}\dfrac{\partial G}{\partial y}\right) \\ \sum \left(\dfrac{\partial G}{\partial x}\dfrac{\partial G}{\partial y}\right) & \sum \left(\dfrac{\partial G}{\partial y}\right)^2 \end{bmatrix}^{-1} \begin{bmatrix} \sum \dfrac{\partial G}{\partial x}(F - G) \\ \sum \dfrac{\partial G}{\partial y}(F - G) \end{bmatrix} \tag{3.17}$$

式（3.17）可通过 $\bar{d}^{p+1} = \bar{d}^p + \Delta$ 迭代关系提高平均运动估算的精度，直到收敛得到最优运动矢量 $\bar{d}_{\text{opt}}$。这种迭代图像配准算法就是著名的 Lucas-Kanade 跟踪算法[3]。Lucas-Kanade 跟踪算法是上一小节中导出的差分运动估算方法的一个推广。通过比较式（3.13）和式（3.17）可见，差分法等效于 Lucas-Kanade 方法初始运动估算取零时的单次迭代。但是，Lucas-Kanade 算法不再局限于小运动矢量的求解，实际上，只要初值在收敛半径之内，该方法可用于任意运动矢量的求解。

3.4 子区形函数

前面讨论的图像匹配算法仅限于确定两幅图像间标准正方形子区的面内平均位移。然而，在许多工程应用中，更关注复杂的位移场，作为观测目标的试样会经历伸长、压缩、剪切或旋转过程。换句话说，变形后的图像中，最初的标准正方形参考子区可能会变得非常扭曲。考虑一幅围绕中心缓慢旋转的图像。随着旋转角度的增大，初始子区和旋转后子区的相似性将逐渐下降，即两幅图像之间灰度残差平方和逐渐增加，这种现象在数字图像相关领域常被称为退相关。如图3.4所示，该图显示原始图像子区和旋转后图像子区之间的残差平方和为旋转角度的函数。从图中可见，即使是很小的旋转角度，图像间也会迅速发生退相关。迭代匹配算法的一个关键优点是它不局限于纯平动，可以很容易地推广到变形识别，该推广可以通过引入一个子区形函数 $\xi(x, p)$ 实现。将变形前参考子区中的像素坐标转换成变形后的图像的坐标，则残差平方和函数 SSD 写成：

$$\chi^2(p) = \sum (G(\xi(x, p)) - F(x))^2 \tag{3.18}$$

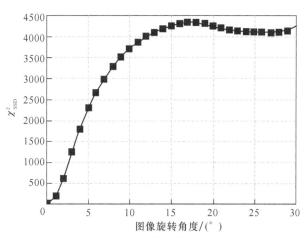

图 3.4 由于图像旋转导致的退相关行为示意图[2]

进而对形函数中的参数向量 p 开展优化。如对于纯平动的简单情况，形函数可写成：

$$\xi(x, p) = x + \begin{bmatrix} p_0 \\ p_1 \end{bmatrix} \tag{3.19}$$

式中，p_0，p_1 分别为沿 x 和 y 方向的子区的平均平动位移。

类似地，可以采用其他形式的形函数，允许子区按照以下方式进行仿射变换，如：

$$\xi(\boldsymbol{x},\ \boldsymbol{p}) = \begin{bmatrix} 1+p_2 & p_3 \\ p_4 & 1+p_5 \end{bmatrix} \boldsymbol{x} + \begin{bmatrix} p_0 \\ p_1 \end{bmatrix} \tag{3.20}$$

为了最小化式（3.18），需要计算目标函数对于参数 $\boldsymbol{p}$ 所有分量的导数。对于仿射形状函数，导数可以很容易地通过灰度值对子区坐标的偏导数计算得到，进而参数 $\boldsymbol{p}$ 的更新值可写为：

$$\Delta \boldsymbol{p} = \boldsymbol{H}^{-1} \boldsymbol{q} \tag{3.21}$$

其中对称 Hessian 矩阵形如：

$$\boldsymbol{H} = \begin{bmatrix} \sum G_x^2 & \sum G_x G_y & \sum G_x^2 x & \sum G_x^2 y & \sum G_x G_y x & \sum G_x G_y y \\ & \sum G_y^2 & \sum G_x G_y x & \sum G_x G_y y & \sum G_y^2 x & \sum G_y^2 y \\ & & \sum G_x^2 x^2 & \sum G_x^2 xy & \sum G_x G_y x^2 & \sum G_x G_y xy \\ & & & \sum G_x^2 y^2 & \sum G_x G_y xy & \sum G_x G_y y^2 \\ & & & & \sum G_y^2 x^2 & \sum G_y^2 xy \\ & & & & & \sum G_y^2 y^2 \end{bmatrix} \tag{3.22}$$

并且

$$\boldsymbol{q} = \begin{bmatrix} \sum G_x(F-G) \\ \sum G_y(F-G) \\ \sum G_x x(F-G) \\ \sum G_x y(F-G) \\ \sum G_y x(F-G) \\ \sum G_y y(F-G) \end{bmatrix} \tag{3.23}$$

式（3.22）和式（3.23）中偏微分用下标表示，即 $G_x = \partial G/\partial x$。高阶形函数的引入使图像的对应匹配问题变得更加复杂。某一灰度分布形式是否与形函数匹配在数学上可以通过式（3.22）的 Hessian 矩阵是否可逆来判断。

3.4.1　多项式形函数

一种简单识别子区复杂变形模式的方法是采用子区坐标的多项式作为形函数。多项式形函数家族包括纯平移（零阶多项式）和仿射变换（一阶多项式），也可以推广到二次和高阶多项式函数。针对多项式型函数，目标函数的偏导计算可通过链式法则实现，形函数参数的偏导数可通过灰度的偏导与子区坐标的幂函数的乘积计算得到。

多项式形函数的另一个优点是对于给定位移场，很容易通过分析确定数字图像相关算法会产生什么样的结果。图像相关算法不是直接通过拟合实测位移数据获得位移场，而是通过定义灰度分布，最小化灰度分布的方差来实现这一目的。这一过程是建立在一个核心假设基础上的，即以子区图像灰度值定义的方差取得最小值时，局部形函数定义的位移场为真实位移场的最佳近似。在这种情况下，图像相关中的子区即定义了一个用于解码图像中位移场的低通多项式滤波器。对于零阶多项式形函数，这一过程很直观，即数字图像相关方法不是测量子区中心的位移，而是计算子区的平均位移，因此，子区形函数可以看作位移场的盒式过滤器。在数学上，图像相关中定义的形函数参数可通过求解形函数和位移场之间方差最小化问题得到：

$$p_{\text{opt}} = \text{argmin} \sum \left[\boldsymbol{\Phi}(\boldsymbol{x}, \, \boldsymbol{p}) - \boldsymbol{u}(\boldsymbol{x}) \right]^2 \tag{3.24}$$

为简单起见，将讨论限于一维情况，仅关注位移矢量沿 x 方向的分量，子区多项式形函数如下：

$$\phi(x) = p_0 + p_1 x + \cdots + p_n x^N \tag{3.25}$$

通过最小化式（3.24），可得如下线性方程组和一个对称矩阵：

$$\begin{bmatrix} \sum x^0 & \sum x & \sum x^2 & \cdots & \sum x^N \\ \cdots & \sum x^2 & \sum x^3 & \cdots & \sum x^{N+1} \\ \cdots & \cdots & \sum x^4 & \cdots & \sum x^{N+1} \\ \vdots & \vdots & \vdots & & \vdots \\ \cdots & \cdots & \cdots & & \sum x^{2N} \end{bmatrix} \begin{Bmatrix} p_0 \\ p_1 \\ p_2 \\ \vdots \\ p_N \end{Bmatrix} = \begin{Bmatrix} \sum u(x) \\ \sum u(x)x \\ \sum u(x)x^2 \\ \vdots \\ \sum u(x)x^N \end{Bmatrix} \tag{3.26}$$

如果子区中有 $2M+1$ 个点，如关于 x 坐标从 $x=-M$ 到 $x=M$ 求和，则子区中所有关于 x 奇次幂的函数由于对称性而消失，得到的简化线性方程组如下：

$$\begin{bmatrix} \sum x^0 & 0 & \sum x^2 & \cdots & \sum x^N \\ \cdots & \sum x^2 & 0 & \cdots & \sum x^{N+1} \\ \cdots & \cdots & \sum x^4 & \cdots & \sum x^{N+1} \\ \vdots & \vdots & \vdots & & \vdots \\ \cdots & \cdots & \cdots & & \sum x^{2N} \end{bmatrix} \begin{Bmatrix} p_0 \\ p_1 \\ p_2 \\ \vdots \\ p_N \end{Bmatrix} = \begin{Bmatrix} \sum u(x) \\ \sum u(x)x \\ \sum u(x)x^2 \\ \vdots \\ \sum u(x)x^N \end{Bmatrix} \tag{3.27}$$

对于已知位移场，通过式（3.27）多项式形函数可直接计算子区中心点处的位移 $u_0 = p_0$。此外，式（3.27）显示由于数据点位置分别位于子区中心，即关于子区中心点对称，因此 p_0 和 p_1、p_2 和 p_2 互不相关。换句话说，无论实际位移场的阶次，0 次和 1 次形函数均可得到相同的子区中心点位移 $u_0 = p_0$，而 1 次和 2 次形函数均可得到相同的微分 $du/dx = p_1$。式（3.27）也可解释为采用低通滤波

器对输入的位移场 $u(x)$ 进行了平滑，得到平滑后的子区中心点处位移 $u_0 = p_0$。对于给定阶次，p_0 可通过未知位移场 $u(x)$ 给出：

$$p_0 = h(M)u(-M) + h(M-1)u(-M+1) + \cdots + h(0)u(0) + \cdots +$$
$$h(-M+1)u(M-1) + h(-M)u(M) \tag{3.28}$$

显然式（3.28）表示 $u(x)$ 与一个滤波核 $h(x)$ 的卷积，其中 $h(x)$ 的系数取决于形函数的阶次。对于 0 阶和 1 阶形函数，滤波器退化为一个简单的盒状滤波器，有：

$$h_{0/1}(x) = \frac{1}{2M+1} \tag{3.29}$$

对于 2 阶形函数，则系数为：

$$h_2(x) = A - Bx^2 \tag{3.30}$$

其中

$$A = \cfrac{1}{2M + 1 - \cfrac{\left(\sum\limits_{x=-M}^{x=M} x^2\right)^2}{\sum\limits_{x=-M}^{x=M} x^4}}, \qquad B = A\cfrac{\sum\limits_{x=-M}^{x=M} x^2}{\sum\limits_{x=-M}^{x=M} x^4} \tag{3.31}$$

可以看出二阶滤波器明显将滤波截止范围扩展到更高的波数。实际上，这意味着针对短距离内快速变化的位移场测量，如果位移场包含更高的空间频率，二阶形函数引入的系统误差更小。由于位移测量的空间分辨率取决于最高的空间波数，因此较高的截止波数也意味着二阶滤波器可提高位移场测量的空间分辨率。此外还有几点值得关注。首先，最重要的是选取的形函数必须能够精确表征子区范围内的位移场分布，否则，式（3.27）将不再成立时，图像匹配时将发生退相关。理论上虽然 0 阶和 1 阶形函数得到的子区中点处位移相同，但实际应用过程中，如当图像发生旋转或存在明显应变时，采用 0 阶形函数图像更容易发生退相关。低阶形函数虽然滤波效率高，抗噪声性能好[4]，但由于容易发生退相关，因此很多情况下不采用低阶形函数。其次子区形函数的低通滤波效果受子区最小尺寸限制，这就强调了图像表面需要有足够密集的散斑，使得即使小尺寸子区也能够包含充分的信息内容。最后，由多项式形函数产生的低通滤波器，其滤波特性不是非常理想，会出现大量波动。此外，二维盒式滤波器也存在明显的各向异性，这个问题可以通过在式（3.18）所示的目标函数中引入加权函数 $w(\boldsymbol{x})$ 进行修正：

$$\chi^2(\boldsymbol{p}) = \sum w(\boldsymbol{x})\{G[\boldsymbol{\xi}(\boldsymbol{x}, \boldsymbol{p})] - F(\boldsymbol{x})\}^2 \tag{3.32}$$

由于高斯分布函数能够在空间和位移分辨率之间取得最佳平衡效果，因此加

权函数 $w(x)$ 常采用高斯分布。

3.4.2 立体匹配的形函数

从不同的观察角度观测同一目标，通过两个视图得到的位移一般不通过仿射变换来描述，即使观测目标为一个平面。这是由透视投影的非线性特征造成的。建立传感器坐标系与全局坐标系之间的关系如下：

$$\alpha \begin{Bmatrix} x_s \\ y_s \\ 1 \end{Bmatrix} = \begin{bmatrix} \boldsymbol{\Lambda} \end{bmatrix}_{3 \times 4} \begin{Bmatrix} X_W \\ Y_W \\ Z_W \\ 1 \end{Bmatrix} \tag{3.33}$$

对于平面目标，可以保证观测对象位于全局坐标系中的 $X_W Y_W$ 平面内，则观测目标的 Z_W 分量消失（$Z_W = 0$）。在这种情况下，式（3.33）中的 Z_W 坐标可省略：

$$\alpha \begin{Bmatrix} x_s \\ y_s \\ 1 \end{Bmatrix} = \begin{bmatrix} \boldsymbol{H} \end{bmatrix}_{3 \times 3} \begin{Bmatrix} X_W \\ Y_W \\ 1 \end{Bmatrix} \tag{3.34}$$

其中

$$\boldsymbol{H} = \begin{bmatrix} \lambda_{11} & \lambda_{12} & \lambda_{14} \\ \lambda_{21} & \lambda_{22} & \lambda_{24} \\ \lambda_{31} & \lambda_{32} & \lambda_{34} \end{bmatrix} \tag{3.35}$$

式（3.35）中 3×3 的矩阵 $\boldsymbol{H}$ 即为平面到平面的单应映射矩阵，它将图像坐标与空间中的某一平面坐标关联起来。由于式（3.34）定义了尺度，因此同形映射包含 8 个独立参数。对单应映射矩阵进行归一化处理，使 $H_{33} = 1$。如果两个相机都观察同一平面目标，则每个相机都有一个单应映射将其图像坐标与平面坐标关联起来。由于单应映射可逆，因此对于同一平面目标，采用式（3.34）可将两个相机之间的图像坐标关联起来：

$$\alpha \boldsymbol{x}_{s1} = \boldsymbol{H}_1 \boldsymbol{H}_2^{-1} \boldsymbol{x}_{s2} = \boldsymbol{H}_{12} \boldsymbol{x}_{s2} \tag{3.36}$$

即两个相机之间的图像坐标本身可以通过单应映射关联。为了使数字图像相关算法能够精确地重构平面目标，或局部近似为一个平面的目标，采用的形函数应能够表征单应映射，这可以通过几种不同的方式实现。一个直接的方法是采用单应映射作为形函数：

$$\boldsymbol{\Phi}(\boldsymbol{x}, \boldsymbol{p}) = \begin{Bmatrix} \dfrac{p_{11}x + p_{12}y + p_{13}}{p_{31}x + p_{32}y + 1} \\[2mm] \dfrac{p_{21}x + p_{22}y + p_{23}}{p_{31}x + p_{32}y + 1} \end{Bmatrix} \tag{3.37}$$

由于单应形函数的非线性特征，使得 Hessian 矩阵的计算变得非常复杂。根据经验，发现单应形函数在某些应用中可能会存在收敛性问题。另一种方法是采用单应映射的近似函数作为形函数。式（3.37）表明，当 p_{31} 和 p_{32} 很小时，则单应形函数近似为仿射变换。这就提出了一个问题——仿射形函数能否很好地近似单应形函数，从而用于立体图像匹配。在很多情况下，我们实际采用了这种近似。图 3.5 所示为采用仿射形函数近似单应形函数条件下，子区中点处位移的误差随立体角和子区大小的变化情况。图中两个相机的焦距大致相当于典型 25mm 焦距 CCD 相机。从图中结果可以看出，对于较小的子区大小和小于 25°的立体角，这种近似下位移的误差较小。但是，对于较大的子区和立体角，近似会导致较大的误差。因此在这种情况下，最好避免采用仿射形函数近似单应形函数进行立体视觉图像匹配。

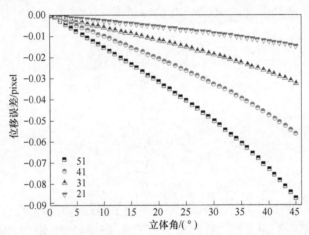

图 3.5　仿射形函数近似单应形函数条件下，采用数字图像相关算法计算得到的
子区中点处位移的误差随立体角和子区大小的变化情况[2]

对于标定后的立体视觉图像系统，可以采用不同的图像匹配方法和形函数。在立体成像系统中，点对应关系被限制在极线上。如果两个相机的标定及其在空间上的关系已知，则可以找到某一单应变换，使得所有极线水平，并且与两个立体图像中的同一扫描线对齐。这一过程通常称为校正，是一种广泛应用于计算机视觉领域中的方法。校正后的图像，可以采用简单的形函数，如：

$$\boldsymbol{\Phi}(\boldsymbol{x}, \boldsymbol{p}) = \begin{Bmatrix} p_0 + p_1 x + p_2 y \\ y \end{Bmatrix} \tag{3.38}$$

图像校正的优点是采用相当简单的形函数即可以取得良好的效果，但该方法也存在一些缺陷。首先，立体图像标定中的任何误差都会导致校正后的图像出现一定的误差，并且数字图像相关算法被限于寻找错误匹配而不是最好的匹配。这个问题可以通过引入附加的形函数参数，实现不将子区约束在极线上来解决：

$$\boldsymbol{\Phi}(\boldsymbol{x}, \boldsymbol{p}) = \begin{Bmatrix} p_0 + p_1 x + p_2 y \\ y + p_3 \end{Bmatrix} \qquad (3.39)$$

其次，图像校正需要插值，这会在校正的图像中引入插值误差。此外，如果校正单应性过程压缩了全部或部分图像，则重采样过程可能会引入混叠，因此在计算校正单应性时应避免出现压缩图像的情况。

综上，迭代数字图像相关算法的主要优点之一是通过将子区形函数与匹配算法合并，使得算法可以轻松处理识别复杂的变形场。因此，该算法是变形测量和立体匹配的首选。针对多项式形函数的分析表明，多项式子区形函数等效于用于图像编码位移场的低通滤波器，这就限制了多项式形函数方法的空间分辨率。

3.5 图像匹配优化准则

即使在接近理想的实验条件下，在不同时间记录的图像灰度强度之间也会存在差异。这些差异可能是由于多种原因引起的，例如，照明的变化、由于应变引起的样品反射率的变化或样品方向的变化。这些差异可能是局部的，不会均匀一致地影响整个图像。在大多数情况下，当相机与观测对象的角度出现差异时可导致局部亮度差异，这种差异在开展立体图像的子区匹配时尤其值得关注。因此，发展当图像灰度强度发生显著变化时也可以精确识别子区之间正确对应关系的匹配算法至关重要。

到目前为止讨论的模板匹配是通过最小化所有参考子区和变形后的子区之间的灰度差的平方和来实现的。但当一幅图像的亮度是另一幅图像的 2 倍时，采用这种简单的优化标准无法获得期望的准确结果。差异的平方和（SSD，方差）只是可用于模板匹配的众多优化标准之一，实际上，数字图像相关方法的名称源于归一化互相关标准的使用：

$$\chi^2_{\text{NCC}} = \frac{\sum FG}{\sqrt{\sum F^2 \sum G^2}} \qquad (3.40)$$

归一化互相关准则的取值范围为 [0，1]，并可在图像完全匹配的模式下达到最大值。归一化互相关准则的一个吸引人的特征是它与规模无关。对于实际应用，这意味着采用归一化互相关准则，可以匹配两个由于光照条件的变化导致灰度强度倍增变化的模式。但是，互相关匹配准则的缺点是计算其偏导数复杂，计算耗时长。因此，希望找到在光照条件发生改变时依旧可采用的，更加高效的优化准则。为了在优化准则中考虑光照条件的变化，采用光度变换 $\Phi(G)$ 代替式（3.15）中的灰度值 G，有：

$$\chi^2 = \sum |\Phi(G) - F|^2 \qquad (3.41)$$

不同的准则可推导出不同的泛函形式。

3.5.1　光照强度偏移

如果在图像获取期间的光照强度仅发生偏移，则光度转换为：

$$\Phi(G) = G + b \tag{3.42}$$

优化目标函数可写为：

$$\chi^2 = \sum (G_i + b - F_i)^2 \tag{3.43}$$

上述问题中，偏移量 b 可以作为优化问题中的附加参数显式求解。此外，也可以采用一个不显式依赖于 b，但隐式地可使式（3.43）最小化的准则。对于给定的迭代，通过最小化关于 b 的目标函数，可以获得 b 的最优值，即：

$$b_{\text{opt}} = \text{argmin}_b \sum (G_i + b - F_i)^2 \tag{3.44}$$

故可以通过式（3.45）获得 b 的最优估算：

$$\frac{\partial \chi^2}{\partial b} = 2 \sum (G_i + b - F_i)$$

$$\frac{\partial \chi^2}{\partial b} = 0 \Rightarrow b_{\text{opt}} = \overline{F} - \overline{G}$$

$$\overline{F} = \frac{\sum F}{n}; \qquad \overline{G} = \frac{\sum G}{n} \tag{3.45}$$

将 b 的最优估算 b_{opt} 代入式（3.43），则可以得到均值为零的方差和准则（ZSSD）：

$$\chi^2_{\text{ZSSD}} = \sum \left[(G_i - \overline{G}) - (F_i - \overline{F}) \right]^2 \tag{3.46}$$

3.5.2　光照强度比例变化

以类似的方式，可以通过定义如下光度转换来获得尺度不变标准：

$$\Phi(G) = aG \tag{3.47}$$

目标函数为：

$$\chi^2 = \sum (aG_i - F_i)^2 \tag{3.48}$$

参数 a 的最优估计可通过式（3.49）计算：

$$\frac{\partial \chi^2}{\partial a} = 2 \sum (aG_i - F_i)$$

$$\frac{\partial \chi^2}{\partial a} = 0 \Rightarrow a_{\text{opt}} = \frac{\sum F_i G_i}{\sum G_i^2} \tag{3.49}$$

最后这就给出了所谓的归一化的方差和准则（NSSD）：

$$\chi^2_{\text{NSSD}} = \sum \left(\frac{\sum F_i G_i}{\sum G_i^2} G_i - F_i \right)^2 \tag{3.50}$$

3.5.3 光照强度的偏移和比例变化

可以将上面的两个光度转换结合起来，并通过定义一个新的光度转换，推导出一个既可考虑光强偏移变化又可考虑光强比例变化的优化准则：

$$\Phi(G) = aG + b \tag{3.51}$$

目标函数为：

$$\chi^2 = \sum (aG_i + b - F_i)^2 \tag{3.52}$$

进而可以推导得到两个等式，获得参数 a 和 b 的最优估算：

$$\frac{\partial \chi^2}{\partial a} = 2 \sum (aG_i + b - F_i)G_i$$

$$\frac{\partial \chi^2}{\partial a} = 0 \Rightarrow a_{\text{opt}} = \frac{\sum (F_i - b)G_i}{\sum G_i^2}$$

$$\frac{\partial \chi^2}{\partial b} = 2 \sum (aG_i + b - F_i)$$

$$\frac{\partial \chi^2}{\partial b} = 0 \Rightarrow b_{\text{opt}} = \frac{\sum F_i - aG_i}{\sum 1} = \frac{\sum F_i - aG_i}{n} \tag{3.53}$$

引入 $\overline{F}_i = F_i - \overline{F}$ 和 $\overline{G}_i = G_i - \overline{G}$，并通过代数变换可得：

$$a_{\text{opt}} = \frac{\sum \overline{F}_i \overline{G}_i}{\sum \overline{G}_i^2}$$

$$b_{\text{opt}} = \overline{F} - \overline{G} \frac{\sum \overline{F}_i \overline{G}_i}{\sum \overline{G}_i^2} \tag{3.54}$$

最后可得到零均值归一化的方差和 ZNSSD 准则：

$$\chi^2_{\text{ZNSSD}} = \sum \left[\left(\frac{\sum \overline{F}_i \overline{G}_i}{\sum \overline{G}_i^2} G_i - \overline{G}_i \frac{\sum \overline{F}_i \overline{G}_i}{\sum \overline{G}_i^2} \right) - F_i + \overline{F} \right]^2 \tag{3.55}$$

综上，针对即使存在局部亮度差异的图像，推导了可以实现精确匹配的优化准则。该方法采用的基本假设是光照的变化在子区尺度上近似为常数。两个相机视角的差异通常会导致图像相应区域亮度的显著差异，因此局部亮度差异成为立体图像匹配的一个特有问题。表 3.1 总结了不同模板匹配优化准则，这些优化准则可以考虑到光照的变化。虽然部分准则，如 ZNSSD 准则，形式复杂，计算量大，但优化过程中仅需要计算一次匹配准则，因此，与 SSD 准则相比几乎不会增加额外的计算成本。

表 3.1 常用的匹配优化准则

名称	优化准则形式	光照强度变化	$\Phi(G)$
SSD	$\sum\limits_i (G_i - F_i)^2$	无变化	$\Phi = G$
ZSSD	$\sum\limits_i [(G_i - \overline{G}) - (F_i - \overline{F})]^2$	偏移变化	$\Phi = G + b$
NSSD	$\sum \left(\dfrac{\sum F_i G_i}{\sum G_i^2} G_i - F_i \right)^2$	比例变化	$\Phi = aG$
ZNSSD	$\sum \left[\left(\dfrac{\sum \overline{F}_i \overline{G}_i}{\sum \overline{G}_i^2} G_i - \overline{G} \dfrac{\sum \overline{F}_i \overline{G}_i}{\sum \overline{G}_i^2} \right) - (F_i - \overline{F}) \right]^2$	偏移 + 比例变化	$\Phi = aG + b$
NCC	$1 - \dfrac{\sum\limits_i F_i G_i}{\sqrt{\sum\limits_i F_i^2 \sum\limits_i G_i^2}}$	比例变化	$\Phi = aG$
SAD	$\sum\limits_i |F_i - G_i|$	无变化	$\Phi = G$

3.6 高效算法

作为全场方法，数字图像相关通常需要计算整个图像中的大量位移矢量。如分析典型的 1024×1024 像素图像中 5×5 子区中心位置处的位移矢量，需要计算约 40000 个位移矢量。随着高分辨率相机的发展，需要分析的数据点数量不断增加。此外，数字图像相关分析通常不限于单张图像，而是图像序列。如针对动态变形过程，通常可采集数百张图像，这就导致需要将图像匹配算法重复数百万次。因此，数字图像相关算法的计算效率至关重要。

3.6.1 高效平面运动更新法则

如上，最小化目标函数的过程

$$\chi^2(\boldsymbol{p}) = \sum \{G[\xi(\boldsymbol{x}, \boldsymbol{p})] - F(\boldsymbol{x})\}^2 \qquad (3.56)$$

可通过迭代计算更新参数 $\Delta\boldsymbol{p}$ 直到收敛实现。在每步计算时，需要通过形函数 $\xi(\boldsymbol{p})$ 计算变形图像 G 在当前位置处的灰度值和灰度梯度值，进而获得近似 Hessian 矩阵和其逆矩阵，然后乘以一个由灰度差值与梯度项相乘组装得到的矢量（式（3.17））。为了最小化计算成本，期望能够重新构造一个优化问题，实现不需要每次迭代均计算 Hessian 矩阵和其逆矩阵。为了探索这种可能性，首先考察纯平动问题，式（3.56）可写为：

$$\chi^2(\boldsymbol{p}) = \sum [G(\boldsymbol{x} + \boldsymbol{p}) - F(\boldsymbol{x})]^2 \qquad (3.57)$$

灰度值 $F(x)$ 和 $G(x+p)$ 各构成一个 $N×N$ 的矩阵，可视为图像。在每次迭代中，需要根据前面讨论的算法计算一个运动向量增量 Δp，通过 Δp 移动图像 G，使图像 G 与 F 更好地匹配。交换 F 和 G 的作用，同样可计算一个运动向量增量 Δu，通过 Δu 移动图像 F，使图像 F 与图像 G 匹配。概念上，运动向量 Δp 和 Δu 仅符号不同，即：

$$\Delta u = -\Delta p \tag{3.58}$$

因此向量参数 p 的更新又可写为：

$$p^{n+1} = p^n - \Delta u \tag{3.59}$$

上述这种新的更新规则称为反向更新规则，与前面各节中讨论的正向更新规则相反。通过交换 F 和 G 的作用以进行参数更新计算，该规则中 Hessian 矩阵的导数就是变形前原始图像 F 的导数，因此在每次迭代中保持不变：

$$H = \begin{bmatrix} \sum \left(\dfrac{\partial F}{\partial x} \right)^2 & \sum \dfrac{\partial F}{\partial x} \dfrac{\partial F}{\partial y} \\ \sum \dfrac{\partial F}{\partial x} \dfrac{\partial F}{\partial y} & \sum \left(\dfrac{\partial F}{\partial y} \right)^2 \end{bmatrix} \tag{3.60}$$

除了上述明显的优点，即仅需对 Hessian 矩阵进行一次计算和求逆，它还有其他优势。在"前向"公式中，需要计算亚像素位置的灰度导数值，而反向更新规则仅需要计算整数像素位置的灰度导数值。反向更新规则不需要计算插值导数滤波器系数和相应的卷积，大大降低了计算成本。这是由于子区中的每个像素的亚像素位置通常都是不同的，因此计算插值导数滤波器系数和相应的卷积操作对于高阶形函数而言计算成本非常高。在反向更新算法中，计算整像素位置的灰度导数还有另一个好处，容易设计适当的导数滤波器。由于无论是采用预先计算的梯度图像的内插来计算亚像素导数，还是使用内插的导数滤波器，如 B 样条的导数来计算亚像素导数，所得到的导数通常都有位置偏差，而采用反向更新方案可消除该位置偏差。

虽然反向更新规则的推导非常直观，并且好处显而易见，但尚不清楚该算法是否确实能够实现目标函数最小化（式（3.57））。幸运的是，这两种算法的等价性已在文献［5］中得到了数学证明，并且经验证据表明这两种算法具有相同的收敛性。

3.6.2　一般形函数的推广

在上一节中，导出了一种仅适用于平动的数字图像相关的反向更新算法。由于大多数实际应用至少需要使用仿射形函数，现在将反向更新算法的概念推广到一般形函数。类似地，考虑交换参考图像和变形图像的作用，计算参数矢量的更新。引入形函数 $\xi(x, u)$，用于参考图像 F，并计算第 n 次迭代时的参数增量：

$$\Delta u^n = \operatorname{argmin} \sum \left\{ G[\xi(x, p^n)] - F[\xi(x, u)] \right\}^2 \qquad (3.61)$$

值得注意的是，用于参考图像的形函数 $\xi(x, u)$ 始终是恒等变换，即参考子区的形状保持不变。形函数仅用于计算参数更新 Δu，它可实现参考图像与变形图像更好地匹配，但是实际需要的参数更新是用于变形图像形函数 $\xi(x, p)$ 的。显然，该反向算法的成功取决于通过 p^n 和 Δu^n 计算更新参数 p^{n+1} 的能力。由于现在计算的是参考图像的更新，但需要获得变形图像中形函数参数的更新，因此必须假定 Δp 与 Δu 方向相反。即如果 Δu 表示向右运动，则 Δp 应向左运动。类似地，顺时针旋转的 Δu 会导致逆时针旋转的 Δp，或者收缩会导致膨胀。换句话说，需要确定参数更新 $\Delta u'$ 来反向 $\xi(x, \Delta u)$ 的影响，即：

$$\xi(x, \Delta u') = \xi^{-1}(x, \Delta u) \qquad (3.62)$$

这意味着采用的形函数必须是可逆的，大多数形函数都属于这种情况。如仿射形函数，只需要简单的矩阵求逆即可获得形函数的逆。找到了反向更新的参数 Δu，但仍然存在如何计算 Δp 的问题。此时，需要仔细地检查参数更新的计算，深入了解更新参数 Δu 和 $\Delta u'$ 描述的内容。参考图像中的子区通常是灰度值为 $N \times N$ 的子图像 I。当前形函数 $\xi(x, p^n)$ 可用于计算参考子图像中每个像素在变形图像中相应的灰度值，且变形图像的灰度值本身可以构造一个 $N \times N$ 子图像 J。现在将计算参数更新的步骤分解为两个独立的步骤：

（1）通过计算 $G(x, p^n)$ 获得 $N \times N$ 子图像 J；

（2）计算参数更新 Δu^n，使正方形参考子区与正方形子图像 J 更好地实现匹配。

数学上，上述的第（2）步可通过下面的更新形式实现：

$$\Delta u^n = \operatorname{argmin} \sum \left\{ J(x) - I[\xi(x, u)] \right\}^2 \qquad (3.63)$$

式（3.63）不再依赖于当前的参数估计值 p^n。换句话说，参数更新始终是针对正方形子图像 J 进行的，并仅取决于其灰度值 J，与生成 J 的形函数参数无关。由于参数更新与当前参数估计值 p 无关，因此更新的参数 Δp 不等于逆更新 $\Delta u'$，即 $\Delta p \neq \Delta u'$。为了进一步说明这一点，并确定计算参数更新 Δp 的正确方法，参考图 3.6 中所示的算例。变形图像对应于逆时针旋转 $90°$。用于匹配的参考子区在参考图像中以方框表示，并且在左上角用三角形标记。假设当前参数向量正确识别了 $90°$ 旋转，但低了 1 个像素，如变形图像中的方框所示，图中还给出了用于更新计算的正方形子图像 I 和 J。如果以参考子图像 I 计算参数更新，则计算得到的更新向量为向左 1 个像素的运动，可使参考子图像与变形子图像 J 匹配，如图 3.6 所示。逆更新 $\Delta u'$ 对应于向右移动 1 个像素，使变形子图 J 与参考子图 I 匹配。但是，正确的运动矢量是向上运动，它可以通过将当前形函数结合逆更新矢量 $\Delta u'$ 得到。这意味着无法通过将更新矢量 Δp 与当前参数估计值 p 相加得到下一次迭代的形函数参数。相反，下一次迭代的形函数参数必须由当前形函数与迭代计算得到更新参数的逆函数来共同构成：

$$\xi(\boldsymbol{x},\ \boldsymbol{p}^{n+1}) \leftarrow \xi(\boldsymbol{x},\ \boldsymbol{p}^{n}) \circ \xi^{-1}(\boldsymbol{x},\ \Delta\boldsymbol{u}) \tag{3.64}$$

式中，。代表合成算符。

该算法通常被称为逆合成算法[6]。逆合成算法在文献［6］中被证明与一阶正向加性算法等效，感兴趣的读者可以在文献［5］中找到该算法的详细分析。根据我们的经验，逆合分算法的性能优于正向加性算法2到5倍，该系数取决于算法中所使用的插值方法。

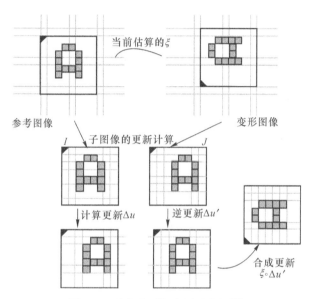

图3.6　逆合成更新法则示意图[2]

3.7　图像匹配偏差

3.7.1　插值偏差

为了获得数字图像相关计算中的亚像素精度，需要在非整数像素处计算目标函数χ^2。因此，必须通过采样点（像素）灰度插值计算非整数像素处的灰度值。由于插值是一种计算两个样本之间数值的近似方法，因此在匹配算法中使用灰度插值将引入误差。然而，采用灰度插值对匹配结果的影响情况还不明确。为了简单起见，现考虑两个单色波的匹配：

$$\begin{aligned} f(x) &= \cos(kx) \\ g(x) &= \cos(kx + \Delta\phi) \end{aligned} \tag{3.65}$$

发现当位移$u_t = -\Delta\phi/k$时，可实现两个连续波之间的最佳匹配。根据采样定理，如果每个周期采样2次以上，则2个连续波可以用离散采样数据表示出来。因

此，如果从样本数据中重构出连续波，则仍应在位移 $u_t = -\Delta\phi/k$ 处实现最佳匹配。然而，这里存在一个实际问题——为了从样本数据重构原始波，必须使用无限卷积核对样本进行卷积操作。用于理想重构的卷积核是一个 sinc 函数，且以 $1/|x|$ 的包络缓慢减小。由于理想重构涉及子区中每个像素的大量操作，是不切实际的。因此，必须求助于理想插值函数的近似。插值的经典方法是使用多项式表示样本之间的值。最简单的例子是线性插值，它可以表示为如下带卷积核的卷积运算：

$$h(x) = [\, 1 - x, \; x \,] \tag{3.66}$$

显然，该运算与由 sinc 函数表示的理想插值有很大不同。这种近似对图像匹配结果的影响情况仍然不明确。由于多项式插值是线性、位移不变的运算，因此它可保留原始波的波数，但可能同时改变波的幅度和相位。也就是说，原始波 $g(x)$ 的插值重构形如：

$$g_i(x) = a(x)\cos[\, kx + \Delta\phi + \phi_e(x) \,] \tag{3.67}$$

式中，$a(x)$ 为振幅衰减；$\phi_e(x)$ 为由于插值引起的相位误差。

显而易见，幅度衰减和相移都是位置的函数。因为在采样点处，插值生成原始采样，不会引入任何误差。现在可以假设一种简单的情况，来研究插值对匹配结果的影响。需要确定在什么实测位移 u_m 条件下，原始波位移 $f(x)$ 和内插波 $g_i(x+u_m)$ 可实现最佳匹配，使目标函数 χ^2 达到最小。为简单起见，考虑采用比例不变的目标函数，如采用 NSSD 优化准则建立的目标函数。在这种情况下，幅度衰减不会影响匹配结果，并且当位移 u_m 可使原始波 $f(x)$ 和内插波 $g_i(x+u_m)$ 同相时，可实现目标函数最小化，即：

$$u_m = -\frac{\Delta\phi}{k} - \frac{\phi_e(x + u_m)}{k} \tag{3.68}$$

因此，两个波的实测位移与真实位移之间的匹配误差 $\Delta u = u_m - u_t$ 可以表示为：

$$\Delta u = -\frac{\phi_e(x + u_m)}{k} \tag{3.69}$$

式（3.69）表明，开展采用灰度值插值的图像相关测量时，两个采样单色波之间的实测位移存在位置相关的系统性亚像素信息偏差，该偏差的大小取决于所用插值器的相位误差。因此，重要的是要了解插值滤波器的相位误差，并选择可使误差最小的滤波器。

3.7.1.1　插值滤波器的相位误差

要了解插值滤波器的相位误差，更加方便的是在傅里叶域中分析滤波器的传递函数。可以将插值视为对信号的平移，以便将亚像素位置移动到整像素位置处。为了在位置 ε 处内插一个亚像素的值，要从离散样本中找到函数 $f'(x-\varepsilon)$，并确定内插值，设为 $f'(0)$。在傅里叶域中，可以通过移位定理实现该移位，并获得：

$$\hat{f}' = \exp(-i\varepsilon\pi\tilde{k})\hat{f} \tag{3.70}$$

因此，理想情况下插值滤波器也具有一个传递函数：

$$\hat{h}_{\text{ideal}}(\varepsilon) = \exp(-i\varepsilon\pi\tilde{k}) \tag{3.71}$$

该滤波器的幅度为1，即它不改变幅度。但是它引入了线性相移 $\varepsilon\pi\tilde{k}$，可以将亚像素值移动到整数位置处。因此，相比于理想传递函数的插值滤波器的相移为：

$$\Delta\phi = \arctan\left[\frac{\operatorname{Im}\hat{h}(\tilde{k},\ \varepsilon)}{\operatorname{Re}\hat{h}(\tilde{k},\ \varepsilon)}\right] - \varepsilon\pi\tilde{k} \tag{3.72}$$

相应的位置误差为：

$$\Delta = \Delta\phi\lambda/2\pi = \Delta\phi/(\pi\tilde{k}) \tag{3.73}$$

式 (3.73) 中 $\tilde{k}=2/\lambda$ 为归一化的波数，在 Nyquist 频率（$\lambda_{\text{N}}=2$ 个像素）处等于1。例如，分析三次多项式插值的相移，三次多项式插值可以表示为带卷积核的卷积运算：

$$[h_0,\ h_1,\ h_2,\ h_3] \tag{3.74}$$

为方便起见，选择亚像素位置 ε，使其原点位于样本之间的中点，然后将滤波器系数的多项式表达式分为偶数和奇数部分：

$$
\begin{aligned}
h_0 &= +\frac{1}{4}\varepsilon^2 - \frac{1}{16} + \frac{1}{24}\varepsilon - \frac{1}{6}\varepsilon^3 \\
h_1 &= -\frac{1}{4}\varepsilon^2 + \frac{9}{16} - \frac{9}{8}\varepsilon + \frac{1}{2}\varepsilon^3 \\
h_2 &= -\frac{1}{4}\varepsilon^2 + \frac{9}{16} + \frac{9}{8}\varepsilon - \frac{1}{2}\varepsilon^3 \\
h_3 &= +\frac{1}{4}\varepsilon^2 - \frac{1}{16} - \frac{1}{24}\varepsilon + \frac{1}{6}\varepsilon^3
\end{aligned}
\tag{3.75}
$$

对应的传递函数为：

$$
\begin{aligned}
\hat{h}_{\text{c}}(\tilde{k},\ \varepsilon) = {}&\left(-\frac{1}{2}\varepsilon^2 + \frac{9}{8}\right)\cos\left(\frac{1}{2}\pi\tilde{k}\right) + \left(-\frac{1}{2}\varepsilon^2 - \frac{1}{8}\right)\cos\left(\frac{3}{2}\pi\tilde{k}\right) + \\
&i\left[\left(\frac{9}{4}\varepsilon - \varepsilon^3\right)\sin\left(\frac{1}{2}\pi\tilde{k}\right) - \left(\frac{1}{24}\varepsilon - \frac{1}{3}\varepsilon^3\right)\sin\left(\frac{3}{2}\pi\tilde{k}\right)\right]
\end{aligned}
\tag{3.76}
$$

由式 (3.72) 和式 (3.73)，与亚像素位置和波数相关的误差可写为：

$$\Delta(\widetilde{k}, \varepsilon) = \frac{1}{\pi\widetilde{k}}\arctan\frac{\left(\frac{9}{4}\varepsilon - \varepsilon^3\right)\sin\left(\frac{1}{2}\pi\widetilde{k}\right) - \left(\frac{1}{24}\varepsilon - \frac{1}{3}\varepsilon^3\right)\sin\left(\frac{3}{2}\pi\widetilde{k}\right)}{\left(-\frac{1}{2}\varepsilon^2 + \frac{9}{8}\right)\cos\left(\frac{1}{2}\pi\widetilde{k}\right) + \left(-\frac{1}{2}\varepsilon^2 - \frac{1}{8}\right)\cos\left(\frac{3}{2}\pi\widetilde{k}\right)} - \varepsilon$$

$$(3.77)$$

可见位置误差 Δ 和幅度衰减 $|\hat{h}|$ 是分数位置 ε 和波数 $\widetilde{k}$ 的函数。在整数位置处 $\varepsilon = 1/2$ 和 $\varepsilon = -1/2$，这两种误差都消失了；在中点 $\varepsilon = 0$ 时，由于对称性原因，位置误差为零，但幅度误差最高。需要注意的是对于所有多项式和 B 样条插值滤波器，误差的形状相同，只是误差的大小发生了变化。

位置相关的插值误差对亚像素重构的影响很难预测，因为误差会随频率而变化。但对于重构两个单色波之间的位移的情况，这种影响很容易想象。对于比例不变的目标函数 χ^2，插值对幅值衰减没有影响。而当原始波与通过平移副本得到的插值波具有相同相位时，可实现目标函数最小。如果实测位移 u^* 加上位置误差 $\Delta(u^*)$ 等于真实位移 u_T，那么就是这种情况。因此，重构误差 $\Delta u = u^* - u_T$ 为：

$$\Delta(u) = -\Delta(u^*) \tag{3.78}$$

当误差作为真实位移 u_T 的一阶近似，可以假设 $\Delta(u^*) \approx \Delta(u_T)$，且重构误差变为负内插误差[7]。

3.7.1.2　插值滤波器的优化及偏差

在上一节中，发现数字图像相关计算的精度很大程度上取决于用于非整数像素位置处重构灰度值的插值滤波器的相位精度。如采用三次多项式插值，匹配周期为 4 个像素的结构时会引入 1/50 像素的误差，而对于具有 3 个像素周期的结构，三次多项式插值引入的误差约为 1/15 像素。因此，三次多项式插值显然不适合数字图像相关计算。问题是哪些插值函数适合数值图像相关计算呢？如何量化插值引入的误差呢？该问题的答案在于要在计算误差和时间之间折中。通常，用于内插的滤波器系数越多，结果越好，分析时间越长。但对于相同系数数量的插值滤波器来说，不同的插值方案可以给出截然不同的结果。如三次 B 样条插值滤波器与具有相同系数数量的三次多项式插值滤波器相比，具有更小的相位和幅度误差。B 样条插值额外的计算成本在于采用图像递归预滤波器时花费的计算时间。不同的插值方法，性能各不相同，因此会产生一个问题：对于给定系数的数量，是否存在最优插值内核。由于插值误差取决于散斑图案的频率成分，因此无法构造一个滤波器内核，最小化所有散斑图样偏差。但是，可以获得优于多项式或 B 样条插值，并可显著降低偏差的优化的插值滤波器。这可通过最小化插值滤波器的传递函数与理想传递函数（式（3.71））的方差来实现：

$$\int_{-0.5}^{0.5}\int_{0}^{1}w(\widetilde{k})\mid\hat{h}(\widetilde{k},\ \varepsilon)\ -\ \hat{h}_{\text{ideal}}(\widetilde{k},\ \varepsilon)\mid^2\mathrm{d}\widetilde{k}\mathrm{d}\varepsilon \qquad (3.79)$$

式（3.79）中还使用了加权函数 $w(\widetilde{k})$，该加权函数在选择优化滤波器波数范围时可提供一定的灵活性。为了优化滤波器，可以使用某种函数形式（如样条）对其连续卷积掩码 $h(x)$ 进行参数化处理，获得样条系数，实现最小化式(3.79)。通过基于 B 样条变换的递归预滤波器的集成，可以获得更好的结果[7~9]。对于分别支持 4、6 和 8 像素周期的滤波器，已经实现了这种集成处理。在相同的计算成本下，优化的四拍滤波器的位置误差约为三次 B 样条插值的一半。这里省略了对高阶 B 样条滤波器的讨论，但采用上述的滤波器优化技术可以类似地减少误差。经过优化的六拍和八拍滤波器在这些波数下没有明显的位置误差，而 4 个系数的滤波器分别引入了约 0.025 和 0.05 像素的位置误差。

为了确定常用的插值滤波器中的相位误差会引入多少误差，采用数值方法分析了插值偏差。为了定量分析插值偏差，需要保证输入数据本身不包含任何插值偏差。因此，根据移位定理 (3.70)，利用傅里叶滤波器生成输入图像。针对每个图案生成一系列 20 张图像，以对应图像之间 0.05 像素的亚像素偏移增量；然后利用采用不同插值滤波器的数字图像相关算法计算每个图像相对于原始图像的偏移。从数值实验结果可以看出，对于具有精细散斑纹理的图像，计算结果发现插值偏差要高一个数量级；对于精细的散斑纹理，三次 B 样条插值产生的插值偏差约为 1/40 像素，优化的四系数插值滤波器引入的插值偏差约为 1/50 像素。这种偏差显然是不可接受的，因此，尽管计算效率高，我们还是强烈建议不要使用四系数插值滤波器。经过优化的六系数和八系数滤波器，即使针对精细的散斑图案引入的插值偏差也远远小于 1/200 像素。八系数滤波器引入的插值误差约为六系数插值滤波器的一半，且额外的计算成本似乎也是可以接受的。

3.7.1.3 插值误差引起的应变误差

上一节中讨论的插值偏差将直接转换为应变测量中的偏差。如果用实测带偏差的位移 $u_b(x) = u_t(x) + \Delta u(x)$ 代替真实位移 $u_t(x)$，则所得的应变为：

$$\varepsilon_b = \frac{\partial u_b(x)}{\partial x} = \varepsilon_t + \frac{\partial \Delta u}{\partial x} = \varepsilon_t + \frac{\partial \Delta u}{\partial u_t}\frac{\partial u_t}{\partial x} = \varepsilon_t\left(1 + \frac{\partial \Delta u}{\partial u_t}\right) \qquad (3.80)$$

相应的应变偏差 $\Delta\varepsilon_b = (\varepsilon_b - \varepsilon_t)/\varepsilon_t$ 为：

$$\Delta\varepsilon_b = \frac{\partial \Delta u}{\partial u} \qquad (3.81)$$

即由于插值偏差引起的应变的偏差与位移偏差的斜率成正比。因此即使在某些应用中针对两个精细的散斑图案，通过三次 B 样条插值引入的绝对误差可以接受，约为 1 个像素的 40%，但位移偏差的斜率接近 20%。这意味着对于某些特殊的散斑图像，使用三次 B 样条插值时，应变误差的期望值为真实应变水平的20%。这就再次说明了合适的插值滤波器在数字图像相关应用中的重要性。

3.7.2　噪声误差

在实际应用中，图像会被噪声污染。尽管成像传感器会在信号中引入各种形式的噪声，但该小节的讨论仅局限于对高斯随机噪声的研究，并假设参考图像和变形图像是由无噪声图像并添加了具有标准偏差 σ 的噪声项τ组成的。

$$\overline{F} = F + \tau_0$$
$$\overline{G} = G + \tau_1 \tag{3.82}$$

进而针对带噪声的图像，构造图像的平方差和的准则，这里仅推导一维条件下由噪声引起的水平位移偏差量 ξ：

$$\chi^2(\xi) = \sum \left[G(\xi) - F \right]^2 + 2\left[G(\xi) - F \right]\left[\tau_1(\xi) - \tau_0 \right] + \left[\tau_1(\xi) - \tau_0 \right]^2 \tag{3.83}$$

首先研究 $F = G$ 的情况，即参考图像和变形图像之间没有偏移的情况，并求使式（3.83）取得最小值的 ξ。由于（无噪声）的两张图像是相同的，因此显然当 $\xi = 0$ 时，式（3.83）中的第一项取得最小值。假设第二项可以忽略，稍后再回来讨论这个假设。第三项中的 $\sum 2 \tau_0 \tau_1(\xi)$ 为期望值为零的两个随机变量的乘积，因此可忽略这一项，第三项 $\sum \left[\tau_1(\xi) - \tau_0 \right]^2$ 可以进一步简化。通过这些近似值简化，式（3.83）可写为：

$$\chi^2(\xi) = \sum \left[G(\xi) - F \right]^2 + \tau_1(\xi)^2 + \text{const} \tag{3.84}$$

式（3.84）中的第一项在最小值附近近似为一抛物线。因此，图像噪声是否能够引入误差以及引入误差的程度由 $\tau_1(\xi)^2$ 的函数形式决定。这一项表示噪声方差乘以数据点的数量。当 $\xi = 0$ 时，噪声不受插值滤波器的影响。但是，由于插值滤波器也充当了非整数像素位置的低通滤波器，因此滤波后的噪声方差必然会降低。这是由于低通滤波器在噪声中引入了空间相关性，滤波后的噪声不再不相关。由此可知，式（3.84）中的第二项在 $\xi = 0$ 处取得最大值，且在 $\xi = 0$ 处保留了原始噪声数据。这一项的最小值出现在中点 $\xi = 0.5$ 位置处，该条件下插值滤波器的幅度衰减最高。该函数与式中近似为抛物线的第一项叠加，导致式（3.84）出现两个极小值，在 $\xi = 0$ 的两侧各有一个。图 3.7 所示为采用三次多项式插值滤波器，并在两个灰度值的噪声水平条件下误差函数随偏移量 ξ 的变化情况。从图中可以看出它关于 $\xi = 0$ 不对称，这是由于上述讨论中忽略了式（3.83）中的第二项。但绘制图 3.7 时，没有忽略该项，导致图 3.7 出现轻微偏斜。

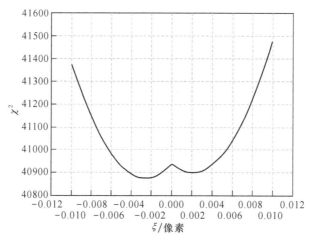

图 3.7 采用三次多项式插值滤波器，并在两个灰度值噪声
水平条件下误差函数随偏移量 ξ 的变化情况[2]

获得加性高斯噪声引起的变形测量误差的数学表达式或上限是非常重要的。误差取决于噪声量、图像中的信号内容、子区的亚像素位置以及所使用的插值函数。当插值滤波器 $\hat{h}(\tilde{k}, \xi)$ 的传递函数已知，为归一化波数 $\tilde{k}$ 和亚像素位置 ξ 的函数，可以计算得到式（3.84）中的噪声相关项。由于高斯噪声具有均匀的功率谱，因此可以根据滤波器功率谱在波数轴上的积分计算滤波后信号的方差。式（3.84）中的噪声相关项可以写成：

$$\sum_1^N \tau_1(\xi)^2 = N\sigma^2 \int_0^1 \hat{h}(\tilde{k}, \xi)^2 \mathrm{d}\tilde{k} \tag{3.85}$$

式（3.84）中与数据相关的项可以通过二次函数在最小值附近的近似获得。通过消除二阶项，可得：

$$\sum [G(\xi) - F]^2 = \sum \left(\frac{\mathrm{d}F}{\mathrm{d}\xi}\right)^2 \xi^2 \tag{3.86}$$

进一步假设参考图像的导数与变形图像的导数在式（3.84）取得最小值时相等，式（3.84）中的常数项为噪声的方差乘以数据点的数量，因此有：

$$\chi^2(\xi) = \sum \left(\frac{\mathrm{d}F}{\mathrm{d}\xi}\right)^2 \xi^2 + N\sigma^2 \left[1 + \int_0^1 \hat{h}(\tilde{k}, \xi)^2 \mathrm{d}\tilde{k}\right] \tag{3.87}$$

通过假设式（3.87）中第二项在 ξ 较小的范围近似为线性函数，式（3.87）可以进一步简化为：

$$\chi^2(\xi) = \sum \left(\frac{\mathrm{d}F}{\mathrm{d}\xi}\right)^2 \xi^2 + N\sigma^2(1 + P + Q\xi) \tag{3.88}$$

式中，P 为噪声相关项的值；Q 为其关于 ξ 的导数。

可以通过找到上述抛物线的最小值来计算偏移 ξ，进而解析表达式可写为：

$$\xi = -\frac{N\sigma^2 Q}{2\sum\left(\dfrac{\mathrm{d}F}{\mathrm{d}\xi}\right)^2} \tag{3.89}$$

式（3.89）包含了图 3.7 出现的偏斜原因的简单说明——偏移量与噪声的能量（功率）成正比，与图像导数的能量成反比；更重要的是偏移量也与插值滤波器的幅度衰减平方的斜率成正比。由于插值滤波器关于中点位置对称，因此噪声不会对 1/2 像素处的偏移引入任何误差。此外，式（3.89）也提供了一种可最大程度地降低噪声影响的策略。我们给出了部分常用插值滤波器的平方幅度衰减积分及其导数（导数对应于式（3.89）中的系数 Q），并量化了一个插值滤波器与另一个插值滤波器相比引入的误差情况。从比较可以看出，三次多项式插值滤波器引入的误差最大，并且在整数像素位置处具有不连续性的特点。这种不连续性对应变测量尤其有害，因为当位移越过整像素边界时都会引入较大的应变误差。但 B 样条滤波器不会受这种不连续性的影响。比较结果还可见优化的插值滤波器系列引入的误差最小，但四拍插值滤波器在整像素位置附近出现了小幅的振荡。总体而言，具有相同插值系数个数情况下，优化的滤波器引入的误差远远小于 B 样条插值滤波器。该效果结合优化滤波器的相位精度高的特点，使其成为数字图像相关计算的首选插值滤波器。

3.8　统计误差分析

3.8.1　一维统计误差分析

以下使用统计误差分析推导由于插值滤波器的相位误差引起的偏差以及噪声引起的偏差。这部分推导还给出了数字图像相关算法得到的位移的置信裕度。为简单起见，推导仅针对一维水平方向上的存在均匀平移 ξ 的情况。根据式（3.82），并假设 F 和 G 两个图像中分别存在高斯随机噪声 τ_0 和 τ_1，并且它们具有相同的分布 $N(0, \sigma)$，则 SSD 图像匹配优化准则可写为：

$$\chi(t)^2 = \sum |\overline{G}_i(\xi) - \overline{F}_i|^2 \tag{3.90}$$

进一步将推导限制在 $[0, 1]$ 范围内的亚像素的平移运动 ξ。为了插值 $a_i(\xi)$ 及其导数 $\nabla a_i(\xi)$（例如灰度值或噪声），使用三次多项式插值并定义：

$$a_i(\xi) = c(\xi) \cdot C \cdot \hat{a}_i$$
$$\nabla a_i(\xi) = c(\xi) \cdot C \cdot \hat{a}_i \tag{3.91}$$

这里：

$$c(\xi) = [1, \xi, \xi^2, \xi^3]$$
$$c'(\xi) = [0, 1, 2\xi, 3\xi^2]$$
$$\hat{a}_i = [a_{i-1}\ a_i\ a_{i+1}\ a_{i+2}]^{\mathrm{T}}$$

$$C = \begin{bmatrix} 0 & 1 & 0 & 0 \\ -1/3 & -1/2 & 0 & -1/6 \\ 1/2 & -1 & 0.5 & 0 \\ -1/6 & 1/2 & -1/2 & -1/6 \end{bmatrix} \tag{3.92}$$

设精确位移为 t_e，精确的位移与实测位移之差为 t。$E(t)$ 的偏差表示位移估计值的残差矢量，其期望值为 $E(t)$，方差为 $\mathrm{Var}(t)$。$E(t)$ 相对于零的偏差为图像匹配过程中偏差的度量。同样，$\mathrm{Var}(t)$ 是匹配过程的波动性的度量[10]。

目标函数关于真实位移 t_e 做泰勒级数展开：

$$\begin{aligned} \mathcal{X}(t)^2 &= \sum | \overline{G}_i(t_e) - \overline{F}_i |^2 \\ &= \sum | \overline{G}_i(t_e) + \nabla G_i(t_e) t + \tau_{1i}(t_e) + \nabla \tau_{1i}(t_e) t - (F_i + \tau_{0i}) |^2 \end{aligned} \tag{3.93}$$

令 $\dfrac{\mathrm{d}\mathcal{X}^2}{\mathrm{d}t} = 0$，并且忽略 $\tau_{0/1}$ 中的一阶乘积项，得到期望值 $E(t)$

$$\begin{aligned} E(t) &= -\frac{\sum [G_i(t_e) - F_i] \nabla G_i(t_e)}{\sum \nabla G_i(t_e)^2} - \frac{\sum \tau_{1i}(t_e) \nabla \tau_{1i}(t_e)}{\sum \nabla G_i(t_e)^2} \\ &= -\frac{\sum [G_i(t_e) - F_i] \nabla G_i(t_e)}{\sum \nabla G_i(t_e)^2} - \frac{\sum [c(t_e) \cdot C \cdot \hat{\tau}_{1i}][c'(t_e) \cdot C \cdot \hat{\tau}_{1i}]}{\sum \nabla G_i(t_e)^2} \end{aligned} \tag{3.94}$$

经过一些代数运算，并进一步假设 $\nabla G_i(t_e) \approx \nabla F_i$，得到：

$$E(t) = -\frac{\sum [c(t_e) \cdot C \cdot \hat{G}_i - F_i] \nabla F_i}{\sum (\nabla F_i)^2} - \frac{NN\sigma^2 Q(t_e)}{2 \sum (\nabla F_i)^2} \tag{3.95}$$

这里

$$Q(t_e) \approx 3.82106 \cdot (t_e - 0.5) - 8.11528 \cdot (t_e - 0.5)^3 \tag{3.96}$$

式（3.96）中的系数 $Q(t_e)$ 与式（3.89）中的相同。方差 $\mathrm{Var}(t)$ 采用一阶偏导数结合式（3.95）获得：

$$\mathrm{Var}(t) = \sigma^2 \cdot \left[\sum_i \left(\frac{\partial t}{\partial \tau_{1i}} \right)^2 + \sum_i \left(\frac{\partial t}{\partial \tau_{0i}} \right)^2 \right] \approx \frac{2\sigma^2}{\sum_i [\nabla F_i(x_i)]^2} \tag{3.97}$$

如式（3.95）所示，偏差 t 的期望值 $E(t)$ 有两项。第一项仅取决于插值灰度值和真实灰度值之间的差异，表示由于插值误差而将产生偏差。第二项是表征了由于噪声引起的偏差。式（3.97）表明变形测量的方差与假定的高斯白噪声的方差成正比，与局部梯度中的平方和成反比，形如 $\sum_i [\nabla F_i(x_i)]^2$。

通过数值模拟可见，针对无噪声图像，采用 DIC 算法确定插值偏差，整像素处的不连续性在与偏差水平成比例的距离上进行了平均化处理。除整像素位置外，对于 8 位图像，并包含高达 10 个灰度值的噪声水平，DIC 的估算值与仿真数据非常吻合。对于更高的噪声水平，使用的一阶近似值将导致误差增加。比较 DIC 算法中采用的正向加法和逆向合成算法发现，两种算法中均使用相同的三次多项式插值方法，但逆合成算法的性能显著优于正向加法，且噪声引起的误差更低。此外，通过采用优化的八拍插值滤波器的结果可见，采用适当的插值滤波器可以消除所有噪声引起的误差。

针对带噪声图像，数字图像相关算法中采用三次插值，研究发现仿真数据与理论预测非常吻合。随着噪声水平的增加，噪声引起的误差增加，这与前面各节中的推导一致。值得注意的是研究发现使用更好的插值滤波器可以大大减少误差水平。数值模拟证实了采用高阶插值滤波器预测得到的误差减小。

3.8.2　协方差矩阵的置信裕度

数字图像相关计算的误差范围也可以直接通过模板匹配算法中使用的 Hessian 矩阵获得。Hessian 矩阵的逆可以用作协方差矩阵的近似值。对于平面运动，式（3.96）给出了 Hessian，则协方差矩阵可以写为：

$$C = \begin{bmatrix} \sum \left(\dfrac{\partial F}{\partial x} \right)^2 & \sum \dfrac{\partial F}{\partial x} \dfrac{\partial F}{\partial y} \\ \sum \dfrac{\partial F}{\partial x} \dfrac{\partial F}{\partial y} & \sum \left(\dfrac{\partial F}{\partial y} \right)^2 \end{bmatrix}^{-1} \tag{3.98}$$

根据目标函数的归一化残差 $(1/N) \sum |G - F|^2$，可以获得数字图像相关估计位移的置信裕度。假设两个图像分别添加独立的高斯随机噪声，则有 $2\sigma^2 = (1/N) \sum |G - F|^2$，并且可由得到与式（3.97）相同的结果：

$$\mathrm{Var}(t) = \frac{\sum |G - F|^2}{N H_{11}} = \frac{2\sigma^2}{\sum (\partial F / \partial x)^2} \tag{3.99}$$

对于二维情况，协方差矩阵描述了一个置信椭圆，并且较大的特征值可用于确定由图 3.8 给出的根据式（3.97）理论预测得到的位移噪声，使用协方差矩阵预测得到的位移噪声之间和数字图像相关中的实际方差之间的比较。对于 8 位图像中小于 5 个灰度值的噪声水平，两种预测几乎都与实际噪声方差完全一致。这也进一步说明在许多应用中可以采用协方差矩阵来获得数字图像相关位移估计的误差范围。值得注意的是，对于较高的噪声水平，不能采用协方差矩阵获得位移估计的误差范围。这是由于通常不知道灰度值的导数，因此无法根据无噪声的图像进行估算。

综上，近似协方差矩阵为我们提供了一种工具，这个工具不仅可以确定是否可以解决本章开头介绍的图像对应问题，而且还可以评价对应问题解决的优劣程

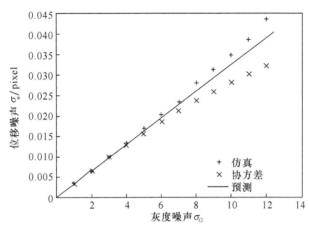

图 3.8　不同方法预测得到的位移噪声水平与实际位移噪声的比较[2]

度。早期的研究表明，对应问题的是否有解取决于 Hessian 矩阵的可逆性，即是否可以计算出近似协方差矩阵。通过图像中的噪声水平估计值，协方差矩阵还可用于直接提供数字图像相关不确定性的估计。即使对较大的子区大小，也可以非常有效地评估式（3.98），因为求和如同盒式滤波器，可以实现较少运算数且与滤波器窗口无关，这允许对图像进行快速分析，以自动确定适用于 DIC 算法进一步分析的区域，或者确定达到位移所需的置信区间所需的子区大小。

参 考 文 献

[1] Jones E M C, Iadicola M A. 数字图像相关可靠性实践指南. [EB/OL]. 赵加清, 译. http: //doi. org/10. 32720/idics/gpg. ed1. cn.

[2] Schreier H, Orteu J-J, Sutton M A. Image Correlation for Shape, Motion and Deformation Measurements[M]. Springer US, 2009.

[3] Lucas B D, Kanade T. An iterative image registration technique with an application to stereo vision[C]//Proceedings of the 1981 DARPA Image Understanding Workshop, April 1981: 121~130.

[4] Schreier H W, Sutton M A. Systematic errors in digital image correlation due to undermatched subset shape functions[J]. Experimental Mechanics, 2002, 42(3): 303~310.

[5] Baker S, Matthews I. Lucas-Kanade 20 years on: A unifying framework[J]. International Journal of Computer Vision, 2004, 56(3): 221~255.

[6] Baker S, Matthews I. Equivalence and efficiency of image alignment algorithms[C]//Proceedings of the IEEE Conference on Computer Vision and Pattern Recognition, 2001, 1: 1090~1097.

[7] Schreier H W, Braasch J, Sutton M A. Systematic errors in digital image correlation caused by intensity interpolation[J]. Optical Engineering, 2000, 39(11): 2915~2921.

[8] Unser M, Aldroubi A, Eden M. B-spline processing part 2-Efficient design and Applications [J]. IEEE Trans. Signal Processing, 1993, 41(2): 834~847.

[9] Unser M, Aldroubi A, Eden M. B-spline processing part Ⅰ—Theory[J]. IEEE Transactions on Signal Processing, 1993, 41(2): 821~833.

[10] Wang Y Q, Sutton M A, Schreier H W. Quantitative error assessment in pattern matching: Effect of interpolation, intensity pattern noise and contrast, subset size on motion accuracy[J]. Strain, 2009, 45(2): 160~178.

4 数字图像相关方法辅助的复合材料单向层合板非线性本构参数识别

4.1 引言

随着现代科学技术的发展，复合材料作为现代新材料以其轻质、高比强度、耐高温、耐腐蚀等优势在工程和生活中得到了越来越广泛的应用。复合材料是材料学、力学和航空航天工程与技术等多学科交叉的研究方向，而随着物理、化学和 3D 打印技术的进一步交叉和融合，又为新型复合材料的开发和应用提供了更为充足的条件。

复合材料的设计水平和制造工艺的发展及越来越广的应用对复合材料的强度提出了更高的要求，只研究复合材料的线性力学行为已经不能满足使用环境对其材料力学性能的要求，加强复合材料的物理非线性力学问题以及微观、宏观非线性力学问题的分析，对于充分发挥复合材料的优越性，扩大其适用范围，辅助复合材料的制备以及工程应用都是十分必要的。应用有限元分析进行材料力学行为预测的准确性也在很大程度上取决于实验评估的材料性能。通过实验获得更为准确的复合材料三维非线性应力-应变本构关系是能够获得更为精确的有限元分析预测结果的重要前提。

复合材料除了具有细观非均匀性、宏观各向异性、剪切非线性和拉、压模量不一致等特点外，在承受较大载荷时，沿材料主方向应力-应变之间还存在着非线性耦合效应，且耦合效应在高应力水平下表现尤为突出，所以充分认识和理解复合材料复杂应力状态下的非线性物理本构关系，对实现复合材料的高性能、低缺陷、低成本的广泛应用以及发展新型高强高模轻质复合材料具有重要的研究价值和重大的工程需求。

围绕复合材料本构关系的实验研究，国外学者已经做了大量的工作，如 Kam 等人将实验实测获得的复合材料层合板位移和应变数据与有限元模型计算所得的应变数据的方差结合建立目标函数，通过最小化目标函数的过程同时获得复合材料层合板的工程弹性常数[1]。朱振涛等人针对纤维增强 T300/QY8911 复合材料层合板进行单向拉伸、压缩实验和面内剪切实验，得到了材料拉伸、压缩、面内剪切的主要力学性能参数，并根据单向拉压以及面内剪切应力-应变关系，给出了材料具有脆性破坏的特征[2]。徐琪等人采用典型的±45°偏轴拉伸法和双 V 形开槽试样剪切实验对双轴向玻璃纤维布制成的层合板进行了常温和低温剪切实验。实验结果表明双 V 形开槽试样剪切实验测得的剪切强度和模量高于±45°偏轴拉伸法，该实验方法能够更为准确地反映材料的剪切性能；双 V 形开槽实验中试样纤维取向不同对测量结果有较大影响；玻璃纤维增强环氧树脂基复合材料在低温状态下的剪切性能与常温相比有所提高[3]。张子龙等人对 T300/5222 复合材料单向板及 45°多向铺层层合板进行了双 V 形开槽试样剪切实验，并讨论了开槽角度、槽根部圆弧半径以及铺层对实验中应力分布的影响[4]。

　　通过力学实验研究复合材料工程弹性常数和完整的应力-应变本构关系依赖于实验中的变形测量精度和应力的数值计算精度。首先，传统的接触式变形测量技术在复合材料三维非线性本构关系的研究中存在着一定的局限性。接触式变形测量方法通常采用应变片或线性位移传感器等方法测量试样的变形数据，这种测量方法精度高，但只能获得一定区域内的位移或应变的平均值，因此测量区域内均匀的应变分布是保证测量精度的重要条件。然而为了保证测量区域内应变的均匀分布，力学实验一般采用简单的单向加载形式，而单次实验只能获得有限的材料参数。因此要得到非均质、各向异性复合材料的三维非线性本构关系及其参数，需要实施多种不同形式的实验，并且实现复合材料试样局部区域内应变的均匀分布也存在困难。不同形式的实验方法和多次实验，会导致实验数据的分散度增加，增加测量结果的不确定性，给复合材料本构关系的计算、设计以及优化带来较大的误差。其次，接触式变形测量手段无法精确获得材料在复杂应力条件下的三维非线性本构关系，如材料主方向不同应力分量之间可能存在的非线性耦合关系。这些力学特征对于理解复合材料在复杂载荷下的变形机理和强度准则是至关重要的。为充分认识复合材料三维非线性本构关系及复杂应力状态下材料主方向应力间的非线性耦合，需要发展一种简单可行的实验方法，通过单一形式、少次实验获得材料精确的非线性本构关系及其参数，充分描述复合材料在复杂载荷下的宏观各向异性以及沿材料主方向不同应力分量之间的非线性耦合行为，这对于复合材料的制备、设计和优化的研究具有重要的推动作用。

　　全场变形测量技术在宏观各向异性复合材料力学实验中的应用，可以大大简化实验形式和减少实验次数，并可以获得复合材料的复杂载荷条件下完整的非线性本构关系。要获得复合材料的复杂载荷条件下完整的非线性本构关系需要应变的精准测量和应力的精确计算。一方面通过数字图像相关方法可以获得复合材料试样表面高应力水平下的全场实测应变，另一方面通过弹性力学或有限元数值分析可以得到试样在该载荷条件下的应力分布，这就为得到复合材料的非线性本构关系提供了可能。但由于复合材料具有各向异性、物理非线性和非均质等特点，实测应变数据和计算所得的应力分量很难建立起简单的本构关系，且应力的计算结果对材料本构关系敏感，因此通过力学实验结合数字图像相关方法实测应变数据获得复合材料宏观各向异性本构关系以及力学性能参数为一个典型的反问题，求解这一反问题需要结合反问题分析方法。反问题求解方法主要包括以最小化实测应变和数值计算应变方差为目标的有限元模型修正法、以最小化本构关系间隙泛函为目标的本构关系间隙法（constitutive equation gap method，CEGM）、虚位移场法（virtual fields method，VFM）和相互作用间隙法（reciprocity gap method，RGM）等。

有限元模型修正技术通过实验实测结果和数值计算结果之间的方差建立目标函数，通过最小化目标函数迭代识别材料本构关系中的多个参数。如 Makeev 等人以短梁剪切实验中采用数字图像相关技术实测试样表面应变数据和有限元数值计算应变数据之间的方差建立目标函数，结合有限元模型修正法，通过最小化目标函数同时获得复合材料多个本构关系参数[5]。Molimard 等人以开孔拉伸实验中试样表面的变形数据和有限元数值模拟变形数据之间的方差构造目标函数，结合有限元模型修正法和 Levenberg-Marquardt 非线性优化方法（L-M 法），通过最小化目标函数同时识别了正交各向异性材料 4 个本构参数[6]。Cooreman 等人给出了金属材料单轴拉伸实验中，主应变与待定本构关系参数之间的敏感度矩阵的显式表达式，对本构关系参数在有限元模型中反复迭代修正，实现实测应变与数值计算应变之间方差的最小化，得到材料的本构关系参数的最优值[7]。可以通过迭代算法在最小化目标函数的过程中将非线性问题转化为线性、拟线性问题，进行优化计算，如最速降线法、卡尔曼滤波算法，也可采用完全非线性算法实现非线性问题从数据到模型的直接映射（如置信域算法、蒙特卡罗法和遗传算法、神经网络等人工智能算法）。这些方法在本构关系参数识别方面都得到了一定的应用，如单业奇等人提出了一种基于显微压痕实验的磁脉冲自由胀形管件材料参数的获取方法。通过改变显微压痕有限元模型中的材料参数使仿真得到的载荷-侵入量曲线不断逼近实验的载荷-侵入量曲线，当两曲线在最小二乘意义上达到误差最小时，得到的材料参数被认为是最优的材料参数[8]。Lecompte 等人提出了一种综合优化方法结合有限元模型修正方法，以带孔试样的单轴拉伸实验为例，通过数字图像相关方法测得的非均匀位移场计算应变场，通过最小化实验实测应变和数值计算应变之间的方差最终得到实验中正交各向异性材料的 4 个工程材料参数[9]。Cooreman 等人通过带通孔十字形试件双轴拉伸实验，在最小化实验实测应变和有限元模型计算应变方差过程获得了材料弹塑性力学参数，包括由 swiff 硬化定律描述的硬化行为参数等[10]。Belhabib 等人提出了一种非标准拉伸实验方法，指出拉伸试样需要满足的三个条件：在实测区域内有较大的异质性的应变、应变场路径多样性以及应变数据对于待求本构关系参数具有较高的敏感度[11]。许杨剑等人提出采用一种基于遗传算法结合响应面插值的反演方法，利用微压痕实验和有限元模拟，对功能梯度材料（FGM）的本构模型参数进行识别分析[12]。刘伟先等人提出了基于遗传算法识别复合材料非线性影响因子及材料主方向损伤速率影响因子的方法。该方法将有限元模拟所得载荷-位移曲线与实验获得载荷-位移曲线之间对应点数据的方差定义为遗传算法中的适应度，通过复制、交叉和突变逐步淘汰掉适应度较差的解，进化 N 代后得到适应度函数值最优的个体[13]。Rojas 等人通过拟合计算载荷-实验实测位移曲线识别材料力学参数，提出了一种基于遗传算法的优化方法，可避免优化过程中存在多个极小值点，解决收敛情况对初值依赖性强等困难，同时此方法也可以利用进化算法的并行性质，保证每一代每个个体的拟合函数与其他个体解耦[14]。林雪慧等人首次将基于实验数据的参数识别方法用于多相复合材料非规则界面力学性能参数的识别。在精细实验获得材料微结构的基础上，结合考虑界面损伤和破坏的理论模型，并建立微结构界面破坏的有限元数值模拟，反演获得了金属基复合材料在损伤和破坏过程中的相关力学性能参数，解决了直接测量材料界面力学性能的困难[15]。

4.2　基于全场变形数据的有限元模型修正方法

Makeev 等人首次提出开展数字图像相关辅助的非标准短梁剪切实验，可通过单次试验获得多个力学性能常数。该方法通过建立梁试样实测纵向正应变和计算所得纵向正应力之间的关系，直接获得梁试样材料纵向拉、压弹性模量和泊松比（3 个材料参数）。对于材料面内剪切行为，试验结果显示当面内剪切应变超过 1% 后，由于基体主导的非线性损伤的初始和演化，材料出现了显著的剪切非线性行为，此时需采用三维非线性实体有限元模型修正（FEMU）技术确定材料面内精确的剪切本构关系[16~19]。图 4.1 所示为 SBS 试验结合模型修正方法得到的材料面内剪切应力-应变关系与 V 形缺口剪切试验（ASTM D-5379 标准试验[20]）得到的结果，可见两种试验方法得到的应力-应变响应关系高度一致，但 V 形缺口剪切试验由于过早失效而无法达到高剪切应变水平，而 SBS 试验可获得高剪切应变水平下的更加完整的力学响应行为。该结果充分验证了 SBS 试验方法在获得材料非线性面内剪切本构关系方面的优势和可靠性。同理沿其他材料主方向制备 SBS 试样可获得材料三维本构关系中的全部材料性能常数。将 SBS 试验获得的多个材料性能参数代入三维非线性实体有限元模型中，得到的应变分布与试验过程中 DIC 采集的应变分布在远离加载压头和支撑点区域处高度吻合，该结果一方面验证了 SBS 试验获得的材料参数结果是可靠的，另一方面也提示了新型实验设计结合全场变形测试技术可大大减少各向异性材料力学实验的数量，更大程度上依赖低成本、快速的数值建模和仿真研究材料/结构的宏观力学行为，为实现"虚拟实验"提供了思路。

Makeev 作为该方法的开创者，采用的方法是通过建立高仿真三维非线性有

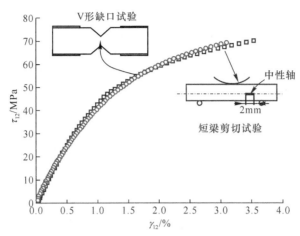

图 4.1 不同试验方法获得的面内剪切应力–应变响应比较情况

限元模型，高度模拟实验的加载和边界条件，通过模型计算得到的剪切应力和数字图像相关方法实测的剪切应变之间开展最小二乘回归识别材料的剪切非线性本构关系和参数，由于实验过程中剪切应力分布对材料的本构关系（物理方程）不敏感，因此不仅本构关系中的参数且本构关系表达式也可随着识别过程进行迭代修正。但是该方法也存在着不完善的地方，首先在识别过程中仅仅采用了压头和支撑点中间部分小范围区域的数据（如图 4.2 中的 ROI 区域），并没有采用全场应变数据；其次在识别计算沿纤维材料主方向的杨氏模量过程，仅采用接近失效的单张图像的数据进行计算，没有充分发挥全场变形测量的优势，未讨论采用全场变形数据或多张图像对参数识别结果的影响[21]。

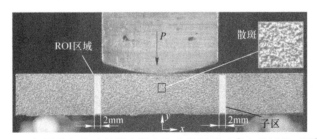

图 4.2 短梁剪切实验材料力学本构参数识别过程中采用的区域[16]

因此为了充分发挥数字图像相关技术全场变形数据的优势，本章针对上述问题采用全场变形数据识别复合材料沿材料主方向的本构关系及参数，并研究该识别方法对参数初值选择的敏感性。首先，在沿材料纤维方向拉、压杨氏模量的计算中，采用了整个加载历程中采集得到的所有图像的应变数据，开展线性最小二乘回归；其次，在修正剪切应力应变本构关系过程中，采用了压头和支撑点之间全场剪切应变，而不仅仅只采用中性轴 2mm 附近区域内的数据进行非线性回归，所得结果表征了试样全场平均响应行为，而非局限于局部区域。

复合材料力学本构参数识别过程中，可通过实测试样表面应变数据和计算所得的试样表面的应力分布来确定待求的材料本构关系参数。由于复合材料具有各向异性的特点，因此难以得到一定区域内均匀分布的应变数据。通过非均匀分布的应变数据，根据假定的本构模型进行材料本构关系参数的识别是一个典型的反问题。本节通过碳纤维环氧树脂基（IM7/8552）单向带复合材料层合板沿材料主方向 1—2 和 1—3 面加载，结合有限元模型修正技术识别材料主平面内的本构关系参数，包括材料沿纤维方向拉/压杨氏模量 E_{11T} 和 E_{11C}、泊松比 v_{12}、面内和面外剪切模量 G_{12}、G_{13} 以及剪切非线性参数 k_{12}、k_{13} 和 n_{12}、n_{13}。识别过程的初值可通过材料力学计算应力和数字图像相关方法实测应变数据在假定的本构关系式中通过最小二乘回归得到。采用实测应变与有限元数值计算应变的方差建立目标函数，通过最小化目标函数同时获得材料本构关系中的多个力学参数。

考虑用于本构关系参数识别的区域为 DIC 实验中试样左右两侧的 ROI 区域，包含了压头和支撑点之间远离压头正下方的全部区域。本节开展 1—3 面加载实验的试样由波音公司提供，开展 1—2 面加载实验的试样由贝尔直升机公司提供。材料参数识别过程中，先将初始假设的材料本构参数代入有限元模型，计算单元节点处的应变数据（将高斯积分点处的应变结果插值并平均化处理获得节点位置处的应力、应变数据），通过双线性插值将由 VIC-2D 相关计算得到的实测应变数据插值到与有限元模型单元节点相同位置处，以相同位置处有限元数值计算应变和实测应变之间的方差构造参数识别的目标函数：

$$Q(\bar{p}) = Q(\varepsilon(\bar{p}), \bar{p}) = \frac{1}{2} \sum_{j=1}^{N} \sum_{i=1}^{M} \left(\varepsilon_i^{\mathrm{num}}(\bar{p}) - \varepsilon_i^{\mathrm{DIC}} \right)_j^2 \qquad (4.1)$$

式中，$\bar{p}$ 为一系列的未知材料参数；M 为每张图片中 ROI 区域内包含的有限元模型的节点数，这里的 ROI 区域包含试样左右两边的两个区域，如图 4.2 所示 ROI 区域，由于有限元模型为 1/4 模型，右侧 ROI 区域内的应变数据可由模型的对称性得到；N 为有限元模型中的加载步数量，即对应着实验过程中数字图像相关方法设备采集到的试样失效前的图片数量；为得到复合材料非线性应力应变本构关系及参数，识别过程中考虑了试样从开始加载到 85% 失效载荷的整个加载历程，$\varepsilon_i^{\mathrm{num}}$、$\varepsilon_i^{\mathrm{DIC}}$ 分别表征在节点 i 处的 FEM 数值计算应变和数字图像相关方法实测应变。

当目标函数获得最小值时，目标函数 $Q(\bar{p})$ 应满足：

$$\frac{\partial Q(\bar{p})}{\partial \bar{p}_l} = \sum_{j=1}^{N} \left[\sum_{i=1}^{M} \left(\varepsilon_i^{\mathrm{num}}(\bar{p}) - \varepsilon_i^{\mathrm{DIC}} \right) \frac{\partial \varepsilon_i^{\mathrm{num}}(\bar{p})}{\partial \bar{p}_l} \right]_j = 0 \qquad (4.2)$$

以试样的 1—3 面为例，正交各向异性复合材料单向层合板的本构行为初始假设为：

$$
\left\{ \begin{array}{c} \varepsilon_{11}^{\mathrm{num}} \\[2mm] \varepsilon_{33}^{\mathrm{num}} \\[2mm] \gamma_{13}^{\mathrm{num}} \end{array} \right\} = \left[\begin{array}{ccc} \dfrac{1}{E_{11}} & -\dfrac{v_{31}}{E_{33}} & 0 \\[3mm] -\dfrac{v_{13}}{E_{11}} & \dfrac{1}{E_{33}} & 0 \\[3mm] 0 & 0 & f(\tau_{13}) \end{array} \right] \left\{ \begin{array}{c} \sigma_{11}^{\mathrm{num}} \\[2mm] \sigma_{33}^{\mathrm{num}} \\[2mm] \tau_{13}^{\mathrm{num}} \end{array} \right\} \tag{4.3}
$$

式中，$f(\tau_{13})$ 为剪切非线性本构关系；$\sigma_{11}^{\mathrm{num}}$，$\sigma_{33}^{\mathrm{num}}$，$\tau_{13}^{\mathrm{num}}$ 为有限元模型数值计算得到的应力分量；$\varepsilon_{11}^{\mathrm{num}}$，$\varepsilon_{33}^{\mathrm{num}}$，$\gamma_{13}^{\mathrm{num}}$ 为有限元数值计算得到的应变分量。

本章选择采用 Ramberg-Osgood 公式表征材料的层间剪切非线性关系，如对于 1—3 层间剪切本构行为，有：

$$
\gamma_{13} = \frac{\tau_{13}}{G_{13}} + \left(\frac{\tau_{13}}{k_{13}} \right)^{\frac{1}{n_{13}}} \tag{4.4}
$$

式中，k_{13}、n_{13} 为描述材料剪切非线性本构行为的参数。

将本构模型表达式 (4.3) 和 Ramberg-Osgood 表达式 (4.4) 代入目标函数表达式可得：

$$
Q(\bar{p}) = Q(\varepsilon, \bar{p}) = \frac{1}{2} \sum_{j=1}^{N} \sum_{i=1}^{M} \left[\left(\frac{\sigma_{11i}^{\mathrm{num}}}{E_{11}} - \frac{v_{31} \sigma_{33i}^{\mathrm{num}}}{E_{33}} - \varepsilon_{11i}^{\mathrm{DIC}} \right)^2 + \left(-\frac{v_{13} \sigma_{11i}^{\mathrm{num}}}{E_{11}} + \frac{\sigma_{33i}^{\mathrm{num}}}{E_{33}} - \varepsilon_{33i}^{\mathrm{DIC}} \right)^2 + \right.
$$
$$
\left. \left(\frac{\tau_{13i}^{\mathrm{num}}}{G_{13}} + \left(\frac{\tau_{13i}^{\mathrm{num}}}{K_{33}} \right)^{\frac{1}{n_{13}}} - \gamma_{13i}^{\mathrm{DIC}} \right)^2 \right]_j \tag{4.5}
$$

式中，$\sigma_{11i}^{\mathrm{num}}$、$\sigma_{33i}^{\mathrm{num}}$、$\tau_{13i}^{\mathrm{num}}$ 为外推插值到有限元模型节点 i 处的应力分量；$\varepsilon_{11i}^{\mathrm{num}}$，$\varepsilon_{33i}^{\mathrm{num}}$，$\gamma_{13i}^{\mathrm{num}}$ 为外推差值到有限元模型节点 i 处的应变分量；$\varepsilon_{11i}^{\mathrm{DIC}}$，$\varepsilon_{33i}^{\mathrm{DIC}}$，$\gamma_{13i}^{\mathrm{DIC}}$ 是由数字图像相关方法实测应变插值到有限元模型节点 i 处的应变值。

将式 (4.3) 代入式 (4.2)，则式 (4.2) 可表达为：

$$
\frac{\partial Q(\bar{p})}{\partial \bar{p}_l} = \sum_{j=1}^{N} \left[\sum_{i=1}^{M} \left(f(\sigma_i^{\mathrm{num}}(\bar{p})) - \varepsilon_i^{\mathrm{DIC}} \right) \frac{\partial f(\sigma_i^{\mathrm{num}}(\bar{p}))}{\partial \bar{p}_l} \right]_j \tag{4.6}
$$

式中表征材料线性应力-应变本构关系的参数可通过有限元模型数值计算应力和数字图像相关方法实测应变在节点的数据 $(\sigma_i^{\mathrm{num}}, \varepsilon_i^{\mathrm{DIC}})$ 通过线性最小二乘回归识别得到。如对于材料沿纤维方向的杨氏模量 E_{11} 和泊松比相关参数可通过下面线性方程组的解获得：

$$
\left\{ \begin{array}{c} \bar{p}_0 \\[2mm] 1/E_{11} \\[2mm] -v_{31}/E_{33} \end{array} \right\} = [X^{\mathrm{T}} X]^{-1} X^{\mathrm{T}} Y \tag{4.7}
$$

其中

$$X = \begin{bmatrix} 1 & \sigma_{11}^1 & \sigma_{33}^1 \\ 1 & \sigma_{11}^2 & \sigma_{33}^2 \\ \vdots & \vdots & \vdots \\ N & \sigma_{11}^N & \sigma_{33}^N \end{bmatrix}_{N \times 3}, \quad Y = \begin{bmatrix} \varepsilon_{11}^1 \\ \varepsilon_{11}^2 \\ \vdots \\ \varepsilon_{11}^N \end{bmatrix}$$

式中，N 为用于识别的数据点总数，由 ROI 中数据点数与照片总数共同决定。

对于描述剪切非线性行为的参数也可在对数线性化后采用线性最小二乘回归识别。

综合上述参数识别过程，以有限元计算应变和试验实测应变的方差建立目标函数，采用有限元模型修正方法通过迭代计算识别了多个本构关系参数。有限元模型修正过程的初值采用材料力学估算获得或利用材料制备方提供的线弹性材料常数。识别过程的流程如图 4.3 所示。

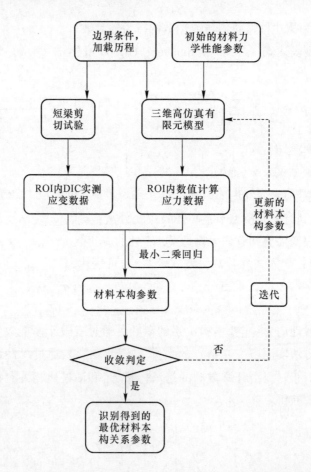

图 4.3 采用有限元模型修正法识别复合材料力学性能参数的流程

4.3　短梁剪切实验变形数据测量

4.3.1　短梁剪切实验基本方案

本节中短梁剪切实验采用三点弯的加载形式，实验中所用试样是由 6.4mm 厚的 31 层碳纤维增强树脂基（IM7/8552）单向带正交各向异性复合材料层合板通过机械加工制备而成。层合板固化温度为 177℃，采用预浸制方法制作，试样形状为一矩形横截面短梁。实验参考 ASTM D2344 短梁剪切实验标准[22]，标准中对于短梁剪切实验推荐的实验参数为试样宽度与厚度的比值 $w/t = 2$，支撑点间距离与试样厚度的比值 $4 < L/h < 5$（跨厚比），压头直径为 6.4mm，支撑柱直径为 3.2mm。在本节的研究中为了获得复合材料试样不同的失效模式对 ASTM D2344 标准中的推荐的实验参数进行了调整，调整后的短梁剪切实验中试样的示意图如图 4.4 所示。实验中为保证在远离支撑点位置处应变沿试样宽度方向均匀分布，调整试样宽度与厚度的尺寸相等，即比值 $w/t = 1$。为避免试样在发生剪切失效之前在压头下方首先发生挤压破坏，在沿材料主方向 1—3 面的剪切失效实验中，试样的厚度由 3.8mm 增加到 6.4mm，试样长度 $l = 45.5$mm，将压头的直径由标准中的 $D = 6.4$mm 增大到 $D = 100$mm，支撑点之间距离为 $L = 30.5$mm，支撑点之间距离为试样厚度的 4.77 倍。短梁弯曲试验也可以实现试样在 1—2 面压头下方区域附近的挤压破坏失效，为了实现不同的失效模式，可调整 ASTM D2344 中试样的参数。调整后试样的厚度 $t = 3.25$mm，试样宽度 $w = 3.28$mm，实验所用夹具的支撑点间距 $L = 25.4$mm，压头直径 $D = 12.7$mm。标准中推荐的支撑柱直径 $D_s = 3.2$mm 在本节中的短梁剪切实验中保持不变。

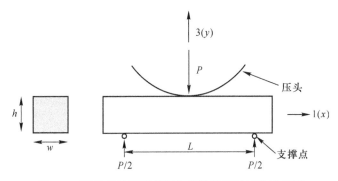

图 4.4　调整后的短梁剪切实验装置以及试样示意图

研究中通过调整试样的几何尺寸、纤维方向和压头直径等实验参数获得复合材料试样不同的失效模式，如图 4.5 所示。通过制备不同方向的试样，并识别获得沿材料各个主方向的非线性本构关系，可以得到正交各向异性复合材料完整的三维非线性本构模型。通过开展不同失效模式的短梁剪切实验，使不同的应变分量分别达到更高水平直至破坏，研究不同失效模式下材料的本构模型，对于进一步推广和完善材料三维非线性本构模型，通过实验结果验证完善材料复杂应力条件下的强度理论，理解复合材料复杂载荷状态下的变形、失效机理和三维强度准则都是至关重要的。

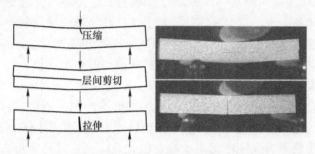

图 4.5   短梁剪切实验中厚截面复合材料试样不同的失效模式

短梁剪切实验中采用的夹具如图 4.6 所示，该实验为常温实验，采用位移加载形式，加载速度为 0.254mm/min。实验中由高分辨率相机、微距镜头、冷光源和三脚架共同组成数字图像相关技术的图像采集设备。其中相机型号为 IPX-16M3-L-1，分辨率为 4872×3248 像素，成像芯片为 CCD。微距镜头型号为 Sigma 105mm f/2.8 EX DG，焦距 105mm，光圈范围 F/2.8~C。实验过程中光圈值依据实验室光照强度进行设定，光线较强时光圈值为 F1.6，光线较弱时光圈值为 F2.8，镜头的变焦倍数为 1。实验中镜头与试样表面之间距离为 180mm。实验设备装夹好后如图 4.6 所示。短梁剪切试样为碳纤维环氧树脂基（IM7/8552）单向带层合板正交各向异性复合材料，有 3 个对称面、9 个独立的材料常数。正交各向异性复合材料主方向的定义如图 4.7 所示，1 方向为纤维方向，层合板厚度方向为 3 方向，与 1、3 方向垂直的为 2 方向（90°）。通过沿不同材料主平面1—2、1—3 和 2—3 面加载，可获得材料完整的本构关系及参数。在各个不同平面进行实验可以识别到的本构参数见表 4.1。

图 4.6   短梁剪切实验装置

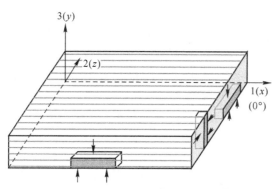

图 4.7 短梁剪切实验试样主方向示意图

表 4.1 短梁剪切实验中通过不同加载平面可获得的复合材料力学本构关系参数

加载平面	可识别的本构关系参数
$y(2)$ 方向加载，$x(1)$ 方向	拉伸方向杨氏模量 E_{11T} 压缩方向杨氏模量 E_{11C} 泊松比 ν_{12} 剪切模量 G_{12} 割线模量 K_{12} 非线性系数 n_{12}
$y(3)$ 方向加载，$x(1)$ 方向	拉伸方向杨氏模量 E_{11T} 压缩方向杨氏模量 E_{11C} 泊松比 ν_{13} 剪切模量 G_{13} 割线模量 K_{13} 非线性系数 n_{13}
$y(3)$ 方向加载，$x(2)$ 方向	拉伸方向杨氏模量 E_{22T} 压缩方向杨氏模量 E_{22C} 泊松比 ν_{23} 剪切模量 G_{23}
$y(2)$ 方向加载，$x(3)$ 方向	拉伸方向杨氏模量 E_{33T} 压缩方向杨氏模量 E_{33C} 泊松比 ν_{23} 剪切模量 G_{23}

在沿 1—3 面的加载实验中，裂纹从试样中间位置向边界扩展，直至发生剪

切分层失效；在沿 1—2 面的短梁剪切实验中，复合材料试样在压头下方附近发生挤压破坏失效，可通过沿材料主方向 1—2 面和 1—3 面的短梁剪切实验获得材料沿纤维方向拉/压杨氏模量、泊松比以及剪切模量、剪切非线性参数等本构关系参数。值得注意的是，沿材料主平面 2—3 面的加载中，由于试样在低载荷下发生拉伸失效，实验中无法得到 2—3 面的非线性剪切本构关系。实验中对试样的 1—2、1—3 面进行加载直至试样发生失效，试样在 1—3 面剪切分层失效以及 1—2 面挤压破坏失效的图像如图 4.8 所示。

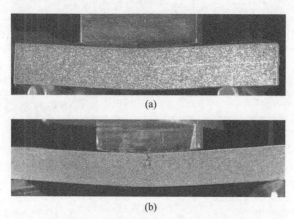

图 4.8　短梁剪切实验中试样失效图像

(a) 1—3 平面的剪切失效；(b) 在 1—2 平面的挤压破坏失效

4.3.2　基于 DIC 的全场变形数据测试

能否在实验中得到准确的试样变形信息，对于通过实验识别材料的本构参数尤为重要。本节采用短梁剪切实验结合全场变形测量技术开展复合材料本构关系参数的识别研究时，试样表面的变形测量采用数字图像相关方法。数字图像相关方法可应用于力学实验中非接触式全场变形数据的测量，其具有非接触性、设备简单、对测量环境要求低等特点，在实验力学应用越来越广泛。

数字图像相关技术中的图像采集设备由一个或多个 CCD 相机组成，在试样变形前，采集一张试样的参考图像，在实验过程中对变形中的试样进行图像采集，通过变形前后的图像对比，获得试样表面的变形场。本节 DIC 应用中采用 VIC-2D(Correlated Solutions, Inc.) 软件获得试样表面变形场。该软件采用子区匹配方法，在图像分析过程中，在参考图像中选定需要分析的感兴趣区域 ROI，ROI 被分为多个正方形的子区，即相关窗或子区（subset），由于试样表面的散斑图样随机分布，所以在 ROI 中的每一个相关窗都有自己独特的灰度图案。图像子区匹配示意图如图 4.9 所示。

数字图像相关方法通过分析变形前后被测对象表面的数字图像获得位移和应

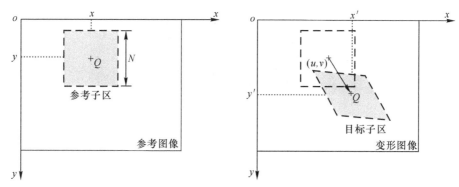

图 4.9 参考图像中相关窗和变形图像中相关窗示意图

变数据。通常将变形前的数字图像称为"参考图像",变形后的数字图像称为"变形图像"。在参考图像中取以某待求点 $Q(x, y)$ 为中心的 $N \times N$ 像素正方形参考图像相关窗,在变形后图像中通过一定的搜索方法按预先定义的互相关函数进行相关计算,寻找与参考图像相关窗相关性最强的以 $Q'(x', y')$ 为中心的目标图像相关窗,确定参考图像相关窗中点的位移 u,v。在采用数字图像相关方法进行计算时通常将参考图像中待计算区域划分成网格形式,通过计算每个网格中心点的位移得到全场位移信息,相邻网格中心点之间的距离为计算步长,依据位移测量数据空间分辨率的不同,相邻网格中心点间距离通常在 2~10 像素之间[23]。为获得亚像素精确解,需要计算参考图像的灰度值和灰度梯度。如上一章数字图像相关方法基础中所阐述,插值方法如多项式插值或 B 样条插值会在图像处理中引入误差。为减小这部分误差,试样表面制备高对比度均匀分布的随机散斑变得尤为重要。散斑的大小也会影响亚像素信息的可靠性,太小的散斑会使得各个相关窗之间失去灰度信息的独立性,影响位移的测量结果。散斑过大会导致测量数据点过少,得不到足够的变形信息。最佳的散斑尺寸是在保证变形测量结果可靠的前提下,尽可能获得变形的梯度。

　　为获得较高对比度均匀分散的随机散斑,在数字图像相关方法实验中采用在试样表面通过喷洒油漆的方法制作散斑。散斑是试样变形信息的载体,因此其大小和形状对数字图像相关方法变形测量精度有重要的影响。在试样表面喷涂散斑厚度要适中,使散斑既能够粘贴在试样表面,也可以随着试样变形而变形。本章实验所用夹具以及制备散斑所用水性漆、喷笔等设备如图 4.10 所示。

　　试样表面散斑的制备过程如下:首先在试样表面使用白色亚光水性漆喷涂一薄层的亚光白色漆面,再由亚光黑色水性漆与清水 4:1 调制后,使用笔嘴口径为 0.1mm 的喷笔在白色薄漆面表面制备均匀的黑色散斑。制备得到的散斑如图 4.11 所示,图中右上角为局部散斑图像的放大图。

　　观察图 4.11 可见散斑在试样表面随机分布,散斑直径约为 0.1~0.3mm。图

图 4.10　散斑制备所用材料设备，短梁剪切试验实验夹具、相机和镜头实物照片

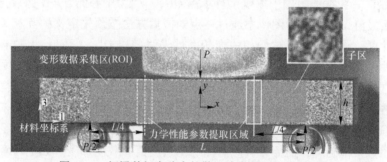

图 4.11　短梁剪切实验中的散斑放大图及相关窗简图

中白色方框所示为本章进行复合材料力学本构参数识别区域，该区域位于压头和支撑点中间，左右对称。右侧实线方框为在 VIC-2D 软件中进行位移数据计算时设定的子区示意图。

　　实验中采用 VIC-2D 软件来获得试样表面变形数据。计算中主要涉及 3 个参数：子区、步长和平滑因子。子区参数对应的是测试感兴趣区域中正方形子区的边长。步长对应子区中点到相邻相关窗中点的像素值，软件计算每一个子区中点的位移，因此步长决定了实验中获得的含有变形信息的数据点的数量。获得位移数据后计算应变，再对应变场进行平滑，因此平滑因子定义了应变场平滑计算过程中方形子区每一条边中包含的数据点个数。步长和平滑因子共同决定了应变平滑子区的大小：步长定义了每两个数据点之间的像素值，平滑因子定义了应变平滑子区的每一条边长包含的数据点数量，即当步长为 m，平滑因子为 n 时，方形应变平滑子区的大小为 $(m{\times}n)^2$ 像素。在计算过程中，选择恰当的相关窗、步长和平滑因子对获得可靠的应变数据有重要的意义。通常数字图像相关计算的参数选择过程中相关窗的尺寸应足够大，包含足够多的灰度变化信息，确保在变形后的图像中能够被唯一识别，保证计算结果的准确性。步长决定了在分析过程中得到的数据点数量，减小步长会增加变形数据数量，但同时会增加计算时间。选择适当的应变平滑子区大小是得到可靠的应变场的关键，当应变平滑子区过小时，不能有效地平滑位移场的噪声；而当应变平滑子区过大时，可能出现过平滑，改变应变场分布规律。本章应用 VIC-2D 软件对剪切失效实验中试样表面变形图像进行相关分析时，选取的子区尺寸为 29×29 像素，相当于 0.33mm²，如图 4.11 中右侧实线方框所示。步长为 7 像素，平滑因子为 15 像素，因此每张图像在左右两侧 ROI 区域内共得到 13224 个应变数据。

4.4 有限元模型修正技术中短梁剪切实验高仿真三维有限元模型

4.4.1 短梁剪切实验的三维有限元模型

为通过有限元模型修正工作识别材料本构参数，研究中使用通用有限元软件 ABAQUS 针对短梁剪切实验建立了三维有限元模型，计算试样表面的应力和应变分布。如图 4.12 所示，由于短梁剪切实验试样和载荷的对称性，有限元模型采用 1/4 模型，yz 对称面的对称边界条件为沿 x 方向的位移 $u=0$，xy 对称面的对称边界条件为沿 x 方向的位移 $w=0$。模型中压头和支撑柱解析刚体均为圆柱面，且与圆柱面形心处的参考点建立了运动耦合约束，并在参考点上定义了位移边界条件，约束了支撑柱的平动自由度和转动自由度；约束了压头 3 个转动自由度和 x、z 方向的平动自由度，即压头仅可产生沿 y 方向竖直向下的刚体位移，载荷施加在压头参考点位置处，为竖直向下的集中力。

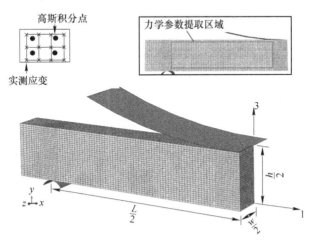

图 4.12　三维非线性高仿真有限元模型及感兴趣区域

模型中共有 48384 个 8 节点六面体非协调实体单元（C3D8I），共 53447 个节点。采用六面体完全积分的原因是完全积分单元在数值积分过程中采用的高斯积分点数目能够对单元刚度矩阵中的插值多项式进行精确积分，非协调模式可以避免单元交界处的位移场出现重叠或裂隙，避免剪切自锁现象，而且在弯曲问题中，非协调单元的计算精度很接近二次单元的结果，而计算代价远远低于二次单元。为了表征短梁剪切实验中沿厚度方向非均匀的应力和应变分布，模型中沿厚度方向有34层单元，模型中在压头和支撑柱附近应力分布梯度大的接触区域，对网格进行了细化。

两端的支撑柱和压头部分在有限元模型中定义为解析刚体，在解析刚体与实体模型的接触采用面对面离散方法，以解析刚体表面为主面、实体模型表面为从面建立接触条件。试样加载过程中可能会出现较大的位移，但考虑到接触面之间的相对滑动和转动量都很小，因此将接触状态跟踪方法定义为小滑动。接触相互作用属性中，表征压头的解析刚体表面和实体模型上表面的切向属性采用粗糙接触，即当节点相互接触后不再发生滑移；法向接触属性为硬接触。支撑柱的解析刚体表面和实体模型下表面的切向属性定义为无摩擦，法向接触属性为硬接触。

模型的加载历程和边界条件均与实验相同。在实验过程中，VIC-2D设备采样频率为0.2Hz，即每隔5s获得一张图像，采集每一张图像时同时记录实验载荷大小直至实验结束，获得实验加载历程。有限元模型中定义多个分析步，分析步数量与VIC-2D采集的图片数量相同，并在每一个分析步定义载荷的大小。按照实验加载顺序，每个分析步定义的载荷大小与VIC-2D采集每一张图像时刻对应的加载载荷相同。

4.4.2 材料本构关系参数初值确定方法

模型的本构关系和参数的初值可由试样压头和支撑点中间2mm宽度区域内的应力应变数据通过材料力学方法估算得到。根据数字图像相关技术实测应变数据，在压头和支撑点中心2mm区域内的沿纵向的正应变 ε_{xx} 在试样厚度方向近似呈线性分布，如图4.13所示。假设纵向（图4.13中的 x 方向）正应变分布曲线的斜率为 k，截距为 b，则分布曲线可定义为：

$$\varepsilon_{xx} = -ky - b \qquad -\frac{h}{2} \leqslant y \leqslant \frac{h}{2} \tag{4.8}$$

已知 $x_c = L/4$ 处沿厚度方向的正应变数据和数据点厚度方向的坐标值 y，即可求得曲线的斜率 k_c 和截距 b_c。根据欧拉-伯努利梁理论且考虑到复合材料沿纤维方向拉、压模量不一致的特点，复合材料梁试样受拉和受压部分材料的应力应变关系为：

$$\sigma_{xx} = \begin{cases} E_{\mathrm{T}}\varepsilon_{xx} & -\dfrac{h}{2} \leqslant y \leqslant -\dfrac{b}{k} \\[2mm] E_{\mathrm{C}}\varepsilon_{xx} & -\dfrac{b}{k} \leqslant y \leqslant \dfrac{h}{2} \end{cases} \tag{4.9}$$

式中，E_{T}，E_{C} 为材料沿纤维方向（图4.13中的 x 方向）的拉伸和压缩弹性模量。

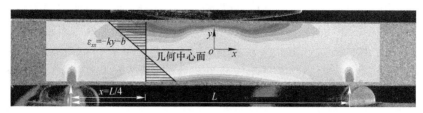

图 4.13 支撑点和压头中间 2mm 宽度区域内（图 4.2 所示）纵向正应变沿厚度方向的分布

根据材料力学理论，试样在纯弯曲载荷条件下弯矩 M 的计算如式（4.10）：

$$M = \int_{-\frac{w}{2}}^{\frac{w}{2}} \int_{-\frac{h}{2}}^{\frac{h}{2}} \sigma_{xx} y \mathrm{d}y \mathrm{d}z \tag{4.10}$$

式中，h 为试样的厚度；w 为试样的宽度。

由材料力学可知距离支撑点 x 处的横截面上弯矩 $M = Px/2$，其中 x 为计算弯矩时所在的横截面与较近的支撑点之间的距离。梁在纯弯曲条件下的沿 x 方向正应力为：

$$\sigma_{xx} = \frac{My}{I} \tag{4.11}$$

式中，I 为惯性矩；M 为弯矩。

将应力应变的数值解代入弯矩公式中，同时忽略应力在宽度方向应力的非均布，则可得到拉伸和压缩方向的杨氏模量表达式：

$$E_{\mathrm{T,\ C}} = \frac{M}{k \frac{wh^3}{12}(1 \mp a)^2}, \qquad a = \frac{2}{h}\frac{b}{k} \tag{4.12}$$

综合以上各式，并代入在 $x_c = L/$ 处计算得到的斜率 k_c 和截距 b_c 以及试样的几何尺寸和 $x_c = L/4$ 处弯矩值，就可估算出材料沿纤维方向（x 方向）的拉、压杨氏模量 E_{T} 和 E_{C}。对剪切本构关系参数的初值进行估计的过程中，采用了压头和支撑点中间 2mm 宽度区域内中性层处的剪切应力应变数据进行初值估计。针对矩形横截面梁，采用材料力学基础知识，梁横截面上沿厚度 y 方向剪切应力计算公式可写为：

$$\tau_{xy} = \left(\frac{3}{4}\frac{P}{A}\right)\left[1 - \left(\frac{2y}{h}\right)^2\right], \quad A = hw \tag{4.13}$$

式中，P 为压头处施加的集中力载荷；A 为试样横截面面积。

剪应力最大值出现在中性层 $y = -b/k$ 处，中性层处的最大剪切应力如下所示：

$$\tau_{xy}^{\max} \approx \frac{3}{4}\frac{P}{A} \tag{4.14}$$

通过中性层处的剪应力和数字图像相关技术（DIC）实测剪应变之间的最小

二乘回归计算，可初步确定复合材料可表现出显著的非线性剪切本构关系，采用式（4.4）所示的 Ramberg-Osgood 表达式表征材料的剪切非线性本构关系，计算时采取分段估算的方法，将非线性最小二乘回归拟合问题转化为线性回归问题。当剪应变较小时，剪切应力-应变呈线性关系，本构关系表达式不包含非线性部分：

$$\gamma_{ij} = \frac{\tau_{ij}}{G_{ij}} \tag{4.15}$$

通过最小二乘回归可以得到剪切模量 G_{ij}。将估算得到的剪切模量 G_{ij} 代入到式（4.4）中，并对两端取对数即可将非线性关系式转换为线性关系式：

$$\log\left(\gamma_{ij} - \frac{\tau_{ij}}{G_{ij}}\right) = \frac{1}{n_{ij}}(\log\tau_{ij} - \log k_{ij}) \tag{4.16}$$

针对式（4.16）通过线性最小二乘回归可得 $\log(k_{ij})$，$1/n_{ij}$，进而幂次运算可得 k_{ij}，n_{ij}。经过上述初值估算，两家试样提供单位不同批次试样本构参数初值见表 4.2。有限元模型修正过程中采用表中的初值平均值作为参数识别的初值。根据同种材料实验可知，复合材料 IM7/8552 单向带层合板本构行为基本满足横观各向同性特征，因此，本构关系中可取 $G_{12} = G_{13}$，$k_{12} = k_{13}$，$v_{12} = v_{13}$，$E_{12} = E_{13}$，$G_{23} = E_{22}/2(1+v_{23})$。

表 4.2　本构参数初值估算结果

加载平面	序号	E_T/GPa	E_C/GPa	G/MPa	k/MPa	n	v
1—3	1	168	127	4960	389	0.304	0.33
	2	195	117	4892	400	0.309	0.32
	3	190	124	5023	394	0.306	0.33
	4	197	115	4850	389	0.300	0.30
	平均值	187.5	120.8	4931.3	393	0.305	0.32
1—2	1	175	136	6210	319	0.263	0.37
	2	167	136	4992	212	0.158	0.36
	3	169	134	5806	252	0.242	0.33
	4	173	137	5948	272	0.255	0.35
	平均值	171	135.8	5739	263.8	0.229	0.35

4.4.3　基于材料用户子程序 UMAT 的变参数技术

有限元模型中考虑了几何非线性、接触非线性和材料非线性因素。当短梁剪切实验中沿复合材料主平面 1—3 面或 1—2 面加载时，试样发生剪切失效，剪应变可达到 2%。根据剪切本构关系和参数的初值估算可见材料剪切应力-应变呈现出明显的非线性，为了描述材料的剪切非线性行为，模型中采用用户子程序

UMAT。为得到切线刚度矩阵，用户子程序中第 m 个步长中的第 k 次迭代的柔度矩阵可写为：

$$\begin{Bmatrix} \Delta\varepsilon_{11} \\ \Delta\varepsilon_{22} \\ \Delta\varepsilon_{33} \\ \Delta\gamma_{23} \\ \Delta\gamma_{31} \\ \Delta\gamma_{12} \end{Bmatrix}_m^k = \begin{bmatrix} \dfrac{1}{E_1} & -\dfrac{v_{21}}{E_2} & -\dfrac{v_{31}}{E_3} & 0 & 0 & 0 \\ -\dfrac{v_{12}}{E_1} & \dfrac{1}{E_2} & -\dfrac{v_{32}}{E_3} & 0 & 0 & 0 \\ -\dfrac{v_{13}}{E_1} & -\dfrac{v_{23}}{E_2} & \dfrac{1}{E_3} & 0 & 0 & 0 \\ 0 & 0 & 0 & \dfrac{1}{G_{23}} & 0 & 0 \\ 0 & 0 & 0 & 0 & \dfrac{1}{G_{31}} & 0 \\ 0 & 0 & 0 & 0 & 0 & \dfrac{1}{G_{12}} \end{bmatrix}_m^k \begin{Bmatrix} \Delta\sigma_{11} \\ \Delta\sigma_{22} \\ \Delta\sigma_{33} \\ \Delta\tau_{23} \\ \Delta\tau_{31} \\ \Delta\tau_{12} \end{Bmatrix}_m^k \qquad (4.17)$$

其中 $\quad \dfrac{v_{ij}}{E_i} = \dfrac{v_{ji}}{E_j},\ \dfrac{1}{G_{ij}} = \dfrac{1}{G_{ij}} + \dfrac{1}{n_{ij}}\dfrac{1}{k_{ij}}\left(\dfrac{_m^{k-1}\tau_y}{k_{ij}}\right)^{\frac{1}{n_y}-1} \qquad (ij = 23,\ 31,\ 12)$

式中，$_m^{k-1}\sigma_{ij}$ 为第 m 个步长中第 k 次迭代开始时的应力。

剪切应力分量在第 m 个步长中第 k 次迭代结束后在 UMAT 中完成应力更新并返回到有限元模型中。值得注意的是，正应力应变为线性关系，不需要迭代过程。剪切应力应变为非线性关系，所以剪切应力更新需要借助用户子程序 UMAT 完成一个迭代的过程。在 UMAT 中引入 Newton-Raphson 方法，通过在每一个高斯点处的局部迭代过程来得到 m 个步长的第 k 次迭代剪切应力的应力更新。在迭代开始时：

$$^0\tau_{ij} = {}_m^{k-1}\tau_{ij} \qquad (ij = 23,\ 31,\ 12) \qquad (4.18)$$

在每一个积分点处的局部的迭代计算中，当前第 m 个步长的剪切应力更新为：

$$^l\Delta\tau_{ij} = \frac{{}_m^k\gamma_{ij} - \dfrac{^{l-1}\tau_{ij}}{G_{ij}} - \left(\dfrac{^{l-1}\tau_{ij}}{k_{ij}}\right)^{\frac{1}{n_{ij}}}}{\dfrac{1}{G_{ij}} + \dfrac{1}{n_{ij}}\dfrac{1}{k_{ij}}\left(\dfrac{^{l-1}\tau_{ij}}{k_{ij}}\right)^{\frac{1}{n_{ij}}-1}} \qquad (ij = 23,\ 31,\ 12) \qquad (4.19)$$

式中，$_m^k\gamma_{ij}$ 为第 k 次迭代后的工程应变，是上一个迭代步 $k-1$ 步的工程应变和第 k 次迭代步的工程应变的增量相加的和：

$$_m^k\gamma_{ij} = {}_m^{k-1}\gamma_{ij} + \Delta\gamma_{ij} \qquad (ij = 23,\ 31,\ 12) \qquad (4.20)$$

继而 l 次局部迭代计算的剪切应力更新为：

$$^l\tau_{ij} = {}^{l-1}\tau_{ij} + {}^l\Delta\tau_{ij} \qquad (ij = 23,\ 31,\ 12) \qquad (4.21)$$

迭代的终止条件为：

$$\frac{{}^{l}\tau_{ij}}{{}^{l-1}\tau_{ij}} < 10^{-6} \tag{4.22}$$

剪切应力更新过程中只需要少数迭代次数 N 就可以达到收敛（$N<5$）。局部 Newton-Raphson 迭代完成后，剪切应力在第 m 个步长的第 k 次迭代的更新值为：

$${}^{k}_{m}\tau_{ij} = {}^{N}\tau_{ij} \qquad (ij = 23, 31, 12) \tag{4.23}$$

式中，N 为剪切应力更新过程得到满足收敛条件的精确解的迭代次数。

4.5 复合材料单向层合板非线性本构参数有限元模型修正识别结果

采用短梁剪切实验结合数字图像相关技术和有限元模型修正方法开展碳纤维环氧树脂基（IM7/8552）单向带复合材料横观各向同性层合板材料的本构参数识别研究中，分别针对两种不同批次、不同几何尺寸的试样开展了实验，试样尺寸、实验参数分别见表 4.3。识别过程中使用图 4.11 所示的 ROI 区域内的 FEM 计算应力和 DIC 实测应变数据，通过 4.2 节所述的有限元模型修正结合最小二乘回归方法可获得材料沿不同主方向的本构参数。识别过程如流程图 4.3 所示。有限元模型修正过程的收敛条件为：本构参数的相对变化率小于 0.5% 且目标函数的归一化平方根小于 1%。参数识别过程中发现对于沿材料主平面 1—2 面和 1—3 面加载的试样，在识别材料沿纵向的拉、压杨氏模量过程中，有限元模型修正过程中只进行了一次迭代识别过程即达到收敛。对于 1—2 面和 1—3 面的剪切本构关系参数，有限元模型修正迭代多次后收敛，但一般迭代修正次数不超过 4 次。在一次迭代收敛后可获得材料的本构参数，并计算目标函数值。

表 4.3 试样几何尺寸以及实验参数

加载面	试样编号	w/mm	t/mm	L/mm	L/t	压头直径/mm
1—3	1	6.46	6.76	30.48	4.51	101.6
	2	6.46	6.71	30.48	4.51	
	3	6.46	6.67	30.48	4.57	
	4	6.45	6.82	30.48	4.47	
1—2	1	3.28	3.23	25.4	7.86	12.7
	2	3.29	3.24	25.4	7.84	
	3	3.28	3.27	25.4	7.77	
	4	3.28	3.25	25.4	7.82	

图 4.14 和图 4.15 所示分别为在接近失效载荷时，根据识别得到的材料本构关系参数开展有限元模型数值计算得到的应变分布云图和数字图像相关方法实测应变分布云图，图 4.14 所示为 1—3 面加载条件下有限元数值计算得到的应变分布和数字图像相关方法实测应变分布的比较情况。图 4.15 所示为 1—2 面加载条件下有限元数值计算得到的应变分布和数字图像相关方法实测应变分布的比较情

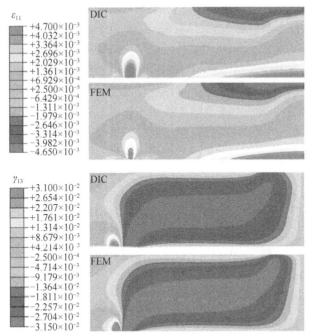

图 4.14 1—3 面加载条件下有限元计算得到的应变分布与数字图像相关方法实测应变分布比较情况

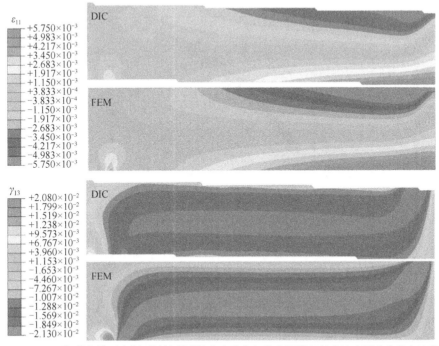

图 4.15 1—2 面加载条件下有限元计算得到的应变分布与数字图像相关方法实测应变分布比较情况

况。由图4.14和图4.15可以看出，在远离压头和支撑点的试样中间区域内，采用识别得到的材料本构参数数值计算得到的应变分布和DIC实测应变分布吻合度非常高。图4.16所示为针对沿材料主平面1—3面加载的某典型试样，当目标函数达到收敛条件后采用识别得到的材料本构参数数值计算得到的包括整个加载历程中ROI区域内的应力数据、DIC实测应变数据和最小二乘回归结果。图4.16(a) 所示为纵向受拉部分的应力应变最小二乘回归结果；图4.16(b) 所示为纵向受压部分的应力应变最小二乘回归结果；图4.16(c) 所示为非线性剪切应力应变数据以及最小二乘回归结果。

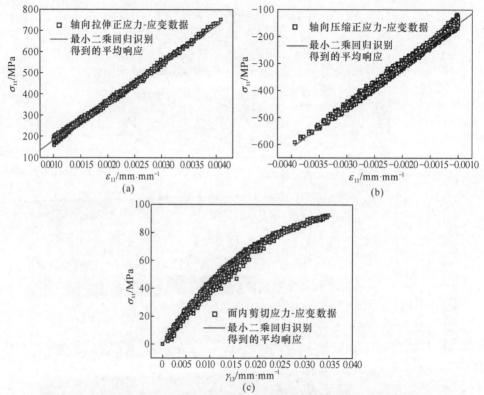

图4.16 针对沿材料1—3主平面加载的某一典型试样采用识别得到的材料本构参数数值计算得到的应力和数字图像相关方法实测应变以及最小二乘回归结果

(a) 纵向受拉部分的应力应变最小二乘回归结果；(b) 纵向受压部分的应力应变最小二乘回归结果；
(c) 剪切非线性应力，应变数据以及最小二乘回归结果

图4.17所示为沿1—3主平面加载的某一试样在加载平面内左侧ROI区域内拉、压部分的正应力和正应变的初始本构关系曲线以及识别收敛后的应力应变曲线。由图4.17可以看出，经过一次迭代后，杨氏模量的识别达到收敛，之后的第二次迭代与第一次迭代的应力-应变曲线基本重合，目标函数值也基本保持不

变,满足了收敛条件。图4.18所示为有限元模型修正过程中剪切本构关系曲线和目标函数值随迭代过程的变化。图4.18(a)(b)分别是1—3面剪切本构关系及目标函数值随优化迭代过程的变化情况,图4.18(c)(d)分别是1—2面剪切本构关系及目标函数值随优化迭代过程的变化情况。从图4.18中可以看出,针对1—3面和1—2面加载的试样,参数识别过程中的目标函数值均在第一次修正后显著下降,最终在第4次修正后达到收敛。修正过程中每一步的剪切本构关系参数均由有限元数值计算应力和数字图像相关技术实测应变通过对数化关系,并开展线性最小二乘回归得到,回归识别所得的剪切非线性本构关系参数代入有限元模型中进行计算并开始下一步参数修正。值得注意的是:从图4.18(c)修正过程可见,针对沿材料主方向1—2面加载的试样,在识别过程开始采用了线性的初始剪切本构关系,未考虑材料非线性行为,而在修正第一步即可以根据有限元计算应力和实测应变数据识别得到非线性剪切应力应变关系,进而通过有限元

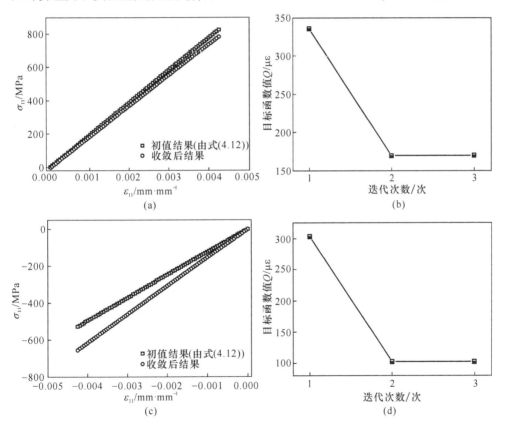

图4.17　针对沿1—3平面加载的某一典型试样纵向应力应变关系
识别前与收敛后的曲线以及目标函数值随迭代次数的变化
(a)受拉部分应力应变曲线;(b)受拉部分识别前和识别收敛后的目标函数值变化;
(c)受压部分识别前和识别收敛后的应力应变曲线;(d)受压部分识别前和识别收敛后的目标函数值变化

模型修正结合最小二乘回归识别得到针对沿材料主方向 1—2 面加载的试样的剪切非线性本构参数。

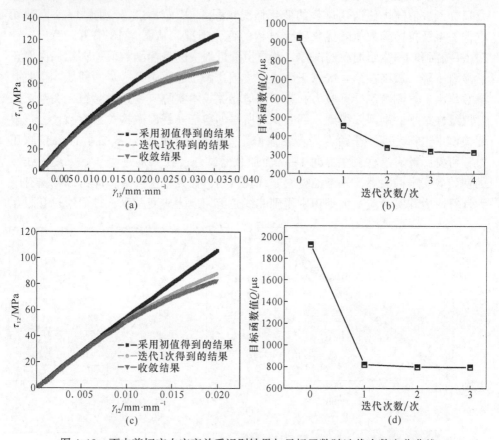

图 4.18   面内剪切应力应变关系识别结果与目标函数随迭代次数变化曲线
（a）1—3 平面面内剪切应力应变曲线；（b）1—3 剪切本构参数识别的目标函数随迭代次数的变化；
（c）1—2 平面面内剪切应力应变曲线；（d）1—2 剪切本构参数识别的目标函数随迭代次数的变化

表 4.4 和表 4.5 分别列出了针对沿材料 1—2、1—3 主平面加载的试样目标函数收敛后识别得到的材料本构关系参数、识别得到的本构关系参数的变异系数以及有限元模型修正过程开始和收敛后的目标函数值。表中给出了在材料本构参数识别开始前和识别过程收敛后的目标函数值。识别开始前的目标函数值是由根据本构参数估算初值开展有限元数值计算，得到的应变和 DIC 实测应变之间的方差计算得到的。其中本构参数的初值是由压头和支撑点中间 2mm 宽的区域内应变和材料力学近似估算应力根据最小二乘回归计算得到的。从表中给出的不同加载平面中的每一个试样在识别开始和收敛后的目标函数值的显著变化可知，有限元模型修正方法在识别材料本构关系参数过程中发挥了重要作用。

这里需要说明的有以下几点：首先实验中通过沿材料 1—2 和 1—3 主平面加

载识别得到的复合材料在 1—2、1—3 主平面的材料本构关系参数不同是由于实验中采用的试样是来自不同厂家、不同批次预浸料的产品，且生产的时间相差若干年，因此本构关系参数的分散性来源于材料本身的分散性；其次，由于本节本构参数识别过程中采用的 ROI 区域内，厚度方向的正应力水平和正应变水平低，数字图像相关方法中图像噪声对厚度方向（横向）正应变数据的影响显著，在未开展应变数据的重构和平滑处理前，一方面无法识别可靠的材料沿厚度方向的杨氏模量 E_{33}，另一方面在纵向杨氏模量识别过程中忽略了由于存在厚度方向正应力以及泊松比效应对纵向应变的贡献。

表 4.4　沿 1—3 主平面加载的短梁剪切试样识别得到的碳纤维/环氧树脂基复合材料单向带层合板 1—3 主平面内的本构关系参数

序号	E_{11T} /GPa	E_{11C} /GPa	G_{13} /GPa	k_{13} /MPa	n_{13}	v_{13}	$\sqrt{\dfrac{Q_{ini}}{M\times N}}\mu\varepsilon$	$\sqrt{\dfrac{Q_{final}}{M\times N}}\mu\varepsilon$
1	205.0	170.1	4.32	220	0.225	0.34	3525.2	1380.8
2	196.9	157.3	4.19	229	0.202	0.33	1549.0	688.0
3	184.0	156.8	4.36	235	0.215	0.35	2008.5	1177.4
4	206.7	164.0	4.19	203	0.208	0.34	2010.0	1033.0
AVG	197.4	162.1	4.27	222	0.213	0.34	—	—
COV	5.2%	3.9%	2.1%	6.3%	4.6%	2.4%	—	—

表 4.5　沿 1—2 主平面加载的短梁剪切试样识别得到的碳纤维/环氧树脂基复合材料单向带层合板 1—2 主平面内的本构关系参数

序号	E_{11T} /GPa	E_{11C} /GPa	G_{13} /GPa	k_{12} /MPa	n_{12}	v_{12}	$\sqrt{\dfrac{Q_{ini}}{M\times N}}\mu\varepsilon$	$\sqrt{\dfrac{Q_{final}}{M\times N}}\mu\varepsilon$
1	170.4	150.6	5.79	310.0	0.24	0.35	1863.7	463.4
2	167.8	157.9	5.53	298.2	0.24	0.32	1940.4	797.3
3	175.5	147.8	5.25	278.7	0.21	0.34	1745.2	449.3
4	168.3	146.1	5.70	310.0	0.22	0.35	2018.7	865.1
AVG	170.5	150.6	5.57	299.2	0.23	0.34	—	—
COV	2.1%	3.5%	4.3%	4.9%	5.7%	4.2%	—	—

4.5.1　参数初值对识别过程的影响

为了研究本章采用的识别方法对于本构参数初值的敏感性，本节分别采用不同的材料参数初值开展识别。图 4.19 所示为分别针对沿 1—3 面和 1—2 面加载的典型试样，采用 3 组不同纵向杨氏模量初值识别得到的纵向应力应变曲线。图

4.19 中 A 为识别过程的纵向杨氏模量初值，是由压头和支撑点中间 2mm 宽度区域内根据材料力学近似估算应力和实测应变数据通过最小二乘回归得到，B 为 A 中杨氏模量初值的 50%，C 为 A 中杨氏模量初值的 150%，其余 3 条线分别表示采用 3 个不同初值进行本构参数识别得到的结果。从图 4.19 可见，虽然采用三组不同的杨氏模量初值进行识别，最终的收敛结果高度一致，且均经过一次修正就达到收敛。

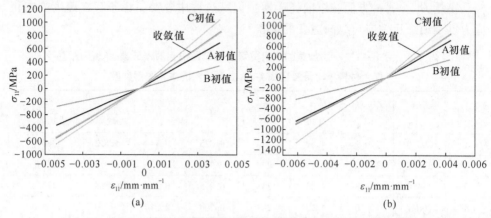

图 4.19　针对沿不同平面加载的某一典型试样由 A、B、C 三组
不同本构参数初值识别前和识别收敛后的应力-应变曲线
(a) 1—3 主平面；(b) 1—2 主平面

　　这说明本章采用数字图像相关技术辅助的短梁剪切实验结合有限元模型修正方法，针对材料纵向杨氏模量的识别，对参数初值不敏感。即使杨氏模量初值严重偏离材料真实的模量，迭代过程也能高效识别，获得真实的模量，这充分说明该实验方法结合识别技术对参数的初值具有强鲁棒性。

　　为了进一步研究剪切本构参数的识别过程对于本构参数初值的敏感性，以下采用 A、B 两组不同描述剪切行为的本构参数初值开展识别。图 4.20 所示为分别针对沿 1—3 面和 1—2 面加载的典型试样采用不同的剪切本构关系参数识别得到的剪切应力-应变曲线。图 4.20 中 A 组为线弹性的剪切本构关系参数，B 组为相较于表 4.3 和表 4.4 中的剪切非线性识别参数具有更强非线性的本构关系参数。其余曲线为分别采用两个不同初值进行本构参数识别得到的结果。从图 4.20 中可见，虽然采用两组不同的初值进行识别，最终的收敛结果却高度一致。A 组本构参数初值的识别过程经过 4 次迭代达到收敛，B 组本构参数初值的识别过程经过 3 次迭代达到收敛。其中 A 组本构参数初值为线弹性本构关系，并未考虑材料非线性行为，在第一次修正后即可以根据有限元计算应力与 DIC 实测应变识别得到非线性剪切应力应变关系，并依据式（4.4）对线弹性的本构关系假设进行修正。由此可以说明，该识别方法针对非线性应力-应变关系参数的识别具有很高的效率，对本构参数初值以及本构关系的初始假设形式具有强鲁棒性，且在识别过程中可随时根据应力-应变数据寻找最优的本构关系式对本构关系的初始假设形式进行修正，而不仅仅是修正本构模型中的参数。

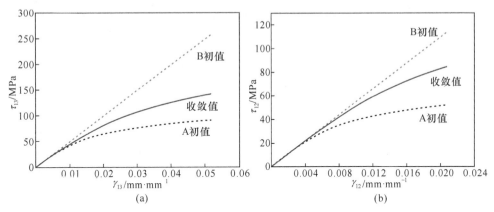

图4.20　针对沿不同平面加载的某一典型试样由 A、B 两组不同剪切本构参数初值识别前和识别收敛后的应力应变曲线

（a）1—3 主平面；（b）1—2 主平面

4.5.2　参数初值鲁棒性的数值分析

由以上的讨论可知，该识别方法具有很高的效率，且对本构初值具有很好的鲁棒性，究其原因是由于在试样表面的应力分布与本构关系参数呈弱相关的这一基本属性。为验证以上结论，图4.21列出了在 ROI 边缘轴向正应力和剪应力在 5 组不同的本构关系参数下的分布情况。其中 5 组不同的本构关系参数以表4.5 中 1—2 加载平面的本构关系参数的识别结果为参考值，仅对其中的 E_{11} 和 G_{12} 的数值进行了修改。通过图4.21的对比可见，不止在压头和支撑点中间的 2mm 区域内，在 ROI 的大部分区域，应力的分布对于本构关系参数均呈弱相关。由图 4.21可以清楚地看到，将本构关系参数 E_{11} 和 G_{12} 减小30%后，正应力和剪应力在 ROI 区域 4 个边界的分布差别很小，分布趋势依然相同。这一结果也证明了识别过程中使用的有限元模型能够很好地模拟试样与实验夹具之间的相互作用，同时也说明了计算所得的试样加载平面内的应力分布趋势是正确的。在短梁剪切实验中，试样表面的应力分布能够保持对材料本构参数的弱相关性的这一属性，是能够采用短梁剪切实验进行高效的本构参数识别的一个重要前提。在其他学者的研究中已经证实[16]本构参数的弱相关性是因为短梁剪切实验形式可以近似看作为由力边界条件结合平衡方程即可求解的力边界值问题，此时有限元模型数值计算应变与 DIC 实测应变差别较大，主要是因为本构关系参数不正确导致的。因此，将有限元全场数值计算应力与 DIC 实测全场应变相结合可高效减小本构初值

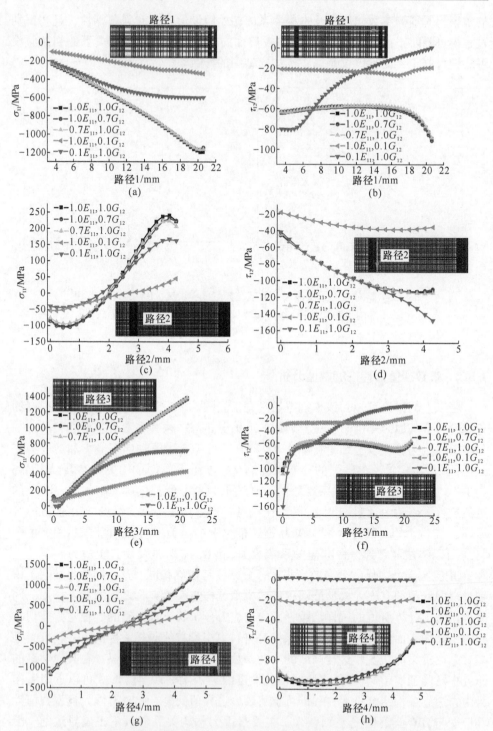

图 4.21 在有限元模型中代入 5 组不同的本构关系参数后获得沿短梁剪切
试验试样表面目标区域边缘不同方向的正应力和剪应力的分布图

与最优本构参数的偏差。然而，有限元模型的数值计算应力和本构关系参数并非完全无关。由图 4.21 可以看到，当本构关系参数减小 90% 时，应力的数值甚至应力分布趋势都不再正确。这是由于 SBS 实验涉及的压头、支撑点与试样之间的接触以及材料非线性和复合材料的各向异性，并不能简单地导出一个与材料无关仅与几何尺寸有关的应力闭合解。所以，如果识别过程的本构参数初值与实际本构参数相差极大，有限元模型修正的优化过程的收敛速度会非常慢。

本章介绍了一种基于数字图像相关技术的短梁剪切实验方法。该方法可通过充分利用整个实验加载历程中所有变形图像的应变数据，实现通过单次实验快速识别多个复合材料本构参数。相比于仅利用整个加载历程中的某一张变形图像或试样加载平面内局部小区域的应变数据进行本构参数识别的方法，该方法由于在迭代过程中考虑了整个加载历程中所有图像的全场应变数据，因此其识别结果能够反映复合材料在目标区域内的平均力学响应。由于在有限元迭代过程中不需要反复计算和更新敏感度矩阵，该识别方法大大提高了计算效率。采用该识别方法分别对来自两家不同制备方的碳纤维环氧树脂基（IM7/8552）单向带复合材料层合板试样开展了本构关系参数识别。结果表明该方法能够同时识别在纵向线弹性应力应变关系和加载平面内剪切非线性应力应变关系，识别结果分散度很低。该识别方法对本构参数初值的鲁棒性强，并采用数值方法分析了有限元模型修正技术对识别参数初值不敏感的机理。由于试样表面的应力分布与材料的本构参数呈弱相关性，这一特点使得采用有限元模型修正方法能够高效的进行本构参数的识别，如针对纵向的杨氏模量的识别，有限元模型 1 次修正即达到收敛；针对面内剪切非线性本构关系参数，有限元模型 4 次修正后达到收敛。

参 考 文 献

[1] Wang W T, Kam T Y. Material characterization of laminated composite plates via static testing [J]. Composite Structures, 2000, 50(4): 347~352.

[2] 朱振涛, 王佩艳, 王富生, 等. 复合材料层合板拉压和面内剪切性能的分散性实验研究 [J]. 材料工程, 2000(6): 20~25.

[3] 徐琪. 复合材料面内剪切性能测试方法的研究 [J]. 玻璃纤维, 2012(3): 6~10.

[4] 张子龙. 复合材料面内剪切 Iosipescue 方法分析及实验研究 [J]. 航空材料学报, 1996, 16(1): 55~60.

[5] Carpentier P, Makeev A, Liu L, et al. An improved short-beam method for measuring multiple constitutive properties for composites [J]. Journal of Testing & Evaluation, 2016, 44 (1): 20130335.

[6] Molimard J, Riche R L, Vautrin A, et al. Identification of the four orthotropic plate stiffnesses using a single open-hole tensile test[J]. Experimental Mechanics, 2005, 45(5): 404~411.

[7] Cooreman S, Lecompte D, Sol H, et al. Elasto-plastic material parameter identification by inverse methods: Calculation of the sensitivity matrix[J]. International Journal of Solids & Struc-

tures，2007，44(13)：4329~4341.

[8] 单业奇，崔俊佳，王涛，等. 磁脉冲胀形管件材料本构参数识别方法 [J]. 锻压技术，2016，41(9)：71~79.

[9] Lecompte D, Sol H, Vantomme J, et al. Identification of elastic orthotropic material parameters based on ESPI measurements[C]. 2005 SEM Annual Conference & Exposition on Experimental and Applied Mechanics，2005.

[10] Cooreman S, Lecompte D, Sol H, et al. Identification of mechanical material behavior through inverse modeling and DIC[J]. Experimental Mechanics，2008，48(4)：421~433.

[11] Belhabib S, Haddadi H, Gaspérini M, et al. Heterogeneous tensile test on elastoplastic metallic sheets：Comparison between FEM simulations and full-field strain measurements[J]. International Journal of Mechanical Sciences，2008，50(1)：14~21.

[12] 许杨剑，李翔宇，王效贵. 基于遗传算法的功能梯度材料参数的反演分析 [J]. 复合材料学报，2013，30(4)：170~176.

[13] 刘伟先，周光明，高军，等. 考虑剪切非线性影响的复合材料连续损伤模型及损伤参数识别 [J]. 复合材料学报，2013，30(6)：221~226.

[14] Muñoz-Rojas P A, Cardoso E L, Vaz M. Parameter identification of damage models using genetic algorithms[J]. Experimental Mechanics，2010，50(5)：627~634.

[15] 林雪慧. 基于实验的杂交反演方法及其在复合材料性能研究中的应用 [D]. 天津：天津大学，2004.

[16] Carpentier A Paige. Advanced materials characterization based on full field deformation measurements[D]. University of Texas at Arlington，2013.

[17] Makeev A, He Y, Schreier H. Short-beam shear method for assessment of stress-strain curves for fibre-reinforced polymer matrix composite materials[J]. Strain，2013，49(5)：440~450.

[18] He Y, Makeev A, Shonkwiler B. Characterization of nonlinear shear properties for composite materials using digital image correlation and finite element analysis[J]. Composites Science & Technology，2012，73：64~71.

[19] He Y, Makeev A. Nonlinear shear behavior and interlaminar shear strength of unidirectional polymer matrix composites：A numerical study[J]. International Journal of Solids & Structures，2014，51(6)：1263~1273.

[20] ASTM Standard D 5379/D 5379M. Standard test method for shear properties of composite materials by the v-notched beam method[S]. West Conshohocken, PA：ASTM International，2005.

[21] He T, Liu L, Makeev A, et al. Characterization of stress-strain behavior of composites using digital image correlation and finite element analysis [J]. Composite Structures，2016，140：84~93.

[22] ASTM Standard D 2344/D 2344M, Standard test method for short-beam strength of polymer matrix composite materials and their laminates[S]. West Conshohocken, PA：ASTM International，2006.

[23] 潘兵，谢惠民. 数字图像相关中基于位移场局部最小二乘拟合的全场应变测量 [J]. 光学学报，2007，27(11)：1980~1986.

5 有限元模型修正法参数识别的不确定性分析研究

5.1 引言

通过数字图像相关技术结合反问题分析方法获得复合材料本构参数已成为复合材料力学领域一大研究热点并且取得了很多重要的研究成果。但我们不得不面对的是数字图像存在不确定性噪声，通过离散位移数据获得连续位移场和应变场的过程中也存在算法相关误差，如何量化数字图像相关方法中误差对材料本构参数识别的影响，即分析误差引起的材料参数的不确定性是一个重要的研究内容。特别是从带有随机误差的位移场数据获得应变场的过程中，位移数据的随机误差不可避免地被放大，导致应变水平较低时，数字图像相关方法获得的应变数据不确定性高，因此研究有限元模型修正过程中应变数据误差对识别得到的材料本构参数的影响具有重要的意义。

为了研究本构参数识别过程中，位移和应变数据不确定性对识别结果的影响，需要对实验实测位移和应变数据进行重构，对含有随机误差的位移和应变数据进行平滑降噪。实验实测的离散的位移数据和应变数据通过重构，可得到平滑降噪的、连续的位移场和应变场，但在全场变形数据重构方法中，太多研究工作专注于重构位移场和应变场的数值算法，但未开展过重构参数对于识别所得的材料本构参数的影响规律的研究。综上所述，本书中提出的采用短梁剪切实验结合数字图像相关方法和有限元模型修正技术识别复合材料本构参数的过程中，明确变形数据的随机误差以及重构算法中重构参数对识别所得材料本构参数的影响，获得材料本构参数的不确定性，对推动数字图像相关方法在复合材料本构关系参数识别领域具有重要的意义。

基于以上内容，本章针对第 4 章中的短梁剪切实验结合数字图像相关方法开展有限元模型修正识别所得的复合材料本构参数开展不确定性分析，研究表明，识别结果的不确定性来源于数字图像相关测试系统中的随机误差和由重构算法引入的算法误差。本章采用全场有限元近似方法对模拟位移数据和应变数据开展了重构，以重构后平均归一化误差最小化为标准确定了最优重构单元尺寸，即最优重构参数，并研究了影响最优重构参数的因素。本章推导了识别得到的本构参数的协方差矩阵，并对识别所得的 6 个本构参数对随机误差和重构参数的敏感度进行了分析。本章还分别讨论了识别过程中 ROI 区域大小和所用的图像数量对识别所得材料参数的影响，通过研究发现识别所得参数的均值对 ROI 区域大小和图像数量不敏感，但 ROI 区域越大、图像数量越多，识别所得本构参数的变异系数 COV 越小。通过研究和对比发现剪切模量和剪切非线性参数对随机误差表现出了较强的鲁棒性，但纵向杨氏模量和泊松比对随机误差较为敏感。另一个重要发现是采用全场有限元近似方法对离散数据进行重构过程中，重构参数对识别所得本构参数的可靠性起到了至关重要的作用，确定适当的重构参数是保证参数识别结果可靠的关键。

5.2　数字图像相关实测变形数据的重构

5.2.1　位移数据重构

实验过程中，由于相机电流、相机内部元器件的热变形以及环境光照条件变化等原因会导致试样表面的变形图像含有噪声，而由含噪声的图像进行相关计算所得的试样主平面内位移场数据将会不可避免包含随机误差，而带有随机误差的位移数据在获得应变数据的过程中随机误差又会被进一步放大，因而使识别所得的本构关系参数存在不确定性。为了定量分析随机误差对本构参数识别结果的影响，本节首先对含随机误差的离散位移数据进行重构。

实验过程中，通过 VIC-2D 软件计算可获得在 ROI 区域内的实测位移数据，实测位移数据由真实位移数据和随机噪声组成，共包含 N 个数据点：

$$u^{\text{DIC}}(x_i, y_i) = u^{\text{ex}}(x_i, y_i) + \delta u(x_i, y_i)$$
$$v^{\text{DIC}}(x_i, y_i) = v^{\text{ex}}(x_i, y_i) + \delta v(x_i, y_i)$$

$$(5.1)$$

式中，(x_i, y_i) 为数字图像相关方法中数据点位置处的坐标，$i \in [1, N]$，其中 N 为数据点个数；u^{DIC}，v^{DIC} 为数字图像相关方法获得沿 x，y 方向的实测位移数据；u^{ex}，v^{ex} 分别为沿 x，y 方向未知的真实位移数据；δu，δv 为实验中出现的随机误差。

前期部分研究表明数字图像相关方法中随机测量误差的主要组成部分为加性高斯白噪声[1~5]，因此随机误差的协方差矩阵可写为式（5.2）：

$$\text{COV}(\{\delta u\}) = \text{COV}(\{\delta v\}) = \mu^2[I]$$

$$(5.2)$$

式中，$[I]$ 为单位阵；μ^2 为随机高斯白噪声的方差。

考虑到数字图像相关方法获得的是含随机误差的离散数据，为了平抑位移数据中的随机误差并获得连续可微的位移场和应变场，需要对带有随机误差的位移数据进行重构。本节采用全场有限元近似方法对位移数据进行重构，该方法的优点是基函数在重构过程中相互影响小，因此随重构精度的提高，可有效抑制位移数据重构结果的波动。全场有限元近似方法中的重构参数即为重构所用单元尺寸 h。

本节选择 4 节点 8 自由度的正方形单元进行位移数据重构，单元示意图如图 5.1 所示，本节中 $a=b=h$。其中每个节点有 2 个自由度，分别为沿 x，y 方向的位移。矩形单元内任意点的位移可表示为：

$$u(x, y) = \sum_{i=1}^{4} N_i(x', y') U_i$$
$$v(x, y) = \sum_{i=1}^{4} N_i(x', y') V_i$$

(5.3)

式中，U_i，V_i 分别为重构单元节点 i 沿 x，y 方向的位移；$N_i(x', y')$ 为在直角坐标系下定义的形函数，局部坐标系 x'，y' 的定义为：

$$x' = x - x_1$$
$$y' = y - y_1$$

(5.4)

式中，x_1，y_1 分别为节点 1 的坐标。

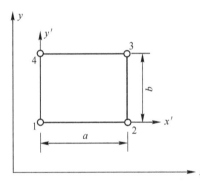

图 5.1 全场有限元近似方法中采用的重构单元

形函数 N_i 的表达式为：

$$N_1 = (a - x')(b - y')/(ab)$$
$$N_2 = x'(b - y')/(ab)$$
$$N_3 = x'y'/(ab)$$
$$N_2 = (a - x)y'/(ab)$$

(5.5)

由形函数和单元节点位移可得单元内任意位置处的位移：

$$u(x, y) = [f(x, y)]\{U\}$$
$$v(x, y) = [f(x, y)]\{V\}$$

(5.6)

式中，$[f(x, y)]$ 为单元形函数矩阵；$\{U\}$，$\{V\}$ 分别为沿 x 和 y 方向的单元节点位移列向量。

对于给定的重构单元，单元节点处位移确定后，则重构后单元内任意位置处的位移可由式（5.6）计算得到，因此对于实测位移数据的重构过程即为根据给定重构单元计算获得重构单元节点处位移的过程。定义矩阵 $[F]$ 为重构单元形函数矩阵 $[f(x_i, y_i)]$ 组集。其中 $i \in (1, N)$，则数字图像相关技术得到的实测位移可表示为：

$$\{u^{\mathrm{DIC}}\} = [F]\{U\}$$
$$\{v^{\mathrm{DIC}}\} = [F]\{V\} \tag{5.7}$$

其中列向量 $\{u^{\mathrm{DIC}}\}$ 和 $\{v^{\mathrm{DIC}}\}$ 分别由 DIC 实测位移中 $u^{\mathrm{DIC}}(x_i, y_i)$ 和 $v^{\mathrm{DIC}}(x, y_i)$ 组集而成，$i \in (1, N)$。$\{U\}$ 和 $\{V\}$ 由全场有限元近似方法中重构单元节点位移组集而成，其列向量中元素的个数为重构过程中节点数量。定义 n 为全场有限元近似方法中重构单元节点数，重构过程需要满足 $N \geqslant n$。则式（5.7）中的重构单元节点位移向量 $\{U\}$ 和 $\{V\}$ 可由下式中的最小化过程获得：

$$\min_{\{U\}} \| [F]\{U\} - \{u^{\mathrm{DIC}}\} \|^2 \Rightarrow \min_{\{U\}} \| [F]\{U\} - \{u^{\mathrm{DIC}}\} \|^{\mathrm{T}} ([F]\{U\} - \{u^{\mathrm{DIC}}\})$$

$$\min_{\{V\}} \| [F]\{V\} - \{v^{\mathrm{DIC}}\} \|^2 \Rightarrow \min_{\{V\}} \| [F]\{V\} - \{v^{\mathrm{DIC}}\} \|^{\mathrm{T}} ([F]\{V\} - \{v^{\mathrm{DIC}}\})$$

$$\tag{5.8}$$

式中，上角标 T 代表转置。

式（5.8）中最小化问题可转变为求线性方程组的解的问题，$\{U\}$ 和 $\{V\}$ 可以由实测 $\{u^{\mathrm{DIC}}\}$，$\{v^{\mathrm{DIC}}\}$ 和数据点处形函数矩阵 $[F]$ 计算得到：

$$\{U\} = [R]^{-1}[F]^{\mathrm{T}}\{u^{\mathrm{DIC}}\}$$
$$\{V\} = [R]^{-1}[F]^{\mathrm{T}}\{v^{\mathrm{DIC}}\} \tag{5.9}$$

其中 $[R] = [F]^{\mathrm{T}}[F]$ 为对角线元素均不为零的对称稀疏矩阵。$\{U\}$ 和 $\{V\}$ 的协方差矩阵可由 $\{u^{\mathrm{DIC}}\}$ 和 $\{v^{\mathrm{DIC}}\}$ 的协方差矩阵式推导得出：

$$\mathrm{COV}(\{U\}) = \mathrm{COV}(\{V\}) = \mu^2 [R]^{-1} \tag{5.10}$$

由式（5.10）可见，重构位移场的协方差不仅与随机高斯白噪声水平有关，还与矩阵 $[F]$，即重构参数有关。

5.2.2　应变数据重构

应变场可通过对重构后的位移场微分计算得到，3 个应变分量分别为：

$$\{\widetilde{\varepsilon}_{xx}\} = \left\{\frac{\partial u}{\partial x}\right\} = [A]\{U\}$$

$$\{\widetilde{\varepsilon}_{yy}\} = \left\{\frac{\partial v}{\partial y}\right\} = [B]\{V\} \tag{5.11}$$

$$\{\widetilde{\gamma}_{xx}\} = \left\{\frac{\partial u}{\partial y}\right\} + \left\{\frac{\partial v}{\partial x}\right\} = [B]\{U\} + [A]\{V\}$$

其中矩阵 $[A]$，$[B]$ 为：

$$[A] = \left[\frac{\partial F}{\partial x}\right]$$

$$[B] = \left[\frac{\partial F}{\partial y}\right] \tag{5.12}$$

这里仅考虑小应变情况，且式（5.11）所得应变场不连续。为获得连续的应变场，本节采用全场有限元近似方法重构 ROI 区域的应变，获得全场连续应变数据。重构后应变分量可写为：

$$\{\varepsilon_{xx}^{\mathrm{rec}}\} = [F]\{E_{xx}\}$$

$$\{\varepsilon_{yy}^{\mathrm{rec}}\} = [F]\{E_{yy}\} \tag{5.13}$$

$$\{\gamma_{xy}^{\mathrm{rec}}\} = [F]\{\Gamma_{xy}\}$$

其中列向量 $\{E_{xx}\}$、$\{E_{yy}\}$ 和 $\{\Gamma_{xy}\}$ 由重构单元节点处的应变组集而成。节点处应变可由求解下述最小化问题获得：

$$\min_{\{E_{xx}\}} \int_{\Omega} \| \{\widetilde{\varepsilon}_{xx}\} - [F]\{E_{xx}\} \|^2 \mathrm{d}\Omega \Rightarrow \min_{\{E_{xx}\}} \int_{\Omega} \| [A]\{U\} - [F]\{E_{xx}\} \|^2 \mathrm{d}\Omega$$

$$\min_{\{E_{yy}\}} \int_{\Omega} \| \{\widetilde{\varepsilon}_{yy}\} - [F]\{E_{yy}\} \|^2 \mathrm{d}\Omega \Rightarrow \min_{\{E_{yy}\}} \int_{\Omega} \| [B]\{V\} - [F]\{E_{yy}\} \|^2 \mathrm{d}\Omega$$

$$\min_{\{\Gamma_{xy}\}} \int_{\Omega} \| \{\widetilde{\gamma}_{xy}\} - [F]\{\Gamma_{xy}\} \|^2 \mathrm{d}\Omega \Rightarrow \min_{\{\Gamma_{xy}\}} \int_{\Omega} \| [A]\{V\} + [B]\{U\} - [F]\{\Gamma_{yy}\} \|^2 \mathrm{d}\Omega$$

$$\tag{5.14}$$

式（5.14）中形函数矩阵的积分具有显式解析表达式，积分后组集得到的矩阵形如有限元分析中的总体刚度矩阵。式（5.14）的最小化问题可转化为线性方程组的解，可得重构单元节点处的应变：

$$\{E_{xx}\} = [R^{\varepsilon}]^{-1}[F^{\varepsilon}]^{\mathrm{T}}[A^{\varepsilon}][R]^{-1}[F]^{\mathrm{T}}\{u^{\mathrm{DIC}}\}$$

$$\{E_{yy}\} = [R^{\varepsilon}]^{-1}[F^{\varepsilon}]^{\mathrm{T}}[B^{\varepsilon}][R]^{-1}[F]^{\mathrm{T}}\{v^{\mathrm{DIC}}\}$$

$$\{\Gamma_{xy}\} = [R^{\varepsilon}]^{-1}[F^{\varepsilon}]^{\mathrm{T}}([A^{\varepsilon}][R]^{-1}[F]^{\mathrm{T}}\{v^{\mathrm{DIC}}\} + [B^{\varepsilon}][R]^{-1}[F]^{\mathrm{T}}\{u^{\mathrm{DIC}}\})$$

$$\tag{5.15}$$

其中 $[R^{\varepsilon}]$、$[F^{\varepsilon}]$、$[A^{\varepsilon}]$ 和 $[B^{\varepsilon}]$ 由式（5.14）中对 ROI 区域内形函数及其偏导积分计算所得。重构单元节点处应变的协方差矩阵可由式（5.10）和式（5.15）推导得出，如正应变 $\{E_{xx}\}$ 的协方差矩阵可写为：

$$\mathrm{COV}(\{E_{xx}\}) = \mu^2[R^{\varepsilon}]^{-1}[G^{\varepsilon}]^{\mathrm{T}}[R]^{-1}[G^{\varepsilon}][R^{\varepsilon}]^{-1} \tag{5.16}$$

其中 $[G^{\varepsilon}] = [A^{\varepsilon}]^{\mathrm{T}}[F^{\varepsilon}]$。从计算结果发现，协方差矩阵中的非对角线元素比对角线元素至少小一个数量级，对角线上元素大小接近（除边界外）。因此应变的方差可近似由对角线元素的平均值表征，则式（5.16）中的重构应变协方差矩阵可以写为：

$$\mathrm{COV}(\{E_{xx}\}) \approx (\varphi_{\{E_{xx}\}}\mu)^2[I] \tag{5.17}$$

由式（5.17）可知，应变的误差由 $\varphi_{\{E_{xx}\}}$ 和 μ 共同决定，其中 $\varphi_{\{E_{xx}\}}$ 称为应变重构的噪声敏感度系数，该系数是重构过程中重构单元尺寸 h 的函数。$\varphi_{\{E_{xx}\}}$ 随重构单元尺寸 h 的变化曲线如图 5.2 所示。从图 5.2 可见，应变重构过程中噪声敏感度系数随重构单元尺寸 h 增大而减小，并最终趋于一个定值。

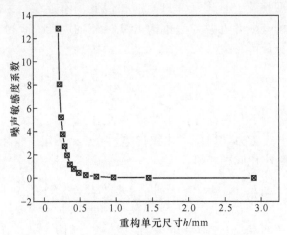

图 5.2　噪声敏感度系数随重构单元尺寸的变化

5.3　参数识别结果的不确定性分析

本章依然采用有限元模型修正法，以 ROI 区域内三维有限元模型计算所得应变数据和重构得到的应变数据构成目标函数。识别过程的优化收敛准则仍为本构参数相对变化小于 0.5%，目标函数归一化平方根变化率小于 1%。为获得有限元数值计算应力、应变数据，本章中采用如图 4.12 所示的 1/4 三维高精度有限元模型，其中模型的边界条件、接触设置以及用户子程序 UMAT 均与 4.4 节相同。本构关系参数初值为表 4.2 中所示的 1—3 面内的材料本构参数的平均值。

参数识别过程中的敏感度矩阵 $[S]$ 见表 5.1，矩阵中的参数还与有限元计算应力分量 σ_i^{FEM} 有关。

表 5.1　识别过程中的敏感度矩阵表达式

参数	$\bar{p}_1$ $(1/E_{11})$	$\bar{p}_2$ (v_{31}/E_{33})	$\bar{p}_3$ $(1/G_{13})$	$\bar{p}_4$ $(1/K_{13})$	$\bar{p}_5$ $(1/n_{13})$
$\dfrac{\partial \varepsilon_{11}^{\text{FEM}}}{\partial \{\bar{p}\}}$	σ_{11}^{FEM}	$-\sigma_{33}^{\text{FEM}}$	0	0	0
$\dfrac{\partial \gamma_{13}^{\text{FEM}}}{\partial \{\bar{p}\}}$	0	0	τ_{13}^{FEM}	$\left(\dfrac{\tau_{13}^{\text{FEM}}}{n_{13}}\right)\left(\dfrac{\tau_{13}^{\text{FEM}}}{k_{13}}\right)^{\frac{1}{n_{13}}-1}$	$\left(\dfrac{\tau_{13}^{\text{FEM}}}{k_{13}}\right)^{\frac{1}{n_{13}}}\log\left(\dfrac{\tau_{13}^{\text{FEM}}}{k_{13}}\right)$

由表 5.1 中的敏感度矩阵可知，使用有限元计算应力和实验实测应变（σ_i^{FEM}，$\varepsilon_i^{\text{exp}}$）通过最小二乘回归可识别得到复合材料 ROI 区域内的平均应力应变

关系。材料参数表达式可写成式（5.18）形式：

$$\{\bar{p}\} = ([\sigma^{\text{FEM}}]^{\text{T}}[\sigma^{\text{FEM}}])^{-1}[\sigma^{\text{FEM}}]^{\text{T}}[\varepsilon^{\exp}] \tag{5.18}$$

由式（5.18）可知，识别结果的不确定性来源于应变数据的不确定性，识别得到的材料本构关系参数的不确定性仅由应变场误差水平决定。图像噪声导致的随机误差和重构过程中引入的算法误差，都会对重构应变场的不确定性产生影响。由式（5.17）重构应变数据的协方差矩阵表达式可见，待测的材料本构关系参数协方差矩阵可由最小二乘回归方法明确导出：

$$[C_{\{\bar{p}\}}] = (\varphi_{\{E\}}\mu)^2([\sigma^{\text{FEM}}]^{\text{T}}[\sigma^{\text{FEM}}])^{-1} \tag{5.19}$$

式（5.19）中协方差矩阵的对角线元素分别为各个本构参数的方差。非对角线元素表征的是识别所得的本构参数之间的耦合，但针对式（5.17）的分析发现，重构应变场协方差矩阵中的非对角线元素量级比对角线元素小一个量级，因此在本章的不确定性分析中忽略协方差矩阵中的非对角线元素，即不考虑本构参数之间的耦合。

5.4 短梁剪切实验中数据不确定性分析与讨论

5.4.1 实测全场位移数据中的随机误差分析

式（5.10）、式（5.17）和式（5.19）中协方差矩阵的推导都是基于式（5.1）所示的位移数据随机误差为加性高斯分布这一基本假设，为了验证这一假设，针对短梁剪切实验中位移数据中随机误差开展量化分析。为确定位移数据中随机误差的水平和分布形式，实验中在未加载情况下对试样表面拍照获得散斑图像，并采用 VIC-2D 软件计算得到位移数据 u、v。由于未加载情况下位移数据的精确解已知为零，因此实测位移数据可用于表征数字图像相关方法中的位移数据随机误差。考虑到相机可能存在瞬时电流过大情况，使图像噪声变大导致位移随机误差水平激增，为了正确反映整个加载历程随机误差水平，避免由于瞬时电流过大导致的随机误差水平失真，在拍照过程中每隔 5s 采集一张图像，共采集 10 张图像并对由图像计算所得位移数据进行平均处理，作为位移数据中的随机误差。试样在未加载状态下所得图像如图 5.3 所示。

图 5.3　未加载状态下试样图像

图像采集过程中，采用位移控制使实验机压头在距离试样上表面 1mm 处保

持静止，确保试样未加载，同时其他的实验参数与短梁剪切实验保持一致。试样
表面散斑与采用短梁剪切实验开展参数识别实验中的试样表面散斑为同一批次制
备。实验中共选择了 5 个试样进行未加载下的图像采集，每个试样采集 10 张图
像，对 50 张图像分别计算位移数据 u、v，将 50 组 u、v 取平均值，得到位移的
随机误差 δu、δv。在采用 VIC-2D 计算位移数据过程中，相关窗尺寸为 29×29 像
素，相当于 0.34mm^2，图像分辨率为 0.0115mm/像素，计算步长为 1 像素，可获
得每一个像素点的位移数据。将计算所得的位移数据进行平均化后的随机误差云
图如图 5.4 所示。图 5.5 所示为计算获得的位移随机误差的分布直方图。图中曲
线为均值为零的标准高斯分布函数。从图 5.5 的结果可见，位移数据 u、v，呈近
似标准高斯分布。

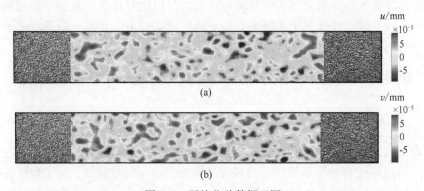

图 5.4　平均位移数据云图

（a）未加载时沿 x 方向的平均位移数据云图；（b）未加载时沿 y 方向的平均位移数据云图

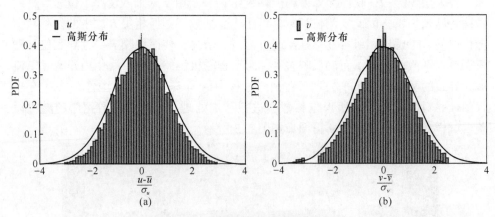

图 5.5　位移随机误差分布直方图

（a）未加载时 x 方向位移数据 u 频率分布直方图；（b）未加载时 y 方向位移数据 v 频率分布直方图

未加载情况下的位移数据均值和标准差见表 5.2。从上述实验和数据分析可

知，位移数据中随机误差呈近似高斯分布。

表5.2　未加载条件下位移数据的统计量

位移场方向	均值/mm	标准差/mm
u	1.91×10^{-7}	2.35×10^{-5}
v	1.92×10^{-7}	4.86×10^{-5}

为了研究 VIC-2D 软件计算过程中相关窗尺寸对识别得到的随机误差水平的影响并确定随机误差标准差，本节计算了随机误差水平随相关窗尺寸的变化情况，图5.6中曲线1和2分别为未加载条件下数字图像相关算法识别得到的位移数据 u 和 v 的随机误差随相关窗尺寸的变化曲线，曲线3为VIC-2D软件给出的置信度区间值随相关窗尺寸的变化曲线。从图中结果可见，随机误差水平随相关窗尺寸增大逐渐减小。由比较可知，σ 作为软件直接给出的位移数据随机误差的一个表征指标，变化趋势与实测位移数据随机误差随相关窗尺寸变化趋势一致，但数值上小于实测随机误差标准差。为了采用软件给出的置信度区间作为随机误差水平的表征指标，并量化置信度区间与实测随机误差水平的偏离情况，本节还分别计算了在不同的相关窗尺寸下置信度区间值和实测随机误差水平之间的偏离程度。由图5.6右上图中可以看到，两者偏离程度随着相关窗尺寸增大逐渐加大。当相关窗尺寸为29×29像素时，归一化后的偏离程度为25%。即针对不同短梁剪切实验，当取相关窗尺寸为29×29像素时，软件给出的置信度区间值与实测位移数据中随机误差均值的关系为 $\sigma_0 = 0.75\sigma_{\{u\}}^{\exp}$。这说明在计算中可由软件给出的置信度区间值来表征实测位移数据的随机误差，且表征随机误差为 $\sigma_{\{u\}}^{\exp} = 1.3\sigma_0$。

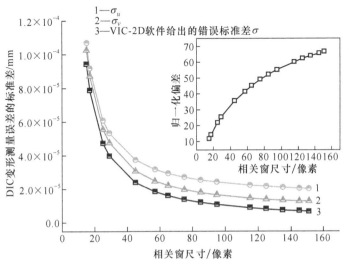

图5.6　随机误差水平随子区尺寸变化曲线

　　图 5.7 所示为使用不同的重构单元尺寸对位移数据随机噪声开展重构后计算所得的标准差随着重构单元尺寸 h 的变化曲线。由图 5.7 可知重构后位移数据的标准差随着重构单元尺寸 h 的增大而减小并将最终趋于一个定值。由此可知，当含有高斯分布随机误差的位移数据精确解为零，不包含梯度时，重构的单元尺寸越大，获得的重构结果的标准差越小。

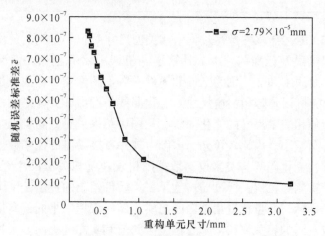

图 5.7　随机误差标准差随重构单元尺寸变化曲线

5.4.2　位移和应变数据重构与不确定性分析

　　首先为了验证位移和应变场重构结果的可靠性，本小节针对数值模拟位移数据和应变数据采用全场有限元近似方法开展了重构，并对重构前后的位移和应变场进行了对比。采用数值模拟数据的意义在于已知位移和应变数据的精确解，在不考虑随机误差的情况下，可量化重构过程中的算法误差，评价重构结果的可靠性。研究过程中采用三维有限元模型提供数值模拟位移和应变数据，有限元模型与 4.4.1 节中的有限元模型一致，材料参数采用第 4 章识别得到的线弹性本构参数，为了使 ROI-2 区域内的有限元单元节点个数与 DIC 实测位移数据数量尽可能接近，在压头和支撑点中间区域对网格进行了细化。在左右两个 ROI 区域内共有 76368 个单元节点。

　　由于数值模拟数据中没有随机误差的影响，因此重构位移场和应变场的误差完全由重构算法引起。重构中采用 0.24mm×0.24mm 的单元。本节中对比了数值模拟位移场和全场有限元近似方法重构得到的位移场，并计算了重构误差作为全场有限元近似方法重构算法误差的评价指标。其中全场任意位置处的重构误差定义为：

$$e_u(x_i, y_i) = \sqrt{(u^{\text{syn}} - u^{\text{rec}})^2 + (v^{\text{syn}} - v^{\text{rec}})^2} \qquad (5.20)$$

式中，u^{syn}，v^{syn} 为点 (x_i, y_i) 有限元模型数值计算得到的模拟位移数据；u^{rec}，

v^{rec} 为针对模拟位移数据，采用全场有限元近似方法重构后得到的点 (x_i, y_i) 的重构位移数据。

图 5.8(a)(b) 中左侧两图为三维有限元模型提取得到的压头上集中载荷为 $P=6155N$(85%失效载荷)，材料接近失效时的数值模拟位移场云图；图 5.8(a)(b) 中右侧两图为重构后的位移场云图，图 5.8(c) 为重构误差云图。由图 5.8 的对比结果可以看出，针对不含随机误差的模拟位移场，采用全场有限元近似方法开展重构得到的位移场与模拟位移场保持了很好的一致性，但重构过程中引入了数值算法带来的系统误差。从重构算法误差云图中可见，针对短梁剪切实验中的变形场，重构算法带来的系统误差水平远远低于变形场水平。

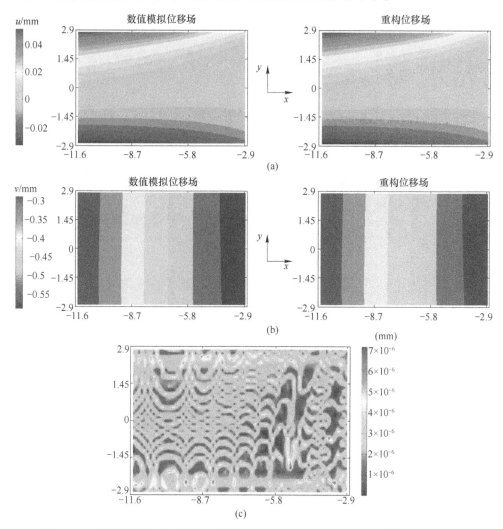

图 5.8 不考虑噪声条件下模拟位移场云图、重构位移场云图及位移数据误差云图

(a) 沿 x 方向的位移场；(b) 沿 y 方向的位移场；(c) 位移重构算法误差云图

在位移场重构的基础上，可进一步采用全场有限元近似方法开展应变数据重构。图5.9所示为有限元数值计算得到的模拟应变场云图和重构应变场云图及重构应变场误差云图，其中重构应变场误差定义为：

$$e_{\varepsilon}(x_i, y_i) = \sqrt{(\varepsilon_{xx}^{rec} - \varepsilon_{xx}^{syn})^2 + (\varepsilon_{yy}^{rec} - \varepsilon_{yy}^{syn})^2 + (\gamma_{xy}^{rec} - \gamma_{xy}^{syn})^2} \quad (5.21)$$

式中，ε_{xx}^{syn}，ε_{yy}^{syn}，γ_{xy}^{syn}为点(x_i, y_i)处有限元模型数值计算获得的应变场分量；ε_{xx}^{rec}，ε_{yy}^{rec}，γ_{xy}^{rec}为相同位置处重构应变场分量。

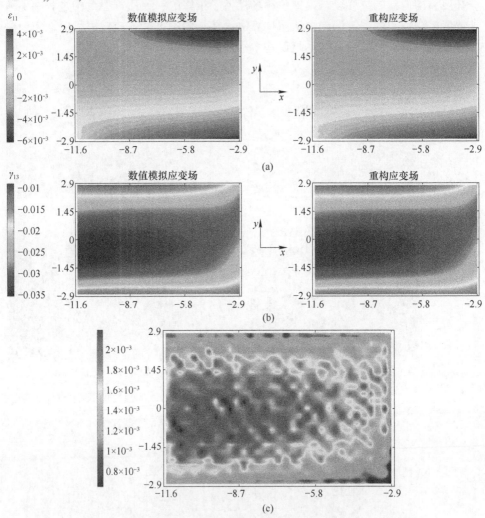

图5.9 不考虑噪声条件下有限元模型数值计算得到的模拟应变场云图、
重构应变场云图及重构算法误差云图
(a) 正应变 ε_{xx}；(b) 剪应变 γ_{xy}；(c) 重构应变误差云图

图5.9(a)(b) 中左侧两图为有限元模型提取得到的压头上集中载荷为 $P =$

6155N（85%失效载荷）时，材料接近失效时的数值模拟应变场，图5.9（a）（b）中右侧两图为重构后的应变云图，图5.9（c）为应变场重构误差的云图。

由图5.8和图5.9可以看出，全场有限元近似方法对应变数据进行重构时引入了重构算法导致的算法误差。从云图比较来看，与位移场相同，重构的应变场与数值计算应变场保持了很好的一致性，重构算法误差水平相对较低。分析图5.9（a）（b）的应变场分布趋势，并与图5.9（c）中重构算法误差的分布趋势对比可得，当应变水平较高时重构算法引入的应变场重构误差较大。如图5.9（b）中剪应变水平显著高于图5.9（a）中的正应变水平，从图5.9（c）中可见应变场误差水平分布趋势与剪应变基本相同，说明重构算法误差主要来源于剪应变。这也说明重构算法误差与试样表面的变形量有关，当试样的位移和应变水平增高时，重构算法误差增大。

定义重构位移数据平均归一化误差 $\bar{e}_u$ 和重构应变数据平均归一化误差 $\bar{e}_\varepsilon$，如式（5.22）和式（5.23）所示：

$$\bar{e}_u = \frac{1}{M} \sum_{i=1}^{M} \left[\frac{(u^{\mathrm{rec}} - u^{\mathrm{syn}})^2 + (v^{\mathrm{rec}} - v^{\mathrm{syn}})^2}{(u^{\mathrm{syn}})^2 + (v^{\mathrm{syn}})^2} \right]^{\frac{1}{2}} \tag{5.22}$$

$$\bar{e}_\varepsilon = \frac{1}{M} \sum_{i=1}^{M} \left[\frac{(\varepsilon_{xx}^{\mathrm{rec}} - \varepsilon_{xx}^{\mathrm{syn}})^2 + (\varepsilon_{yy}^{\mathrm{rec}} - \varepsilon_{yy}^{\mathrm{syn}})^2 + (\gamma_{xy}^{\mathrm{rec}} - \gamma_{xy}^{\mathrm{syn}})^2}{(\varepsilon_{xx}^{\mathrm{syn}})^2 + (\varepsilon_{yy}^{\mathrm{syn}})^2 + (\gamma_{xy}^{\mathrm{syn}})^2} \right]^{\frac{1}{2}} \tag{5.23}$$

式中，M 为重构数据点个数；$\bar{e}_\varepsilon/\bar{e}_u$ 为应变数据平均归一化误差相对于位移数据平均归一化误差的误差放大系数。

图5.10所示为无随机误差条件下位移数据和应变数据重构平均误差水平及应变误差放大系数随重构单元尺寸的变化曲线。由图5.10（a）（b）可见，无随机误差影响下位移数据和应变数据的重构平均误差水平随着重构单元尺寸增大而增加。根据这一趋势可推论，对无随机误差影响的位移数据开展重构过程中，采用的重构单元尺寸越小，所得的重构结果的平均误差水平越低，数据越可靠。观察图5.10（c）中曲线可知，在无随机误差影响的情况下，应变场的平均误差水平放大系数随着重构单元尺寸的减小而显著增大，这一结果说明如果采用位移数据构造目标函数开展本构参数识别，可显著减小由于全场有限元近似方法引入的重构算法误差对识别结果的影响。

为进一步研究实验中随机误差水平对重构位移场和应变场的影响，在有限元数值计算位移数据的基础上叠加均值为零、标准差为 $\sigma_0 = 2.79 \times 10^{-5}$ mm 的高斯白噪声生成带随机误差的模拟位移数据，该随机误差水平基于5.4.1节中实测误差水平量化分析中，由VIC-2D软件给出的位移数据置信度区间值确定。图5.11（a）（b）中左侧两图为含有高斯分布随机误差的模拟位移数据云图，图5.11（a）（b）中右侧两图为重构位移场云图，图5.11（c）为位移误差分布云图。由图5.11（a）（b）可以看出针对含有高斯分布随机误差的模拟位移数据，采用全场有

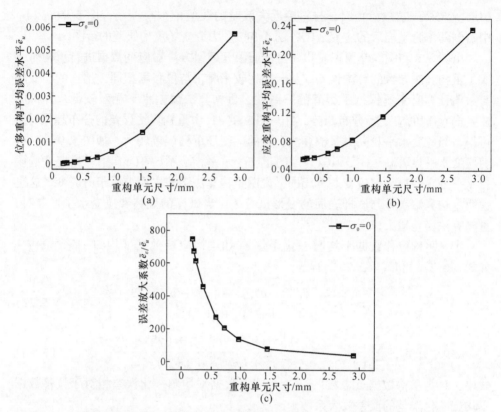

图 5.10 无随机误差条件下位移数据和应变数据的平均归一化误差随重构单元尺寸的变化
(a) 位移数据平均归一化误差；(b) 应变数据平均归一化误差；(c) 应变误差放大系数

限元近似方法重构得到的位移场与模拟位移场可保持很好的一致性，但从重构位移数据误差云图可见，重构位移数据误差水平与无随机误差的情况相比有所提高。

由式（5.22）和式（5.23）计算位移数据和应变数据重构平均误差水平，图 5.12 所示为位移数据和应变数据重构平均误差水平随重构单元尺寸 h 的变化曲线。图中的重构平均误差水平由随机误差和重构算法误差共同影响，由图中变化趋势可见，位移和应变数据重构平均误差随着重构单元尺寸呈非单调变化。随着重构单元尺寸的减小，由图 5.10 的结果可见算法误差对平均化误差水平的贡献减小，但由于位移数据中存在随机噪声误差，这部分误差影响随重构单元尺寸减小而增加。由图 5.7 也可以看出，随重构单元尺寸减小，随机误差对重构误差的贡献增加。因此理论上存在一个最优的重构单元尺寸，使得随机误差和算法误差对平均化误差的影响达到平衡，并且此时的重构数据平均化误差水平取得最小值。从图 5.12 中曲线可见，当前随机误差水平下的最优重构单元尺寸 $h_{opt} = 0.24\text{mm}$。由图 5.12(c) 中应变误差放大系数随重构网格尺寸的变化趋势可见，

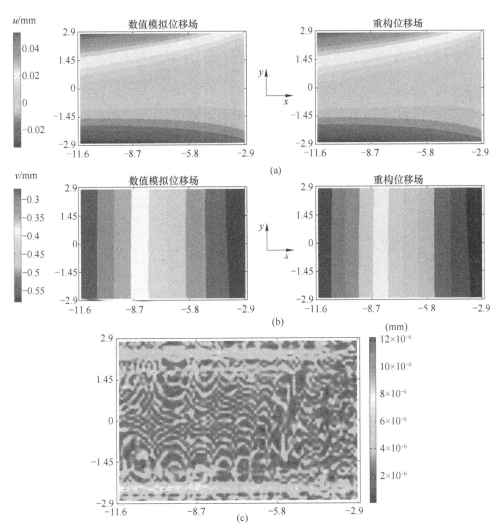

图 5.11 含标准差 $\sigma_0 = 2.79 \times 10^{-5}$ mm 随机误差的模拟位移场云图和
重构位移场云图及位移误差云图

（a）沿 x 方向位移场云图；（b）沿 y 方向位移场云图；（c）位移重构误差分布云图

带随机噪声的重构应变数据平均化误差水平的量级始终高于重构位移数据的平均化误差水平量级，应变误差放大系数随着重构单元尺寸的减小急剧增加。图 5.12 （c）中应变误差放大系数随重构单元尺寸 h 显著增加这一结果更进一步支持了图 5.10（c）处的结论，即采用重构位移数据构建目标函数开展复合材料本构参数的识别可明显减小由随机误差和重构算法误差对识别结果带来的影响，显著降低实验数据中误差对识别所得的本构关系参数不确定性的影响。

为了进一步研究不同的随机误差水平对位移重构和应变重构过程的影响，证

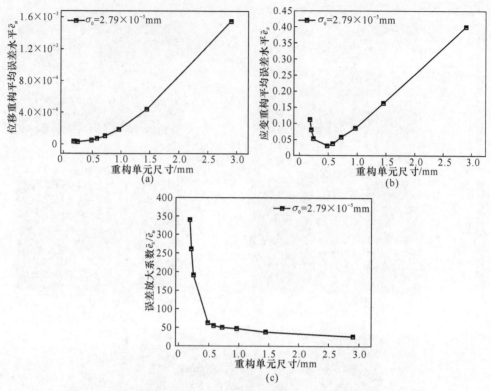

图 5.12　含标准差 $\sigma_0 = 2.79 \times 10^{-5}$ mm 随机误差的位移数据和应变数据
重构平均归一化误差水平随重构单元尺寸的变化

（a）重构位移数据的平均归一化误差；（b）重构应变数据的平均归一化误差；（c）应变误差放大系数

明全场有限元近似方法对带随机误差的位移数据和应变数据具有显著的平滑降噪作用，并讨论重构应变归一化误差与随机误差和算法误差之间的关系，对有限元模型数值计算位移数据添加均值为零，标准差为 $\sigma_0 = 2.79 \times 10^{-4}$ mm 的高斯白噪声，获得模拟位移数据。针对含较高水平随机误差的模拟数据，应用全场有限元近似方法，采用不同的重构单元尺寸对含高水平随机误差的模拟位移数据开展重构，并对比不同重构单元尺寸下的归一化误差，确定最优重构单元尺寸，即最优重构参数。

　　图 5.13（a）（b）中左侧两图为含有高斯分布随机误差 $\sigma_0 = 2.79 \times 10^{-4}$ mm 的模拟位移数据云图，图 5.13（a）（b）中右侧两图为重构位移场云图，图 5.13（c）为位移误差分布云图。由图 5.13（c）重构后误差水平可以更加明确看出全场有限元重构起到了明显的平滑降噪作用。随机误差水平为 $\sigma_0 = 2.79 \times 10^{-4}$ mm 时重构位移数据的平均归一化误差水平和应变数据的平均归一化误差水平随重构单元尺寸 h 的变化如图 5.14 所示。从图 5.14（a）（b）中平均归一化误差水平随重构单

元尺寸 h 的变化规律可以得知，对于含有随机误差 $\sigma_0 = 2.79 \times 10^{-4}$ mm 的位移数据的重构，最优重构单元尺寸为 $h = 0.58$ mm，与 $\sigma_0 = 2.79 \times 10^{-5}$ mm 随机误差水平下的最优重构单元尺寸相比有所提高，这是由于随机误差水平提高了 10 倍，为了降低随机误差对总平均误差水平的影响，最优重构单元尺寸增加。随机误差和重构算法误差对总平均化误差水平的影响趋势与图 5.12 中讨论的结论一致。

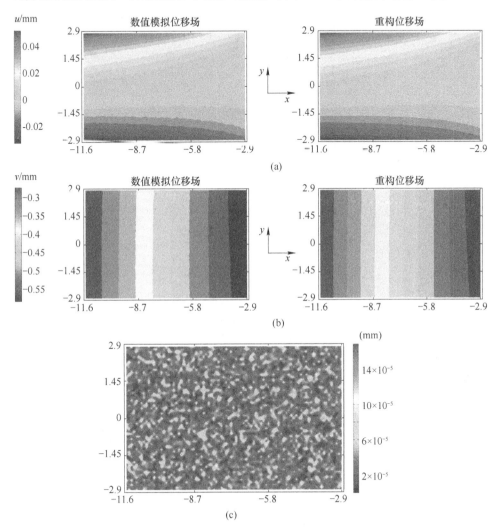

图 5.13　含标准差 $\sigma_0 = 2.79 \times 10^{-4}$ mm 随机误差的模拟位移场云图和
重构位移场云图及位移误差云图

(a) 沿 x 方向位移场云图；(b) 沿 y 方向位移场云图；(c) 位移重构误差分布云图

观察图 5.14(c) 中应变误差放大系数可以发现，相对于图 5.12(c) 中的误差放大情况，随机误差水平 $\sigma_0 = 2.79 \times 10^{-4}$ mm 情况下的应变误差放大系数有所降

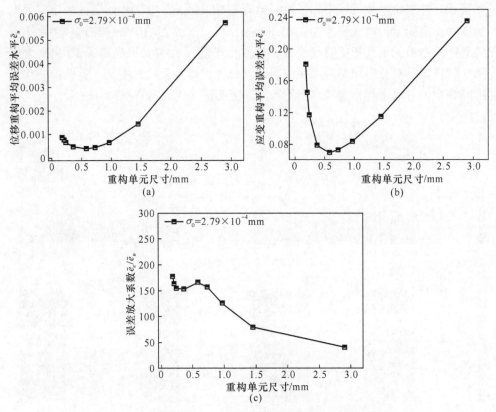

图 5.14　含标准差 $\sigma_0 = 2.79 \times 10^{-4}$ mm 随机误差的位移数据和
应变数据重构平均归一化误差随重构单元尺寸的变化

（a）重构位移数据的平均归一化误差；（b）重构应变数据的平均归一化误差；（c）应变误差放大系数

低，随重构单元尺寸 h 的减小而显著增加的变化趋势也不再明显且不再单调变化，但是重构应变的平均归一化误差依然始终高于重构位移数据的平均归一化误差。通过对含有三种不同水平随机误差的变形数据的讨论，证明了重构位移数据的平均归一化误差水平远远小于重构应变数据中的平均归一化误差水平，因此可以推论，使用重构位移数据代替重构应变数据构造目标函数开展本构参数识别可以显著降低重构数据中的误差对识别结果的影响。

5.4.3　最优重构参数的影响因素分析

从上述分析与讨论结果可见，对于含随机误差的位移数据，理论上存在最优重构单元尺寸，且该参数的大小与随机误差水平和位移、应变水平及梯度有关。在短梁剪切实验中可近似认为随机误差水平保持不变；但加载历程中，随着载荷增加，位移和应变的水平和梯度增加。因此针对完整加载历程，最优重构单元尺寸可能发生变化。为了研究不同变形水平下最优重构参数随载荷变化的规律,本节采用含不同水平随机误差的数值模拟数据,以最小化重构位移和应变数据的平均归一化误差为指标,研究理论最优重构单元尺寸随载荷变化的规律。图 5.15 (a)(b) 所示为对于含低水平随机误差 $\sigma_0 = 2.79 \times 10^{-5}$ mm 的数据,针对 3 个不同载荷条件下得到的数值模拟数据采用全场有限元近似方法重构后经计算得到的平均归一化误差随重构单元尺寸的变化。从图中可以看出,随着短梁剪切实验中载荷水平的提高,位移水平和应变水平增高,最优重构单元尺寸 h 减小。因此当采用多张图像的变形数据进行本构关系参数识别时,理论上应针对不同图像的变形数据水平采取不同的重构单元尺寸开展变形场重构。

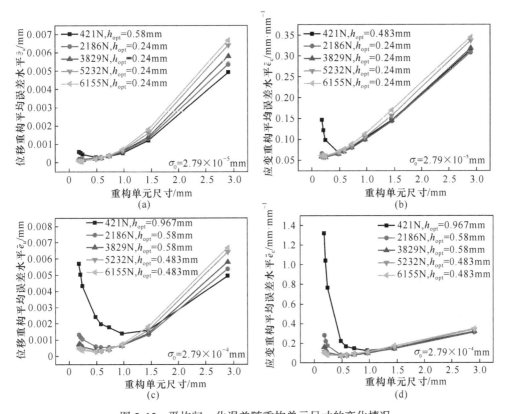

图 5.15　平均归一化误差随重构单元尺寸的变化情况

(a) 随机误差水平为 $\sigma_0 = 2.79 \times 10^{-5}$ mm 时重构位移数据的平均归一化误差;

(b) 重构应变数据的平均归一化误差;(c) 随机误差为 $\sigma_0 = 2.79 \times 10^{-4}$ mm 时重构位移数据的

平均归一化误差;(d) 重构应变数据的平均归一化误差

从图 5.15(a)(b) 可见,除低载荷水平情况以外,重构位移和应变数据的平均归一化误差水平均随重构单元尺寸减小而减小,该变化规律与无随机误差条件下的变化规律一致,说明当数值模拟数据中叠加的随机误差水平与实测短梁剪切实验随机误差水平相当时，随机误差对重构数据平均归一化误差的贡献与算法误差相比较小，重构单元尺寸主要由位移数据和应变数据的水平和梯度决定，最优重构参数随载荷增加可保持不变，$h_{opt} = 0.24$mm。但当载荷水平低时（$P = 421$N），位移场和应变场水平低、梯度小，则随机误差对平均归一化误差的影响增加。为了平衡随机误差和算法误差对平均归一化误差的影响，最优重构单元尺寸增加，因此最优重构单元尺寸大于载荷较高情况下的最优重构单元尺寸。图 5.15(c)(d) 所示为对于叠加高水平随机误差 $\sigma_0 = 2.79 \times 10^{-4}$mm（$\sigma_0 = 10\sigma_0^{exp}$ 高噪声水平）的数据，针对 3 种不同载荷条件下的数值模拟数据，采用全场有限元近似方法重构计算得到的重构数据平均归一化误差随重构单元尺寸的变化情况。从图中可见当位移数据中随机误差水平显著提高后，随着载荷水平的提高，位移和应变水平和梯度提高，理论最优重构单元尺寸下降，且根据不同的最小化平均归一化误差指标（位移和应变），最优重构单元尺寸可能出现不同。如图中 $P = 3829$N 条件下，对于重构位移数据最小化平均误差计算得到的理论最优重构单元尺寸 $h_{opt} = 0.58$mm，但针对重构应变数据计算得到的理论最优重构单元尺寸为 $h_{opt} = 0.483$mm。

从上述分析结果可推论，当实验中实测随机误差水平较低时，数字图像相关技术分析获得的全场位移场和应变场误差主要由重构算法误差主导。因此为了降低重构场误差，应采用小重构单元尺寸，且重构单元尺寸对实验载荷水平不敏感，可采用单一小重构单元。但当随机误差水平高时，为了平衡随机误差和重构算法误差对总平均归一化误差的影响，理论上要根据随机误差水平和载荷水平调整重构单元尺寸或采用不均匀重构单元。值得注意的是，理论上存在最优重构单元尺寸并可根据最小化重构应变数据平均归一化误差水平确定最优重构单元尺寸，但计算过程需已知变形场的理论精确解，而由于实验中的真实位移数据和应变数据的是未知的，因此无法准确计算理论最优重构单元尺寸。为了估算最优重构单元尺寸，本小节首先根据 VIC-2D 软件提供的置信度区间值以及 5.4.1 节中实测随机误差水平与置信度区间值的关系计算实测位移数据中的随机误差水平，即噪声标准差，根据计算发现短梁剪切实验中的随机误差水平接近误差标准差 $\sigma_0 = 2.79 \times 10^{-5}$mm，进而采用有限元数值计算得到的数值模拟数据叠加高斯分布的随机误差估算最优重构单元尺寸。在获得有限元数值计算位移场和应变场的过程中，材料本构关系未知，此时可采用材料制备方提供的线弹性力学性能参数。由于数值模拟数据未考虑可能出现的材料非线性，导致位移场和应变场水平和梯度可能低于实测数据，因此采用数值模拟数据叠加实测随机误差估算最优重构单元尺寸过程中，因为低估了实测位移场和应变场水平和梯度分布，估算得到最优重构单元尺寸大于理论最优重构单元尺寸，该估算值应为理论最优重构单元尺寸的上限。图 5.16 所示为采用理论最优重构单元尺寸计算得到的重构应变数据平均归一化误差随载荷的变化趋势。从图中结果可见对于无随机误差的数据和带有高水平随机误差的数据，随着载荷提高，变形场水平和梯度提高，重构应变误差水平出现非线性单调升高，无随机误差影响下的结果也说明采用全场有限元近似方法开展位移和应变数据重构过程中，重构算法误差随变形水平的提高而提高。

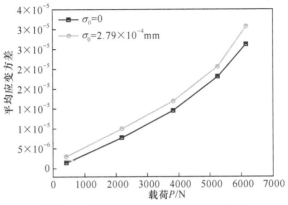

图 5.16　平均应变方差随载荷变化情况

5.5　短梁剪切试验中力学性能参数识别结果的不确定性分析

本节采用最优重构参数开展实测变形数据的重构，在获得重构应变数据后，结合有限元模型修正法识别得到了复合材料 1—3 主平面内的本构参数。图 5.17 所示为力学本构参数识别过程中采用的区域标距区域 1（ROI-1）和标距区域 2（ROI-1）的位置和尺寸示意图，其中 ROI-1 区域为压头和支撑点中点的 2mm 宽度的区域，ROI-2 为压头和支撑点中间的全场区域。图 5.18 所示为迭代收敛后采用 ROI-2 区域内有限元计算应力与重构应变之间的最小二乘线性回归得到的结果。从图中可见，材料沿轴向正应力和正应变之间为线性本构关系，通过有限元计算应力和重构应变的最小二乘回归可得到材料拉、压杨氏模量。剪切应力-应变为典型的非线性关系，剪切非线性本构参数可由有限元计算剪应力和重构后的剪应变对数线性化后通过线性最小二乘回归得到。

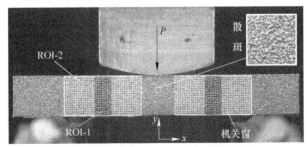

图 5.17　力学本构参数识别过程中采用的区域标距区域 1（ROI-1）和
标距区域 2（ROI-1）的位置和尺寸示意图

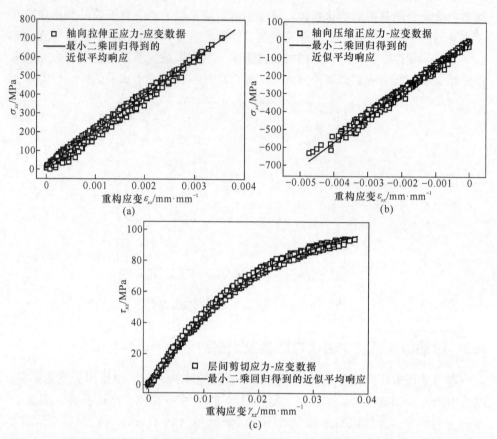

图 5.18　有限元模型修正迭代收敛后有限元模型计算应力与重构应变之间的最小二乘回归结果
（a）拉伸应力-应变数据和最小二乘回归结果；（b）压缩应力-应变数据和最小二乘回归结果；
（c）面内剪切应力-应变数据和最小二乘回归结果

5.5.1　力学性能参数的统计量及影响因素

　　表 5.3 给出了采用图 5.17 所示的 ROI-1 和 ROI-2 区域内有限元数值计算应力与重构应变数据之间最小二乘回归识别得到的本构关系参数均值、标准差以及变异系数结果，从表 5.3 中数据的变异系数可以发现，杨氏模量和泊松比相关参数的变异系数远高于剪切模量和剪切非线性参数。这是由于识别描述剪切行为本构关系所用的剪切应变水平远远高于识别拉、压杨氏模量和泊松比相关参数所用的正应变水平。对比表 5.3 中采用不同区域识别结果的均值还发现，采用不同尺寸的识别区域得到的结果基本相同，最大偏差不超过 5%。但采用全场区域内应变重构数据的识别得到的结果具有更小的变异系数，这是由于表征识别结果不确定性的标准差与识别过程中采用的应力数据的量的多少直接相关，应力数据量越大，识别结果的标准差越小。因此采用全场区域内的数据开展参数识别，使用的

数据量要远远大于仅采用压头和支撑点中间 2mm 宽度区域内的数据开展识别所使用的数据量。

表 5.3 采用局部区域和全场区域数据识别得到材料本构参数不确定性分析结果

本构参数	ROI-1			ROI-2		
	均值	标准差	变异系数	均值	标准差	变异系数
$(1/E_{11T})/\text{GPa}^{-1}$	1/174.9	1/(174.9×11.1)	9.0%	1/181.5	1/(181.5×29.9)	3.35%
$(1/E_{11C})/\text{GPa}^{-1}$	1/135.3	1/(135.3×13.2)	7.58%	1/134.3	1/(134.3×39.1)	2.56%
v_{31}/E_{33}	0.022/8890	(0.0218×0.136)/8890	13.6%	0.019/8788	(0.019×0.0468)/8788	4.68%
$(1/G_{13})/\text{MPa}^{-1}$	1/4441.1	1/(4441.1×112.3)	0.89%	1/4448.5	1/(4448.5×234)	0.43%
$(1/k_{13})/\text{MPa}^{-1}$	1/210.7	1/(210.7×49.8)	2.01%	1/213.8	1/(213.8×99)	1.01%
n_{13}	1/4.57	1/(4.57×42)	2.38%	1/4.45	1/(4.45×84.8)	1.18%

综合以上对比可知，采用全场区域内的应力应变数据识别所得的本构关系参数与采用压头和支撑点中间 2mm 区域内应力应变数据识别所得的本构关系参数均值基本一致，但是由于全场区域内的数据量远远大于采用压头和支撑点中间 2mm 区域内数据量，识别的本构关系参数的标准差和变异系数都更小。

图 5.19 所示为采用不同数量的图像识别得到的本构参数结果的均值和标准差变化情况，图中所示材料参数的均值是归一化后的结果，归一化参数为采用了全部采集得到的图像数据识别得到的本构参数均值。图中横坐标为识别所用的图像数量，图中横坐标中 1 即代表识别采用的是临近失效的最后一张图像，横坐标中 5 代表识别过程中采用了临近失效的最后 5 张图像，以此类推。

从图 5.19(a)(b) 所示结果可见，识别得到的本构参数中，除泊松比相关参数外，其他本构关系参数的均值对识别采用的图像数量不敏感，识别采用不同的图像数量得到的参数均值最大偏离程度不超过 7%。从图 5.19(c)(d) 中结果可见，识别结果的变异系数随着所用图像数量的增加迅速减小，并在采用的图像数量等于 10 后稳定收敛。结合表 5.3 中采用大小不同的 ROI 区域得到的识别结果和图 5.19 中采用不同图像数量得到的识别结果分析可推论，本构参数识别过程中存在一个适当的标距区域（ROI）尺寸、位置及图像数量，可识别得到可靠的本构关系参数。但识别过程中采用的数据量越多，识别结果的标准差和变异系数越小。

5.5.2 图像随机噪声水平和重构参数对识别参数统计量的影响

从式（5.18）和式（5.19）的推导过程可知，识别得到的本构关系参数的不确定性与实测位移数据的随机误差和重构参数即全场有限元近似方法中采用的重构单元尺寸 h 有关，当重构单元尺寸 h 确定时，识别得到本构关系参数的方差

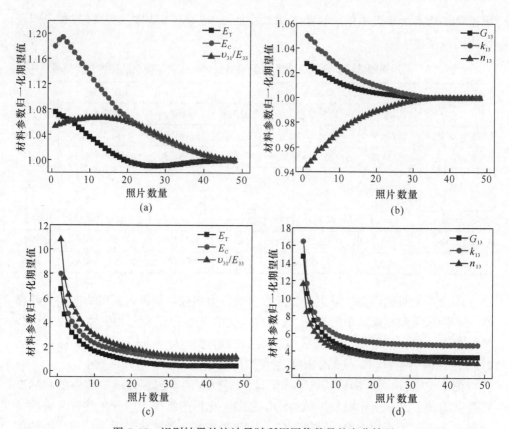

图 5.19　识别结果的统计量随所用图像数量的变化情况

（a）（b）归一化均值随所用图像数量的变化情况；（c）（b）变异系数随所用图像数量的变化情况

与位移数据中随机误差的标准差呈线性关系。为验证这一结论并量化实测位移数据随机误差水平对识别得到参数不确定性的影响，图 5.20 给出了不同随机误差标准差水平下识别得到的材料本构关系参数均值和标准差变化结果。计算过程中为了准确量化随机误差水平和识别得到参数的可靠性，采用了数值模拟数据，并分别叠加了均值为零，标准差为 $\sigma_0 = 2.79 \times 10^{-5}$ mm 的 1、3、5、7、10 倍的高斯分布随机误差，本构参数识别过程中重构单元尺寸保持不变，定量的研究了随机误差水平对识别参数的影响。

图 5.20 中左侧纵轴代表了归一化识别参数的均值，右侧纵轴代表了归一化识别参数的标准差，重构参数采用归一化误差水平为 $\sigma_0 = 2.79 \times 10^{-5}$ mm 时识别得到的结果。从图 5.20 结果可见，识别得到的参数归一化标准差随着随机误差水平（归一化的误差标准差）的增大而线性增大。值得注意的是，从图 5.20（b）~（d）的结果可见用于表征材料面内剪切行为的本构参数 $1/G_{13}$、$1/k_{13}$、n_{13} 对随机误差水平鲁棒性高，即随机误差水平提高 10 倍的情况下，短梁剪切实验理论上

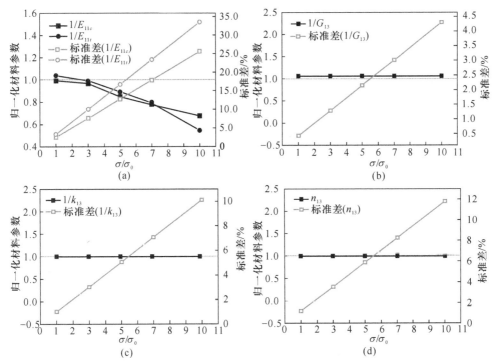

图5.20 识别得到本构参数的归一化均值和标准差随着随机误差水平的变化趋势
(a) 轴向（1方向）拉、压杨氏模量；(b) 面内剪切模量 G_{13}；
(c) 面内剪切非线性行为参数 $1/k_{13}$；(d) 面内剪切非线性行为参数 n_{33}

依旧可识别得到可靠的表征面内剪切行为的力学本构参数，包括可描述非线性行为的参数。而从图5.20(a) 中拉、压杨氏模量的归一化均值随随机误差水平的变化情况可见，当随机误差水平增大到3倍，即 $\sigma \geqslant 3\sigma_0$ 时，识别得到的杨氏模量结果已偏离真实的杨氏模量。数值实验的结果明确了表征复合材料拉压行为的杨氏模量对随机误差的鲁棒性低，对随机误差水平更敏感，其原因是短梁剪切实验中用于本构参数识别的区域内拉压正应变的水平显著低于面内剪切应变的水平，因此随机误差对正应变的影响更为明显。

为了研究重构过程中重构参数对材料本构关系参数识别结果的影响，本小节针对含有随机误差标准差为 $\sigma_0 = 2.79 \times 10^{-5}$ mm 的数值模拟数据，采用不同的重构参数进行重构获得应变数据，并结合有限元模型修正方法开展本构参数识别，对比了识别结果的均值和标准差随着重构参数的变化趋势。图5.21 所示为当随即误差标准差保持不变时，本构关系参数归一化的均值和标准差随重构参数的变化规律。由图中结果可见，在随机误差水平低且保持不变的条件下，所有待识别本构关系参数对重构算法中采用的重构参数都非常敏感。

随着采用全场有限元近似方法重构过程中重构单元尺寸的增加，识别得到的

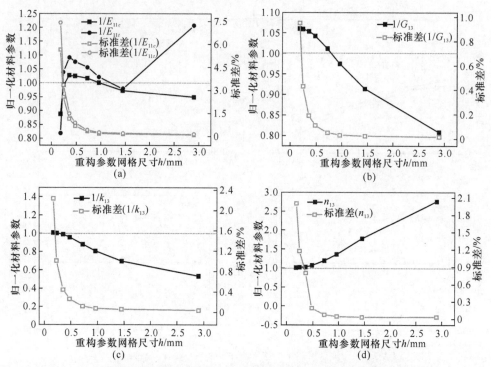

图 5.21　识别得到本构参数的归一化均值和标准差随着重构参数的变化趋势

(a) 轴向（1方向）拉、压杨氏模量；(b) 面内剪切模量 G_{13}；

(c) 面内剪切非线性行为参数 $1/k_{13}$；(d) 表征面内剪切非线性行为参数 n_{13}

材料本构关系参数均值都严重偏离真实本构关系参数，但本构关系参数的归一化标准差均随着重构单元尺寸的增加迅速降低。其原因如式（5.18）和式（5.19）所示，随机误差水平确定的条件下，识别得到的本构参数标准差由重构应变场的标准差决定，而重构应变场的标准差随重构单元尺寸的增大迅速下降（图 5.2），因此导致图 5.21 所示结果，即随重构单元尺寸增加，虽然本构参数均值严重偏离真实本构参数，但标准差降低。上述结果说明，采用全场有限元近似方法重构应变数据的过程中，重构参数即重构单元尺寸对本构关系参数识别至关重要。当重构单元尺寸偏离估算得到的近似最优重构单元尺寸时，采用重构应变数据得到的本构参数结果会严重偏离真实值，是不可靠的。由以上研究结果可明确采用有限元模型修正方法结合数字图像相关技术开展本构参数识别过程中应首先采用先验材料本构数据获得有限元数值计算模拟数据，进而估算近似的最优重构参数。

　　本章对由 DIC 采集的图像中噪声导致的随机误差和全场有限元重构算法引入的重构算法误差进行了系统的量化分析。并在此基础上，给出了识别所得本构关系参数的协方差矩阵，讨论了随机误差和重构算法误差对有限元模型修正法的识别结果均值和归一化标准差的影响。通过对未加载情况下的散斑图像分析，本章确定了由图像噪声导致的实测位移数据中的随机误差呈近似高斯分布，随机误差的标准差随着相关窗尺寸的增加而逐渐减小，并确定可以由 VIC-2D 软件提供的置信区间值来表征随机误差标准差。

对不同载荷下的变形图像获得的位移和应变数据使用最优重构参数进行全场有限元重构得到了归一化误差最小的应变数据，与有限元数值计算应力数据结合，通过有限元模型修正法识别得到了复合材料的 6 个本构参数。通过对比发现，由较小的区域内应力-应变数据识别所得的本构参数均值正确，但标准差较大。除泊松比外，其余本构参数对识别过程中所用的图像数量并不敏感，本构参数的变异系数随着图像数量的增加逐渐减小，并在 10 张图像后趋于稳定。通过研究确定了在识别过程中存在着适当的局部区域和图像数量，可以得到可信度较高的识别结果，但所使用的数据量越大，识别结果的归一化标准差和变异系数越小。

最后，本章通过对有限元数值计算位移场中添加不同水平的高斯白噪声合成随机误差水平不同的模拟实测位移场，并讨论了随机误差对识别结果的均值和归一化标准差的影响，结果表明本构关系参数的标准差随着随机误差的增大线性增加。在均值方面，剪切模量和剪切非线性参数对于随机误差的鲁棒性较强，由于试样主方向平面内正应变水平较低，使得杨氏模量对随机误差较为敏感，当随机误差标准差增大到 3 倍时，已经不能识别出正确的结果。通过采用不同的重构网格尺寸对模拟实测位移场进行全场有限元重构，获得应变场并开展本构关系参数的识别，讨论了识别结果的均值和百分比变异系数随重构网格尺寸的变化趋势，明确了识别结果的均值对重构网格尺寸极为敏感，识别结果的变异系数随着重构网格尺寸呈非线性变化，重构网格尺寸越小，识别结果的归一化标准差越大。选择合适的重构参数是获得正确的识别结果的关键，而最优重构参数可依据重构过程中重构数据的归一化误差最小化原则确定。

参 考 文 献

[1] Avril S, Feissel P, Pierron F, et al. Comparison of two approaches for differentiating full-field data in solid mechanics[J]. Measurement Science & Technology, 2010, 21(1): 015703.

[2] Gras R, Leclerc H, Hild F, et al. Identification of a set of macroscopic elastic parameters in a 3Dwoven composite: Uncertainty analysis and regularization[J]. International Journal of Solids & Structures, 2015, 55: 2~16.

[3] Schreier H W, Braasch J R, Sutton M A. Systematic errors in digital image correlation caused by intensity interpolation[J]. Optical Engineering, 2000, 39(11): 2915~2921.

[4] 张晓川, 陈金龙, 赵钊, 等. 基于双线性位移模式数字图像相关方法的误差分析及应用[J]. 实验力学, 2013, 28(6): 683~691.

[5] 戴相录, 谢惠民, 王怀喜. 二维数字图像相关测量中离面位移引起的误差分析[J]. 实验力学, 2013, 28(1): 10~19.

6 数字图像相关方法辅助的复合材料单向层合板层间压缩性能参数识别

6.1 引言

横向载荷下的力学性能，对于复合材料层合板的整体力学性能与失效模式有重要影响[1]。在加载过程中横向失效往往最先出现，并可能导致层合板其他铺层的进一步破坏，如层间分层失效等[2~4]。随着复合材料部件在实际工况中的受力情况越来越复杂，分析复合材料在横向载荷下的应变分布、变形机理是进一步研究复合材料的力学性能的基础。在横向载荷作用下，复合材料主要发生层间剪切破坏和挤压破坏。在短梁剪切实验中压头下方材料的位移和应变梯度大，变形比较复杂，因此在短梁剪切实验结合数字图像相关技术识别材料力学本构参数的研究中主要采用在远离压头和支撑点的图像区域，采用压头下方附近复杂应变区域开展材料力学本构参数识别的研究工作不多见。本书第4章和第5章的主要研究了采用远离压头和支撑点区域开展复合材料本构参数识别，本章首次针对压头正下方局部区域研究碳纤维环氧树脂基（IM7/8552）单向带复合材料层合板挤压破坏失效前沿厚度方向的应力-应变关系，并采用有限元模型修正方法根据重构应变和有限元模型数值计算应力识别了表征材料横向应力应变关系的本构关系参数。

Makeev等人通过调整短梁剪切实验中加载平面获得了碳纤维环氧树脂基（IM7/8552）复合材料层合板2—3面由基体主导的拉伸失效模式，并结合数字图像相关技术和有限元模型修正法识别得到了复合材料沿厚度方向的杨氏模量，他们的研究成果验证了可以由短梁剪切实验形式识别得到复合材料沿厚度方向的应力应变关系，但由于复合材料在2—3面拉伸失效模式下过早失效，实验难以获得复合材料沿厚度方向的复杂高梯度应变，所以他们未能开展复合材料在高梯度应变区域的本构关系研究。为开展复合材料沿厚度方向在高水平应力应变区域的本构关系研究，本章通过调整短梁剪切实验参数实现复合材料1—3面压缩剪切复合失效模式，并根据第5章可以采用某一局部区域识别得到可靠的材料本构关系参数的结论，采用加载点下方局部复杂高梯度应变区域，通过基于数字图像相关方法的短梁剪切实验结合有限元模型修正方法对碳纤维增强树脂基（IM7/8552）单向带复合材料层合板沿厚度方向表征应力应变关系的本构参数进行识别。首先，采用全场有限元近似方法对压头正下方的位移数据和应变数据进行重构，重构过程中以重构后平均归一化误差最小化为目标确定了最优重构单元尺寸。其次，将重构应变场与有限元模型结合数值计算应力数据，最终识别获得描述复合材料沿厚度方向的非线性应力应变关系的本构关系参数，并讨论了实验中随机误差水平和重构单元尺寸对识别得到的本构参数的影响。通过研究发现识别结果对随机误差表现出了较强的鲁棒性，而重构单元尺寸是保证识别结果可靠性的关键。

6.2 短梁剪切实验中高梯度应变区域的三维有限元模型

本章参考压缩剪切复合失效的短梁剪切试验中的试样尺寸和实验参数，建立了如图 6.1(a) 所示的具有相同的边界条件和加载历程的三维有限元模型。考虑到目标区域（ROI-2）为压头正下方的矩形区域，为保证区域完整性，所以有限元模型的宽度方向为实际试样的 1/2 尺寸，长度和厚度与实际试样相同。该模型包含几何非线性、材料非线性，其接触属性、单元类型以及压头和支撑点的边界条件均与 2.3.1 节中的设置相同，不同的是，模型中将压头直径修改为 50.8mm（为了获得压头附近以压剪破坏主导的失效模式，实验中调整了短梁剪切失效实验的压头直径，将较大的压头直径 $D = 101.6mm$ 调整为 $D = 50.8mm$）。模型在厚度方向划分了 34 层单元，复合材料试样在厚度方向具有 31 层单元，模型中厚度方向单元层数稍多于真实试样。在加载历程部分，设置了与数字图像相关方法采集图像数量相同的分析步，共有 57 个分析步。有限元模型的本构初值为制备方提供的线弹性本构参数。ROI 区域如图 6.1 中框线所示。考虑到压头下方应力水平较高，试样变形较复杂、应变梯度较大且涉及接近失效阶段的应力应变行为的分析，为提高应力分析精度，同时保证有限元模型在参数迭代修正过程中的效率，采用了子模型分析技术。将图 6.1(a) 中的 1/2 模型作为全局模型，对压头下方区域建立如图 6.1(b) 所示的子模型，进行局部单元细化，以较小的计算代价取得更高精度的应力应变结果，子模型单元的长和高的尺寸均为 2 像素，即 0.226mm；沿 Z 方向的宽为 6 像素，即 0.678mm。子模型各个分析步的驱动变量为全局模型在该分析步的位移结果，即将全局模型在子模型边界上的位移结果作为边界条件来引入子模型。为避免边界条件的设定对本构参数识别结果产生较大影响，在本小节的研究中采用有限元数值模拟数据开展了边界条件对本构参数识别结果的影响研究，研究过程中首先在全局模型中给出了材料沿厚度方向的线弹性本构关系和参数，其中 $E_{33} = 8603MPa$，并根据上述边界条件建立子模型，开展了沿厚度方向的本构参数识别，识别结果为 $E_{33} = 8611.37MPa$，标准偏差为 0.09%，由此可以确定该边界条件的施加并不会对识别结果产生较大影响。子模型的加载历程与全局模型相同，在与压头的分析钢体表面耦合的参考点上施加集中力，考虑到在压头正下方区域存在着沿厚度方向的高水平压应力与剪应力，并且应力之间的非线性耦合情况未知，为谨慎起见，选取图 6.1(b) 中 ROI-2 区域进行应力-应变关系的识别，ROI-2 区域的压应力较大，而剪应力和沿 x 方向的正应力均较小，是识别压头下方应力应变关系的理想区域。

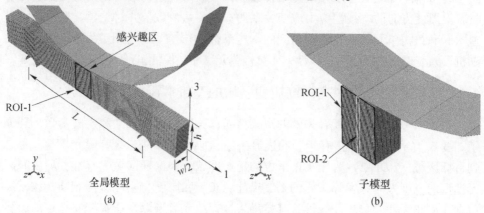

图 6.1　有限元全局模型和子模型

6.3　短梁剪切实验中高梯度应变数据重构

考虑到本次的压缩剪切复合失效实验与之前进行的层间剪切失效实验间隔时间较长，实验参数有所变化，并且在实验过程中使用了不同的光源，直接影响图像的质量，因此首先对于本次实验中由数字图像相关技术所得位移数据的随机误差水平开展分析。

在图像采集过程中，MTS 实验机采用位移控制保证压头在试样上表面 1mm 处静止不动，确定对试样未加载。由 CCD 相机采集试样在未加载状态下的图像，采样频率为 0.2Hz，采集时间共 50s。采用 VIC-2D 计算实测位移数据过程中，相关窗尺寸为 35×35 像素，相当于 0.396mm×0.396mm，计算步长为 1 像素。采集过程中共 5 个试样，每个试样采集 10 张图像，对位移数据平均后得到位移数据可表征实测位移数据中的随机误差水平和分布。未加载情况下位移 u、v 的云图如图 6.2 所示。

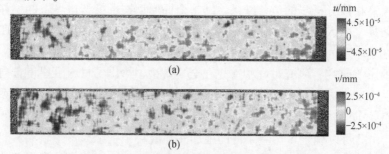

图 6.2　未加载情况下 DIC 实测位移数据云图
(a) 未加载下沿 x 方向的平均位移数据云图；(b) 未加载下沿 y 方向的平均位移数据云图

为获得实验中随机误差的分布形式，计算得到位移数据的分布直方图，如图 6.3 所示，图中纵轴为位移数据 u、v 的分布频率，图中曲线为标准高斯分布函数曲线。位移数据的均值和标准差见表 6.1。结合图 6.3 的结果可确定位移数据的随机误差均值近似为零，标准差为 $\mu = 5 \times 10^{-5}$ mm，呈高斯分布。

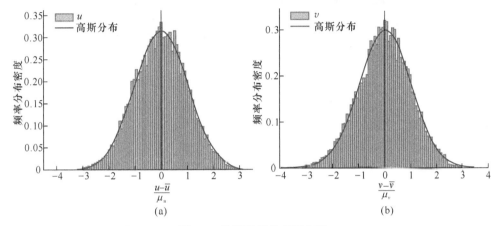

图 6.3 位移数据分布直方图

（a）沿 x 方向位移数据 u 的分布直方图；（b）沿 y 方向位移数据 v 的分布直方图

表 6.1 位移数据的均值和标准差

位移场方向	均值/mm	标准差/mm
u	5.35×10^{-7}	4.81×10^{-5}
v	3.47×10^{-7}	2.80×10^{-5}

本节采用有限元添加随机误差的模拟位移数据开展最优重构参数的估算，为保证子模型输出的位移数据密度与数字图像相关技术实测位移数据密度保持一致，图 6.1（b）中子模型单元的长和高的尺寸均为 0.0113mm 对应着一个像素，沿宽度方向的尺寸为 0.0339mm，在 ROI-2 区域内共有 1968 个单元节点。为了表征实测随机误差影响，数值模拟位移数据中叠加了均值为 0，标准差为 $\mu = 5 \times 10^{-5}$ mm 的高斯白噪声，其中 μ 由 VIC-2D 给出的置信区间值计算得到。为确定最优重构参数，采用了不同的重构单元尺寸对模拟位移数据和应变数据开展重构，并根据式（5.10）和式（5.16）计算了重构位移数据和应变数据的平均归一化误差。本章仅选用如图 6.4 所示的压头正下方 ROI-2 区域进行沿厚度方向的应力应变关系识别，该区域沿 y 方向的应力应变较大，是开展沿厚度方向本构关系参数识别的理想区域。但考虑到仅重构该区域内的变形数据，由于数据量少可导致重构数据的不确定性大，故为保证识别区域内重构数据的可靠性，选用较大的 ROI-1 区域进行位移数据和应变数据的重构。

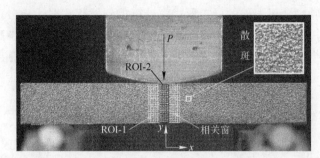

图 6.4　重构数据所在区域以及识别本构参数的目标区域位置示意图

图 6.5 所示为重构位移和应变数据的平均归一化误差随着重构单元尺寸的变化曲线，图中当平均归一化误差取得最小值时对应的重构单元尺寸即为最优重构单元尺寸。对比图 6.5(a) 和（b）中最优重构单元尺寸可见，位移数据最优重构参数大于应变数据最优重构参数，其中位移数据的最优重构单元尺寸为 $h_{opt} =$ 0.27mm，应变数据的最优重构单元尺寸为 $h_{opt} = 0.18$mm。最优重构单元尺寸与随机误差水平和位移、应变水平和梯度有关。在压缩剪切复合失效的实验中，可近似认为随机误差水平保持不变，随着载荷增加，位移和应变的水平和梯度增加，相对应的最优的重构参数可能不同。为了确定不同载荷下的位移数据和应变数据的最优重构单元尺寸，对整个加载历程中的带有随机误差的模拟位移数据和应变数据开展了重构，并以最小化平均归一化误差为指标，确定了不同载荷下的图像包含的位移数据重构和应变数据重构的最优重构单元尺寸，给出了最优重构参数随载荷变化的规律。图 6.6 所示为针对整个加载历程中的 3 个不同载荷下的模拟数据，重构后数据的平均归一化误差随着重构单元尺寸的变化曲线。由图 6.6 可知，随着载荷逐渐增大，位移数据的水平和梯度逐渐增大，随机误差的影响逐渐减弱，对位移场进行重构的最优重构单元尺寸逐渐减小，当载荷大于 5540N 后，最优重构单元尺寸稳定在 $h_{opt} = 0.21$mm。在应变场的重构过程中，当载荷较小时（$P = 973$N），随机误差的影响比较明显，此时的最优重构单元尺寸 $h_{opt} = 0.24$mm，随着载荷增大，随机误差影响减弱，平均归一化误差主要由重构算法误差主导，最优重构单元尺寸逐渐减小，当载荷超过 3993N 时，最优重构单元尺寸趋于稳定，$h_{opt} = 0.18$mm。由图 6.6 中不同载荷水平下的最优重构单元尺寸变化规律可知，在对整个加载历程的 DIC 实测位移数据采用全场有限元近似方法进行重构时，应根据位移数据和应变数据的水平、梯度以及随机误差水平选择不同的重构单元尺寸。

在完成最优重构参数的估算后，即采用最优重构单元尺寸对数字图像相关方法得到的实测位移数据和应变数据开展重构，图 6.7 和图 6.8 所示为载荷 $P =$ 5740N 条件下的实测位移数据的重构位移场云图和重构位移标准差分布云图。图 6.9 所示为重构位移场经过全场有限元近似方法计算得到的重构应变场（$P =$ 5740N）云图。

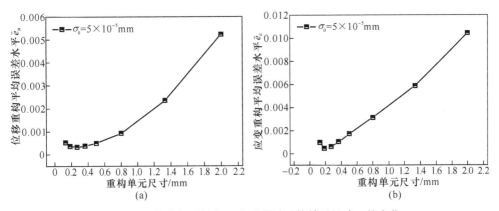

图 6.5 重构数据平均归一化误差随重构单元尺寸 h 的变化

（a）重构位移数据平均归一化误差；（b）重构应变数据平均归一化误差

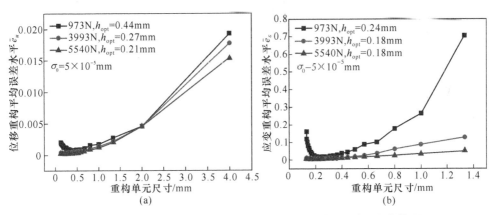

图 6.6 不同载荷水平下平均归一化误差随重构单元尺寸的变化情况

（a）重构位移数据的平均归一化误差；（b）重构应变数据的平均归一化误差

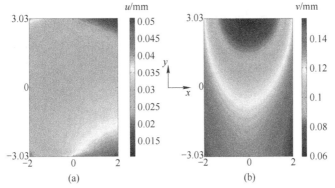

图 6.7 对 $P=5740\text{N}$ 时 DIC 实测位移数据进行全场有限元重构后所得位移场

（a）沿 x 方向位移场；（b）沿 y 方向位移场

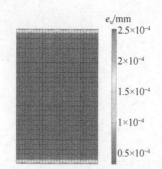

图 6.8   DIC 重构位移场误差云图

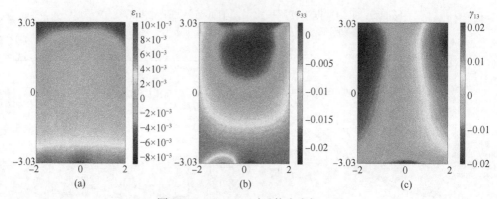

图 6.9 $P = 5740\mathrm{N}$ 时重构应变场云图

(a) 应变场 ε_{11}；(b) 应变场 ε_{33}；(c) 剪应变场 γ_{13}

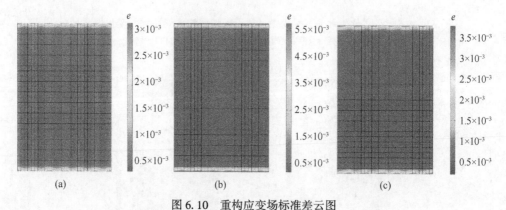

图 6.10   重构应变场标准差云图

(a) ε_{11} 标准差云图；(b) ε_{33} 标准差云图；(c) γ_{13} 标准差云图

由图 6.9 可见，压头正下方 ROI-2 区域内，正应变和剪应变水平低，靠近压头位置处横向压缩正应变水平较高。图 6.9(b) 中 ε_{33} 在接近上表面位置处应变分布不均匀，这是由于边缘区域数据量较少，重构应变误差水平高导致的。由于靠近压头位置处边缘区域应变误差水平高，因此在本构参数识别过程中，忽略这一区域内的数据。这一结论在图 6.10 中也得到了验证。图 6.10 所示为采用式（5.16）的重构应变场的协方差矩阵计算得到的重构应变场的误差云图。图 6.10 所示为重构应变数据误差，从图中可见，重构应变场误差较大的区域集中在重构区域的上下边缘处，因此在由重构应变场和有限元数值计算应力场数据通过最小二乘回归识别压头下方应力应变本构关系参数的过程中，为减小重构应变误差对参数识别结果的影响，忽略图 6.10 所示误差水平较高区域内的数据。

6.4　基于局部高梯度应变的材料非线性本构参数识别

本小节采用有限元模型修正法开展复合材料横向压缩应力应变本构关系参数识别，本构关系参数包括沿厚度方向的杨氏模量 E_{33}、非线性参数 k_{33} 及 n_{33}。识别过程的参数初值是由材料制备方提供的线弹性本构参数。识别过程中通过压头下方 ROI-2 区域内的有限元模型计算所得节点应变和重构得到的节点应变的方差建立目标函数，收敛准则为横向压缩本构参数的变化率小于 0.5%，目标函数归一化平方根变化率小于 1%。目标函数的计算如式（6.1）所示：

$$Q(\bar{p}) = Q(\{\varepsilon_{33}(\bar{p})\}, \{\bar{p}\}) = \sum_{j=1}^{N} \sum_{i=1}^{M} \left[(\{\varepsilon_{33i}^{\text{num}}(\bar{p})\} - \{\varepsilon_{33i}^{\text{rec}}\})^2 \right]_j \quad (6.1)$$

式中，$\{\bar{p}\}$ 为一系列待求的本构参数；N 为有限元模型中每一个分析步中 ROI 区域内的节点个数；M 为有限元模型加载步的数量，也对应着实验过程中数字图像相关方法在试样失效前采集到的图像数量；$M \times N$ 为整个识别过程中所用的应力或应变的数据点个数；$\varepsilon_{33i}^{\text{num}}$ 为有限元模型节点 i 处沿厚度方向的应变；$\varepsilon_{33i}^{\text{rec}}$ 为节点 i 处的重构应变；i 为节点编号。

由于复合材料单向带层合板的横向力学响应行为主要由基体材料主导，因此考虑非线性本构关系形如式（6.2）[5~8]：

$$\varepsilon_{33} = \frac{\sigma_{33}}{E_{33}} - \frac{\sigma_{11}}{E_{11}} v_{13} + \left(\frac{\sigma_{33}}{k_{33}} \right)^{\frac{1}{n_{33}}} \quad (6.2)$$

式中，k_{33}，n_{33} 为非线性参数。

考虑到 ROI-2 区域内纵向正应力 σ_{11} 远小于横向正应力 σ_{11}，识别过程中忽略了泊松比效应，横向压缩正应变为：

$$\varepsilon_{33} = \frac{\sigma_{33}}{E_{33}} + \left(\frac{\sigma_{33}}{k_{33}} \right)^{\frac{1}{n_{33}}} \quad (6.3)$$

将式（6.3）和式（6.5）代入式（6.1）可以得到目标函数的展开式：

$$Q(\bar{p}) = Q(\{\varepsilon_{33}(\bar{p})\}, \{\bar{p}\}) = \sum_{j=1}^{N} \left\{ \sum_{i=1}^{M} \left[\frac{\sigma_{33i}^{\text{num}}}{E_{33}} + \left(\frac{\sigma_{33i}^{\text{num}}}{k_{33}} \right)^{\frac{1}{n_{33}}} - \varepsilon_{33i}^{\text{rec}} \right]^2 \right\}_j \quad (6.4)$$

由式（6.4）可知有限元模型修正法的目标函数是与有限元计算应力 $\sigma_{33i}^{\text{num}}$、重构应变 $\varepsilon_{33i}^{\text{rec}}$ 以及待求本构关系参数 $\bar{p}$ 相关的函数。对于线性本构参数 E_{11T}、E_{11C} 和 G_{13} 可采用第 2 章中线性最小二乘回归识别获得，对于非线性本构参数 k_{33} 和 $1/n_{33}$，可通过双对数处理采用线性最小二乘回归获得。

6.4.1　横向压缩力学性能参数的识别结果

在采用由数值模拟数据估算得到的最优重构参数完成对 DIC 实测位移数据和应变数据的重构后，即可使用有限元计算应力和重构应变，结合有限元模型修正法，通过少次迭代，识别得到复合材料沿厚度方向的应力应变关系，并参考式（5.19）获得识别结果的标准差以及变异系数，计算结果见表 6.2。图 6.11 所示为在有限元模型中代入最终本构关系参数计算所得应力场数据 σ_{33}、σ_{11} 与重构应变场数据 ε_{33} 的非线性最小二乘回归结果。本构关系式形如式（6.3）所示，曲线中包含压头下方整个加载历程中的 ROI-2 区域内的应力应变数据。优化过程经过 5 次迭代达到收敛，其中每一次迭代中的应力-应变曲线以及目标函数值如图 6.12 所示。图 6.12(a) 中 A 组本构参数为应力-应变关系的初始假设，是一条线性的本构关系曲线，代入模型计算后由有限元模型的数值计算应力和重构后所得应变场数据通过最小二乘回归确定了压头下方沿 y 方向的应力应变数据为非线性本构关系形式，代入式（6.3），经过最小二乘回归后，得到非线性本构关系参数，结合有限元模型修正法，在 5 次迭代后，目标函数达到收敛，本构关系曲线也基本重合，获得了能够反映材料在目标区域的力学响应的本构关系参数。图 6.12(b) 所示为目标函数值随着迭代次数的变化曲线，目标函数值经过一次迭代后迅速降低，并逐渐趋于收敛。

表 6.2　沿厚度方向本构关系参数不确定性分析结果

参数	$(1/E_{33})/\text{MPa}^{-1}$	$(1/k_{33})/\text{MPa}^{-1}$	n_{33}
均值	1/8603.36	1/786.15	3.59
标准差	1/(8603.36×84.75)	1/(786.15×68.97)	0.016
COV	1.18%	1.45%	0.45%

6.4.2　参数初值、随机误差水平以及重构单元尺寸对识别结果的影响

为了研究压头下方应力应变本构关系参数的识别过程对于本构参数初值的敏感性，采用 A、B 两组不同的描述剪切行为的本构参数初值开展识别。图 6.13 所示为分别采用不同的本构关系参数识别得到的压头下方应力应变曲线。图 6.13 中 A 组本构关系参数为线弹性本构参数，B 组本构关系参数为相比于表 6.2 具有更强非线性的本构关系参数。从图 6.13 中可见，虽然采用 A、B 两组不同的初值

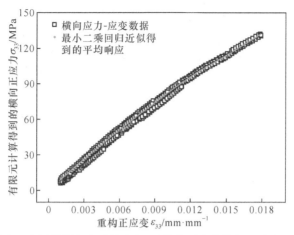

图 6.11　压头下方沿厚度方向计算应力-重构实测应变数据及最小二乘回归结果

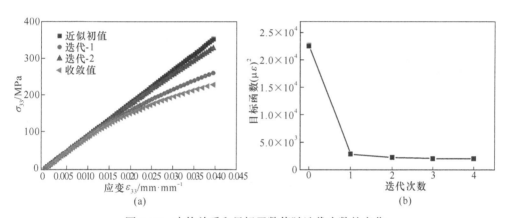

图 6.12　本构关系和目标函数值随迭代次数的变化

（a）沿厚度方向应力应变关系识别结果随迭代次数的变化；（b）目标函数值随迭代次数的变化

开展识别，但是最终的收敛结果高度一致。A 组本构参数初值的识别过程经过 4 次迭代达到收敛，B 组本构参数初值的识别过程仅经过 3 次迭代即可达到收敛。其中 A 组本构参数初值为线弹性本构关系参数，并未考虑材料非线性行为，在识别过程的第一次迭代修正后即可根据有限元计算应力与重构数字图像相关技术实测应变通过最小二乘回归识别得到非线性剪切应力应变关系，并依据式（6.3）对线弹性的本构关系假设进行修正。由此可以看出，该识别方法采用 ROI-2 较小区域内应力-应变数据开展非线性应力-应变关系参数的识别具有很高的效率，对本构参数初值以及本构关系的初始假设具有很强的鲁棒性，且在识别过程中可在每一次修正过程中根据应力-应变数据寻找最优的本构关系式对本构关系的初始假设进行修正。

由第 5 章结论可知重构应变场的误差由 DIC 实验的随机误差和重构算法的重

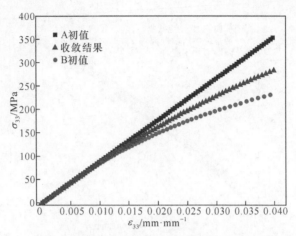

图 6.13 由 A、B 两组不同本构参数初值识别前和识别收敛后的应力应变曲线

A—线弹性本构关系参数初值；B—更强非线性本构关系参数初值

构算法误差组成，重构应变场的标准差与 DIC 实验的随机噪声标准差线性相关，与重构参数即单元尺寸 h 呈非线性关系，单元尺寸 h 越大，重构算法误差越小。为研究不同的随机误差水平对识别得到的参数不确定性的影响，本节采用有限元模型数值计算位移场分别叠加均值为零，标准差分别为 $\sigma_0 = 5 \times 10^{-5}\,\mathrm{mm}$、$\sigma_0 = 1.5 \times 10^{-4}\,\mathrm{mm}$、$\sigma_0 = 2.5 \times 10^{-4}\,\mathrm{mm}$、$\sigma_0 = 3.5 \times 10^{-4}\,\mathrm{mm}$、$\sigma_0 = 5 \times 10^{-4}\,\mathrm{mm}$ 的高斯白噪声合成模拟位移数据，采用固定不变的重构单元尺寸 $h = 0.18\,\mathrm{mm}$ 对位移数据和应变数据进行重构并结合有限元模型修正法识别得到本构关系参数的归一化均值，参照式（5.19）计算压头下方沿厚度方向的本构关系参数标准差，讨论随机误差水平对识别结果的影响。各个本构关系参数的均值与标准差随着随机误差水平的变化曲线如图 6.14 所示。图 6.14 中左侧纵轴代表归一化的识别参数均值，右侧纵轴代表归一化的识别参数标准差，本构参数参考值采用随机误差为 σ_0 时识别得到的结果。由图中左侧曲线可以看出，不同的随噪声水平下的识别所得本构参数的均值基本稳定，这是因为沿厚度方向的应变场水平较高，随机误差对应变数据的影响不显著，所以由此应变数据识别得到的本构参数的归一化均值表现出了对随机误差不敏感的特点，即反演所得的本构关系参数均值对随机误差不敏感；右侧曲线为反演所得本构关系参数的标准差，由曲线走势可以看出识别结果的标准差与随机噪声水平呈线性变化，随机噪声的标准差增大时，反演所得材料参数的标准差也随之增大，当噪声水平增大 10 倍时，材料参数的标准差也相应的增大 10 倍。相比于杨氏模量 E_{33} 和割线模量 k_{33}，非线性系数 n_{33} 对随机误差的鲁棒性最好。

另外，在讨论反演所得材料参数的均值和标准差随重构参数的变化时，对有限元数值计算位移场添加均值为零、标准差为 $\sigma_0 = 5 \times 10^{-5}\,\mathrm{mm}$ 的高斯白噪声合成

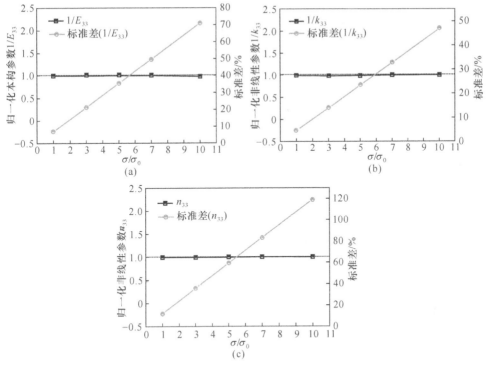

图 6.14　识别所得本构关系参数的归一化均值和标准差随着随机噪声水平的变化趋势

（a）杨氏模量 E_{33}；（b）面内剪切非线性行为参数 k_{33}；（c）面内剪切非线性系数 n_{33}

为模拟实测位移场，并分别使用不同的重构参数进行全场有限元近似重构获得应变场，结合有限元模型修正法通过少次迭代获得本构关系参数的均值，再通过式（5.19）计算得到本构关系参数的标准差。图 6.15 所示为当随机噪声标准差为 $\sigma_0 = 5 \times 10^{-5}$ mm 保持不变，识别所得本构参数的均值和标准差随着重构单元尺寸 h 的变化。图 6.15 中正方形半实心数据表示为反演所得材料常数的均值随着网格尺寸 h 的变化情况，由图中可以看出，只有当重构单元尺寸取一个适当的值时，才能够得到较为精确的材料本构关系参数的均值，即材料本构关系的均值对重构参数极为敏感。图 6.15 中圆形半实心数据表示识别结果的标准差随着重构参数的变化情况，由图中曲线可以看出本构关系参数的标准差随着重构参数的增大而减小，呈非线性变化，并逐渐趋于一个定值，这是因为当随机误差水平确定时，本构参数的标准差由重构应变场的标准差决定，而重构应变场的标准差随重构单元尺寸增大迅速减小，因此导致了图 6.15 中所示结果。可见当重构单元尺寸大于最优重构参数时，虽然识别结果的标准差有所下降，但识别所得本构参数的均值可能严重偏离真值。由图 6.15 可以得出结论，针对采用压头正下方数据进行本构关系参数识别的过程，重构单元尺寸依然起到了至关重要的作用，是能够得到正确的识别结果的保证。在采用有限元模型修正法结合数字图像相关技术开展本构参数识别过程中，采用本构初值获得模拟数据估算近似最优重构单元尺寸是不可缺少的重要一环。

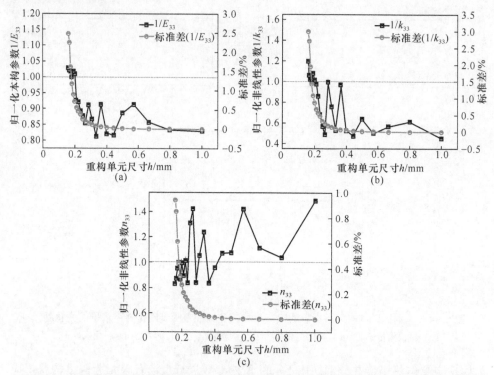

图 6.15　识别得到本构关系参数的归一化均值和标准差随着重构单元尺寸 h 的关系曲线

（a）杨氏模量 E_{33}；（b）面内剪切非线性行为参数 k_{33}；（c）面内剪切非线性系数 n_{33}

　　由于实验中改变了光源和部分实验参数，造成了 DIC 设备采集的试样表面变形图像中存在的噪声水平发生变化，本章通过对 SBS 结合数字图像相关方法实验中未加载时的图像进行分析计算，确定了数字图像相关方法图像中实测位移场的随机噪声为高斯分布形式以及随机噪声标准差为 $\sigma_0 = 5 \times 10^{-5}$ mm。通过对有限元模型子模型的数值计算位移场添加均值为零，标准差为 $\sigma_0 = 5 \times 10^{-5}$ mm 的高斯白噪声，生成模拟的实验实测位移场。采用不同的重构单元尺寸对模拟位移场进行全场有限元重构并计算应变场，计算重构后所得的位移场和应变场数据相对于有限元模型数值计算位移场和应变场数据的平均归一化误差，以平均归一化误差最小化原则确定了在当前的噪声水平下，整个加载历程中随着载荷增大、位移场数值和梯度增高，每一张图像的位移和应变数据对应的最优重构单元尺寸。在已知最优重构单元尺寸的基础上，对 DIC 实测位移场和应变场进行全场有限元重构，并将重构后获得的应变场数据与有限元模型数值计算应力相结合，通过非线性最小二乘回归确定复合材料的本构关系参数，依托有限元模型修正法经过少次迭代得到碳纤维环氧树脂基单向带复合材料层合板沿厚度方向的本构关系参数。识别过程经过 5 次迭代就达到收敛。在识别过程中通过对应力-应变数据的最小二乘回归，对初始的线性本构关系进行了修正，使用 Ramberg-Osgood 表达式进行压头正下方沿厚度方向的本构关系假设，得到了最终的识别结果。

最后，通过计算得到了本构关系参数的均值、标准差和变异系数，并研究了随机误差和重构算法误差对识别结果不确定性的影响；比较了识别结果的均值和标准差随着噪声水平的变化，发现识别结果的均值对随机误差不敏感，其中非线性系数 n_{33} 对随机误差的鲁棒性最好；识别结果的标准差与随机误差水平呈线性关系，随机误差增大 10 倍时，标准差也相应的增大 10 倍。通过比较识别结果的均值和标准差随着重构参数的变化，发现识别结果的均值对重构参数极为敏感，只有取得最优重构参数时，才能够得到准确的识别结果。在识别过程中，应先通过本构初值获得模拟数据，进而开展近似最优重构单元尺寸的估算，这一步骤在采用有限元模型修正法结合数字图像相关技术开展本构参数识别过程中是不可或缺的。

参 考 文 献

[1] Chen H X, Cao H J, Huang X M. Simulation analysis of in-plane compression on three-dimensional spacer fabric composite[J]. Materials Science Forum, 2019, 971: 36~44.

[2] Kamae T, Drzal L T. Carbon fiber/epoxy composite property enhancement through incorporation of carbon nanotubes at the fiber-matrix interphase-Part Ⅰ: The development of carbon nano tube coated carbon fibers and the evaluation of their adhesion[J]. Composites Part A, 2012, 43 (9): 1569~1577.

[3] Rizvi Z H, Sembdner K, Suman A, et al. Experimental and numerical investigation of thermo-mechanical properties for nano-geocomposite[J]. International Journal of Thermophysics, 2019, 40(5): 54~65.

[4] Zhou Y, Hosur M, Jeelani S, et al. Fabrication and characterization of carbon fiber reinforced clay/epoxy composite[J]. Journal of Materials Science, 2012, 47(12): 5002~5012.

[5] Carpentier A P. Advanced Materials Characterization Based on Full Field Deformation Measurements[D]. Texas: University of Texas at Arlington, 2013.

[6] 贾利勇, 贾欲明, 于龙, 等. 基于多尺度模型的复合材料厚板 G13 剪切失效分析 [J]. 复合材料学报, 2017, 34(4): 558~566.

[7] Ji X H, Hao Z Q, Su L J, et al. Characterizing the constitutive response of plain-woven fibre reinforced aerogel matrix composites using digital image correlation [J]. Composite Structures, 2020, 234: 111652.

[8] 薛康, 肖毅, 王杰, 等. 单向纤维增强聚合物复合材料压缩渐进破坏 [J]. 复合材料学报, 2019, 36(6): 1398~1412.

7 基于位移数据的复合材料本构关系参数实验识别研究

7.1 引言

前面的章节已经对以实测应变数据构造目标函数开展材料本构关系参数识别的方法进行了一系列的应用和讨论，系统研究了数字图像相关技术中变形数据存在的高斯分布随机误差和由重构算法引入的算法误差，讨论了这些误差对本构参数识别结果的影响规律，并对识别得到的参数开展了不确定性分析。从研究结果可以明确基于重构位移数据获得重构应变场的过程中，位移数据中的误差不可避免地被显著放大，导致重构应变数据中的误差水平远远高于重构位移数据中的误差水平，因此可以推论采用重构位移数据开展本构关系参数识别可有效降低实测数据误差对识别结果的影响，显著减小识别结果的不确定性。

为了进一步量化在由重构位移计算获得重构应变数据过程中随机误差被放大的情况，接下来首先对未加载情况下获得的位移数据进行全场有限元重构，进而获得重构应变场，通过比较重构位移和应变数据的均值、标准差和数据波动范围，得到随机误差被放大的情况。计算过程中使用 5.4.1 节中获得的未加载时的位移数据 u 和 v，根据图 5.12 中平均误差水平随着重构单元尺寸的变化曲线，选择使用理论最优重构单元尺寸 $h=3.9\text{mm}$ 对位移数据开展重构，其重构前后的均值、标准差和变异系数见表 7.1。

表 7.1 全场有限元重构前后的位移数据噪声均值及标准差

参数	u^{DIC}/mm	v^{DIC}/mm	u^{rec}/mm	v^{rec}/mm
均值	1.91×10^{-6}	1.92×10^{-6}	1.82×10^{-6}	2.14×10^{-6}
标准差	2.35×10^{-6}	4.86×10^{-6}	4.16×10^{-6}	7.45×10^{-6}

注：u^{DIC} 和 v^{DIC} 为未加载情况下的 DIC 实测位移数据，u^{rec} 和 v^{rec} 为重构位移数据。

在获得重构位移场的基础上，进一步采用全场有限元近似方法开展了应变场重构，并计算重构应变场的均值、标准差和变异系数，见表 7.2。

表 7.2 全场有限元差分重构后应变数据噪声均值及标准差

参数	ε_{11}^{rec}	ε_{33}^{rec}	γ_{13}^{rec}
均值	2.98×10^{-6}	5.78×10^{-6}	7.46×10^{-6}
标准差	2.09×10^{-4}	1.79×10^{-4}	2.85×10^{-4}

对比表 7.1 和表 7.2 中重构位移数据和应变数据的标准差，可以明显看到相对于位移数据标准差，重构应变数据的标准差明显增大，因此明确了基于重构位移场数据计算重构应变场数据的计算过程中，随机误差对数据的影响明显被放大了。另外，基于重构位移数据采用全场有限元近似方法计算重构应变场的过程中，算法误差也显著增加。观察本书图 5.10(c)、图 5.12(c) 和图 5.14(c) 中的曲线可知，针对含有不同随机误差水平的模拟数据的重构，重构应变场误差水平均远远高于重构位移场误差水平，且随着重构单元尺寸的减小显著增加。在不考虑随机误差 $\sigma=0$ 的情况下，应变误差放大系数最人可接近800。当位移数据中高斯分布的随机误差水平为 $\sigma=2.79\times10^{-4}$ mm 时，即使存在随机误差的影响，应变误差放大系数依然维持在一个较高的水平。

总结前文的研究工作，一方面由重构位移数据构建目标函数进行本构关系参数的识别可显著减少随机误差和算法误差对识别结果不确定性的影响。另一方面，由图 5.20(a) 中杨氏模量的归一化均值随随机误差水平的变化情况及其产生原因的讨论可知，当识别所用的区域内应变水平较低时，随机误差对应变数据的影响显著；当随机误差水平较高时，可能无法识别出正确的本构参数的归一化均值。

因此基于以上研究结果，我们进一步提出以重构位移数据构建目标函数开展本构关系参数的识别相比以重构应变构建目标函数具有明显的优势，其识别结果受到随机误差和算法误差影响小，特别是在应变水平较低的区域，以重构位移数据开展本构参数识别可得到可靠的识别结果。针对短梁剪切实验，本章将根据模拟数据采用重构位移构建目标函数开展复合材料本构参数识别，并与以重构应变为目标函数识别得到的结果进行比较，系统研究识别方法的效率以及对随机误差、本构参数初值的鲁棒性。

7.2 基于短梁剪切实验的数值模拟位移数据

本章采用的模拟数据由有限元数值计算得到的节点位移数据叠加标准差为 $\sigma=2.79\times10^{-5}$ mm 的随机误差获得。为获得有限元数值模拟位移数据，建立了与实验一致的边界条件和加载历程的三维有限元模型，有限元模型的边界条件、单元类型和接触设置等都与4.4.1节中的有限元模型一致，为保证数据点的位置、数量与数字图像相关技术得到的实测位移数据相近，在 ROI 识别区域将有限元模型中的网格细化，节点个数 N_{FEM} 与数字图像相关方法实测位移数据中相同区域内数据点个数接近，在本书第 5 章开展了对 ROI 大小不同区域识别结果的比较，结果显示采用压头和支撑点中间宽 2mm 区域也可以识别得到可靠的结果，所以本章中研究区域（ROI）采用有限元模型中左侧的压头和支撑点中间宽 2mm 的矩形区域，如图 7.1 中实线框所示，单侧 ROI 中共有 3072 个单元节点。

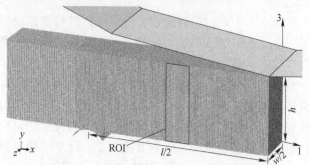

图 7.1　有限元模型以及 ROI 区域图示

为了重点研究小应变条件下采用重构位移数据构建目标函数开展材料本构参数识别的优势，并与以重构应变数据情况进行比较，有限元模型仅考虑试样弹性变形阶段，最大载荷为 $P=421\text{N}$，分为 10 个加载步进行计算。模型中在压头的上方建立参考点，并在参考点与压头之间建立运动耦合约束，压头仅能做竖直向下的运动，模型的载荷为施加在压头参考点位置处竖直向下的集中力，加载平面为 1—3 面。模型中材料的本构关系如式（7.1）所示：

$$\begin{Bmatrix} \varepsilon_{11} \\ \varepsilon_{33} \\ \gamma_{13} \end{Bmatrix} = \begin{bmatrix} \dfrac{1}{E_{11}} & -\dfrac{\nu_{31}}{E_{33}} & 0 \\ -\dfrac{\nu_{13}}{E_{11}} & \dfrac{1}{E_{33}} & 0 \\ 0 & 0 & \dfrac{1}{G_{13}} \end{bmatrix} \begin{Bmatrix} \sigma_{11} \\ \sigma_{33} \\ \tau_{13} \end{Bmatrix} \qquad (7.1)$$

模型的本构关系参数初值采用材料设备上提供的线弹性力学性能参数：$E_{11T}=187.9\text{GPa}$，$E_{11C}=142.4\text{GPa}$，$G_{13}=G_{12}=4.37\text{GPa}$，$\nu_{13}=\nu_{12}=0.36$，$E_{33}=E_{22}=8.89\text{GPa}$，$\nu_{23}=0.49$，$G_{23}=E_{33}/[2(1+\nu_{23})]$。在有限元模型计算完成后，对每一个加载步获得的位移数据中叠加均值为 0，标准差为 $\sigma_0=2.79\times10^{-5}\text{mm}$ 的随机误差生成模拟数据。

7.3　有限元模型修正法技术结合模拟位移数据开展材料参数识别

本节采用重构后的模拟位移数据和有限元数值计算位移数据的方差构造目标函数，通过最小化目标函数识别复合材料沿材料主平面 1—3 面的多个材料本构参数。材料本构参数识别采用有限元模型修正方法，但与之前不同的是修正过程中的目标函数由有限元计算得到的位移场 u^{num}、v^{num} 和重构模拟位移场数据 u^{rec}、v^{rec} 的方差组成，其中采用模拟位移场代替实测位移数据，目标函数的表达式如式（7.2）所示：

$$Q(\bar{p}) = Q(u(\bar{p}), \bar{p}) = \sum_{j=1}^{N} \left[\sum_{i=1}^{M} (u_i^{num}(\bar{p}) - u_i^{rec})^2 + (v_i^{num}(\bar{p}) - v_i^{rec})^2 \right]_j \quad (7.2)$$

式中，$\bar{p}$ 为一组待识别的本构参数；M 为单个加载步中位移场数据点的个数；N 为加载步的个数；i 为节点编号；u^{num}、v^{num}、u^{rec}、v^{rec} 分别为沿 x 和 y 方向有限元数值计算位移数据和模拟位移数据。

采用有限元模型修正法，在最小化目标函数的同时获得复合材料的本构参数，实际上就是将根据位移数据识别复合材料本构参数的这一反问题转化为具有简单的上下限约束的最优化问题。求解最优化问题的方法基本分为两类：直接搜索法和基于梯度的优化方法，其中基于梯度的优化方法由于可以由梯度确定优化方向，因此其收敛速度更快。基于梯度的优化方法主要有最速下降法、高斯牛顿法和 Levenberg-Marquardt 法（L-M 法）等。L-M 法是对一阶牛顿法的改进，在一阶牛顿法的基础上，L-M 法通过引入增量 λ 将一阶牛顿法中的正规化方程改变成增量正规化方程的形式。本章选用 L-M 法开展复合材料的本构关系参数的识别，识别过程中的敏感度矩阵 $[J]$ 如式（7.3）所示：

$$[J] = \begin{bmatrix} \dfrac{\Delta(u^{num} - u^{rec})}{\Delta E_{11T}} & \dfrac{\Delta(u^{num} - u^{rec})}{\Delta E_{11C}} & \dfrac{\Delta(u^{num} - u^{rec})}{\Delta G_{13}} & \dfrac{\Delta(u^{num} - u^{rec})}{\Delta \nu_{13}} \\ \dfrac{\Delta(v^{num} - v^{rec})}{\Delta E_{11T}} & \dfrac{\Delta(v^{num} - v^{rec})}{\Delta E_{11C}} & \dfrac{\Delta(v^{num} - v^{rec})}{\Delta G_{13}} & \dfrac{\Delta(v^{num} - v^{rec})}{\Delta \nu_{13}} \end{bmatrix} \quad (7.3)$$

迭代过程中定义 d^{num} 由有限元数值计算位移场 u^{num} 和 v^{num} 组集而成，d^{rec} 由重构位移数据 u^{rec} 和 v^{rec} 组集而成，则第 $k+1$ 次迭代时的有限元数值计算数据应写成：

$$d_{|\bar{p}+\Delta\bar{p}|}^{num} = d_{|\bar{p}|}^{num} + J_k \Delta\bar{p} \quad (7.4)$$

式中，$d_{|\bar{p}|}^{num}$ 为第 k 次迭代后有限元数值计算位移数据；$d_{|\bar{p}+\Delta\bar{p}|}^{num}$ 为第 $k+1$ 次迭代后有限元数值计算位移数据；J_k 为第 k 次迭代后计算所得的敏感度矩阵；$\Delta\bar{p}$ 为本构参数的增量。

则目标函数表达式可改写为式（7.5）：

$$Q(\bar{p}) = Q(u(\bar{p}), \bar{p}) = \sum_{j=1}^{N} \left[\sum_{i=1}^{M} (d_i^{rec} - d_{|\bar{p}+\Delta\bar{p}|i}^{num})^2 \right]_j$$

$$= \sum_{j=1}^{N} \left[\sum_{i=1}^{M} (d_i^{rec} - d_{|\bar{p}|i}^{num} - J_k \Delta\bar{p})^2 \right]_j \quad (7.5)$$

设 $f_{|\bar{p}|}$ 为第 k 次迭代后重构位移数据与有限元数值计算位移数据的差值：

$$f_{|\bar{p}|} = d^{rec} - d_{|\bar{p}|}^{num} \quad (7.6)$$

此时的目标函数式可改写为式（7.7）：

$$Q(\bar{p}) = Q(u(\bar{p}), \bar{p}) = \sum_{j=1}^{N} \left[\sum_{i=1}^{M} (f_{\{\bar{p}\}} - J_k \Delta \bar{p})^2 \right]_j \tag{7.7}$$

解式（7.7）可得增量正则化方程：

$$N^k \Delta \bar{p} = J_k^{\mathrm{T}} f_{\{\bar{p}\}} \tag{7.8}$$

其中 N^k 矩阵中元素由式（7.9）确定：

$$N_{ij}^k = \begin{cases} (1 + \lambda)(J_k^{\mathrm{T}} J_k)_{ij} & i = j \\ (J_k^{\mathrm{T}} J_k)_{ij} & i \neq j \end{cases} \tag{7.9}$$

在识别过程中，L-M 方法根据每一次修正后目标函数值的变化调整增量 λ 的大小，当目标函数值下降较快时，使用较小的 λ 值，此时 L-M 法更接近于牛顿法；当目标函数值下降很慢时，使用较大的 λ 值，这时 L-M 法更接近于梯度下降法。综上所述，通过在优化过程中修改增量 λ，L-M 法同时具有牛顿法和梯度下降法的优点，收敛速度快，优化效率高。

本部分中识别方法的流程如图 7.2 所示，采用有限元模型计算出数值位移数据，与重构位移数据的方差组成目标函数，并计算优化过程中的一阶梯度（敏感度）矩阵，采用 L-M 方法开展复合材料本构参数识别。识别过程的收敛条件为目标函数值的相对变化率小于 1%，本构参数的变化率小于 0.5%。

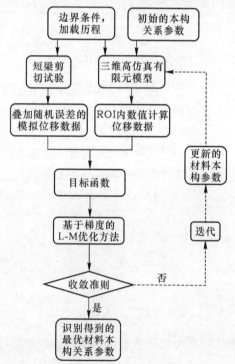

图 7.2　基于梯度的优化方法识别复合材料本构参数流程

7.4 基于位移数据的材料本构参数识别结果

7.4.1 模拟位移场重构结果

本节采用全场有限元近似方法，参照 5.4.3 节计算所得的不同载荷下位移数据的最优重构单元尺寸对 ROI 区域内的模拟位移数据进行重构，根据式（5.2）和式（5.10）可得重构后有限元模型节点位移数据的协方差矩阵为：

$$\text{COV}(\{u^{\text{rec}}\}) = \sigma^2 [F][R]^{-1}[F]^{\text{T}} = (\varphi_{\{u^{\text{rec}}\}} \cdot \sigma)^2 [I] \tag{7.10}$$

式中，矩阵 $[F]$ 由重构单元形函数矩阵 $[f(x_i, y_i)]$ 组集，$i \in (1, N)$；N 为 ROI 区域内有限元单元节点个数；$[R]$ 为对角线元素均不为零的对称稀疏矩阵，$[R] = [F]^{\text{T}}[F]$；$\varphi_{\{u^{\text{rec}}\}}$ 为位移重构的噪声敏感度系数。

前期部分研究表明[1]由位移数据识别所得的本构关系参数的协方差矩阵为：

$$(C_{\{\bar{p}\}}) = (\varphi_{\{u^{\text{rec}}\}} \cdot \sigma)^2 ([J]^{\text{T}}[J])^{-1} \tag{7.11}$$

其中待求本构参数的协方差矩阵 $C_{\{\bar{p}\}}$ 中的对角线元素为本构参数的标准差，非对角线元素比对角线元素低一个量级，因此对式（7.11）协方差矩阵中的非对角线元素不做分析。

本节根据 5.4.3 节中根据重构后位移数据平均归一化误差最小化原则确定的不同载荷下的最优重构单元尺寸对整个加载历程中每一个加载步的模拟位移数据开展了重构，所得的 $P = 421$N 时的重构位移场与模拟位移场对比如图 7.3 所示。从图中可以看出重构位移场云图与数值模拟位移场云图高度一致，证明了位移重构结果的可靠性。图 7.4 所示为叠加随机噪声水平为 $\sigma_0 = 2.79 \times 10^{-4}$mm 时，对模拟数据开展重构，模拟的位移云图和重构位移场云图。由图 7.4 的比较结果可以看到全场有限元差分重构方法对于 10 倍水平的随机噪声依然具有显著的平滑作用。

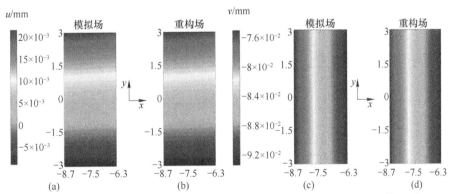

图 7.3 含标准差 $\sigma_0 = 2.79 \times 10^{-5}$mm 随机误差的模拟位移场云图和重构云图

（a）沿 x 方向模拟位移云图；（b）沿 x 方向重构位移云图；
（c）沿 y 方向模拟位移云图；（d）沿 y 方向重构位移云图

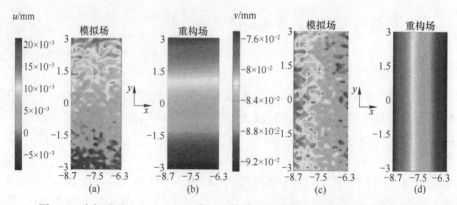

图 7.4   含标准差 $\sigma_0 = 2.79\times10^{-4}$ mm 随机误差的模拟位移场云图和重构云图

(a) 沿 x 方向模拟位移云图；(b) 沿 x 方向重构位移云图；
(c) 沿 y 方向模拟位移云图；(d) 沿 y 方向重构位移云图

7.4.2   材料本构参数识别结果

本节以有限元数值计算位移数据和重构模拟位移数据之间的方差构造目标函数，采用 L-M 方法在最小化目标函数过程中同时获得复合材料纵向拉/压杨氏模量、面内剪切模量和泊松比，各个本构参数的真实值、初值和最终结果以及标准差以及标准偏差见表 7.3。

表 7.3   识别过程初值、终值以及标准差和标准偏差

参数	E_{11T}/GPa	E_{11C}/GPa	G_{13}/MPa	ν_{13}
真实值	187.93	142.35	4368.79	0.36
识别初值	239.11	102.24	5240.62	0.27
识别终值	187.69	142.29	4370.52	0.36
标准差	0.104	0.0283	0.532	0.00068
标准偏差	0.13%	0.05%	0.04%	0.28%

表 7.3 中本构参数初值与真实值的偏差均大于 20%，从识别所得本构关系参数的归一化均值可见本方法在初值变化大于 20% 的情况下，仍然可以识别出正确的本构关系参数，并且识别结果的标准差和标准偏差极小。

识别过程中目标函数值随迭代次数的变化曲线如图 7.5 所示。观察图 7.5 中目标函数值随迭代次数的变化曲线可见，优化过程的目标函数在经过一次修正后迅速下降，并很快趋于稳定，由于收敛准则设置得较为苛刻，优化过程经过 36 次迭代达到收敛。识别过程中材料参数随迭代次数的变化如图 7.6 所示。由图中可以看出，识别过程经过多次迭代修正后，可以得到包括泊松比在内的所有本构

关系参数均值，其中杨氏模量和剪切模量经过 12 次迭代修正后可识别得到与真实值偏差极小的收敛结果。模拟位移数据与将识别所得本构关系参数代入到有限元模型计算所得的位移数据 u、v 的云图如图 7.7 所示，由图中可见，采用识别所得本构参数计算的位移云图与采用本构参数真实值计算所得的位移云图具有非常高的一致性。

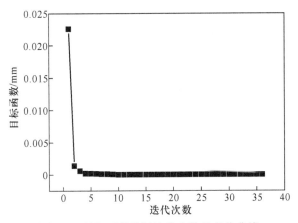

图 7.5　目标函数值随迭代次数的变化曲线

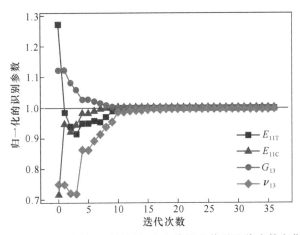

图 7.6　本构关系参数识别结果与真实值的比值随迭代次数变化曲线

7.5　识别条件对识别结果的影响

7.5.1　目标函数构成对参数识别结果的影响

以位移为目标函数的 L-M 方法和以应变为目标函数的优化方法的识别结果

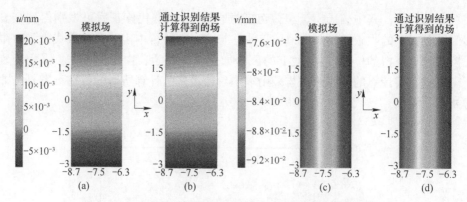

图 7.7   由识别结果和本构参数真实值计算所得的位移云图
（a）x 方向本构参数真实值计算位移云图；（b）x 方向识别结果计算位移云图；
（c）y 方向本构参数真实值计算位移云图；（d）y 方向识别结果计算位移云图

对比见表 7.4。由表 7.4 可知，以重构位移为目标函数的优化结果与以重构应变为目标函数的优化结果的均值相比，以重构位移构造目标函数识别得到的结果的标准偏差远远小于采用重构应变识别得到结果的标准偏差。由以上数据可以得出，由位移构建目标函数进行本构关系参数识别，所得的识别结果的标准差和标准偏差更小，结果更可靠。采用重构位移数据开展本构参数识别得到的识别结果标准差更小的原因是重构应变数据的平均误差水平远远高于重构位移数据的重构误差水平，由式（7.11）和式（5.19）可知，本构参数识别结果的标准差与重构数据的标准差呈线性关系，因此以重构位移数据为目标函数识别得到的结果标准差远远小于以重构应变为目标函数得到的结果的标准差，此外，由于重构位移数据的误差水平低，可显著降低误差对识别结果的影响，故识别结果与理论真值偏离程度更小。以上结果充分说明相比于以重构应变构造目标函数的识别结果，以重构位移数据构造目标函数开展本构参数识别，其识别结果更加可靠。

表 7.4   两类不同的目标函数类型的识别结果对比

待识别变量		E_{11T}/GPa	E_{11C}/GPa	G_{13}/MPa	ν_{13}
变量真值		187.93	142.35	4368.79	0.36
位移	均值	187.69	142.29	4371.24	0.36
	标准差	0.00104	0.00028	0.00053	0.0068
	标准偏差	0.13%	0.04%	0.06%	0.28%
应变	均值	197.41	142.13	4273.01	0.34
	标准差	0.10	0.063	0.090	0.082
	标准偏差	5.04%	0.15%	2.19%	5.56%

7.5.2 识别方法对参数识别效率的影响

为讨论不同的识别方法对优化效率的影响，表7.5将L-M方法的优化结果和时间与不使用敏感度矩阵的单纯形搜索法的优化结果和所用时间进行了对比，其中以CPU计算时间作为标准比较两种计算方法的时间成本。从表中可以看出，在相同初值的条件下，L-M方法由于引入了一阶梯度（敏感度）矩阵，极大地加快了收敛速度，提高了优化效率。在整个识别过程中L-M方法的迭代次数更少，而且在每一次迭代过程中只需要调用1次有限元模型进行计算就可以确定优化的梯度方向，而无敏感度矩阵的单纯形搜索法在每一次迭代过程中要至少调用有限元模型4~5次才能确定优化的梯度方向，最终带有敏感度矩阵的L-M方法节省了4/5的计算时间，以上结果说明考虑敏感度矩阵的L-M方法的优化效率远远高于不考虑敏感度矩阵的0阶单纯形搜索法。综上所述，在识别过程中引入敏感度矩阵，可以极大的提高优化效率，节省计算时间。

表7.5 单纯形搜索法和L-M方法的反演结果和效率比较

待识别变量		E_{11T}/GPa	E_{11C}/GPa	G_{13}/MPa	ν_{13}	迭代次数	计算时间/min
变量真值		187.93	142.35	4368.79	0.36	—	—
识别初值		239.11	102.24	5240.62	0.27	—	—
单纯形搜索法	终值	187.61	142.27	4371.07	0.362	44	1800
	标准偏差	0.17%	0.06%	0.05%	0.67%		
L-M方法	终值	187.69	142.29	4370.24	0.359	36	370
	标准偏差	0.12%	0.04%	0.03%	0.27%		

7.5.3 识别参数对初值和随机噪声水平鲁棒性分析结果的影响

为分析本方法对于初值的敏感度，分别以参考值的70%、80%、90%、110%、120%、130%数值作为识别过程的初值开展本构参数识别，对比识别所得的本构关系最优值、标准差和标准偏差讨论本识别方法对初值的敏感度。识别结果见表7.6。

表7.6 不同初值的识别结果对比

待识别变量		E_{11T}/GPa	E_{11C}/GPa	G_{13}/MPa	ν_{13}	计算时间/min
变量真值		187.93	142.35	4368.79	0.36	—
70%	终值	188.34	143.29	4368.28	0.32	267
	标准差	1.01×10^{-3}	1.65×10^{-4}	2.69×10^{-4}	5.99×10^{-3}	
	标准偏差	0.22%	0.66%	0.01%	11%	

待识别变量		E_{11T}/GPa	E_{11C}/GPa	G_{13}/MPa	ν_{13}	计算时间/min
80%	终值	187.56	142.25	4369.91	0.36	288
	标准差	9.99×10^{-4}	1.64×10^{-4}	2.71×10^{-4}	9.01×10^{-3}	
	标准偏差	0.20%	0.07%	0.026%	1.28%	
90%	终值	187.56	142.25	4369.94	0.36	215
	标准差	9.99×10^{-4}	1.64×10^{-4}	2.71×10^{-4}	9.01×10^{-3}	
	标准偏差	0.20%	0.07%	0.03%	1.27%	
110%	终值	187.09	142.97	4373.99	0.33	215
	标准差	1.00×10^{-3}	1.65×10^{-4}	2.72×10^{-4}	5.32×10^{-3}	
	标准偏差	0.45%	0.43%	0.12%	7.43%	
120%	终值	187.53	142.23	4369.84	0.37	226
	标准差	1.00×10^{-3}	1.64×10^{-4}	2.71×10^{-4}	8.99×10^{-3}	
	标准偏差	0.22%	0.08%	0.03%	1.63%	
130%	终值	186.22	140.99	4369.72	0.33	226
	标准差	9.97×10^{-4}	1.30×10^{-4}	2.71×10^{-4}	6.97×10^{-3}	
	标准偏差	0.91%	0.95%	0.02%	9.59%	

表 7.6 中数据为在不同初值下识别所得的本构关系参数的均值、标准差和标准偏差以及计算时间的结果。对比表中的反演终值可以发现，初值变化 30% 范围内，拉、压杨氏模量和剪切模量的识别结果对于本构参数的初值并不敏感，识别结果与真实值的偏差均小于 1%，泊松比的偏差稍大，但也小于 10%，综合以上结果，基本可以得出识别结果的均值对本构关系参数的初始假设并不敏感的结论。对比表中数据可知，在不同初值下识别所得的材料本构关系参数的标准差基本相等。各个本构关系参数的标准偏差均小于 10%。对比计算时间也可以发现，识别过程并不会因为本构关系参数的初始假设与真实值偏差较大而大幅度增加运算量，不同的本构初值下，迭代次数没有明显的变化。综上所述，该识别方法对于本构关系参数的初始假设并不敏感，当初值变化 30% 时，依然可以得到基本一致的识别结果，迭代次数没有明显变化。

为量化研究随机误差水平对识别得到的本构参数不确定性的影响，图 7.8 所示为不同随机误差水平下识别得到的材料本构参数的均值和标准差的变化结果。计算过程中对有限元数值位移数据精确解分别叠加标准差为 $\sigma = 2.79 \times 10^{-5}$ mm 的 1~10 倍的高斯分布随机误差，重构过程中保持重构参数不变，由图中可以看出，反演所得的本构关系参数中，E_{11T}、E_{11C} 和 G_{13} 的均值受随机误差水平影响较小，即使随机噪声扩大到 10 倍，反演所得的本构关系参数的均值依然与本构关系参数真实值基本保持一致，标准偏差小于 0.5%；参照图 5.21(a) 中以应变为目标函数开展杨氏模量识别结果的均值随着随机噪声水平的变化趋势，由于识别杨氏模量涉及的正应变水平较低，更容易受到随机误差的影响，当噪声水平增加到 3 倍时，就无法识别得到理论真值，但以重构位移为目标函数的识别过程当噪声水平达到 10 时，依旧可以获得参数的理论真值，说明以位移为目标函数的识别对数据中的随机误差鲁棒性强，尤其适用于低应变条件下的本构参数识别。另外，反演结果的标准差与随机噪声水平呈线性关系，标准差随着随机噪声水平增大而线性增加。而对于反演难度较高的泊松比 ν_{13}，由图 7.8(d) 中可以看出，泊松比识别结果的归一化均值波动较为明显，与真实值的标准偏差接近 10%，远大于杨氏模量和剪切模量归一化均值的标准偏差。这是因为泊松比是由沿厚度方向位移与沿纤维方向位移的比值确定，相对于其他的本构参数，本身的反演不确定性就较高，导致反演所得的泊松比数值与真实值的标准偏差较大。

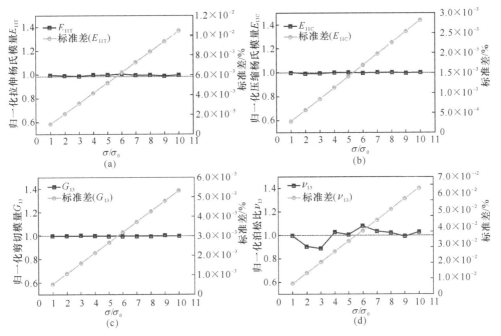

图 7.8　以位移为目标函数识别得到的本构关系参数的均值和
标准差随着随机误差水平的变化趋势

(a) 纵向受拉部分的杨氏模量 E_{11T}；(b) 纵向受压部分的杨氏模量 E_{11C}；
(c) 面内剪切模量 G_{13}；(d) 泊松比 ν_{13}

本章采用压头和支撑点中间 2mm 宽度区域内叠加随机误差水平为 $\sigma = 2.79 \times 10^{-5}$ mm 的数值模拟位移数据，与有限元模型修正方法结合 L-M 优化算法开展了碳纤维环氧树脂基（IM7/8552）单向带复合材料层合板本构关系参数识别。识别中采用有限元模型节点处的计算位移数据和重构模拟位移数据之间的方差构造目标函数，参数识别过程中采用了非线性 L-M 优化方法，并通过数值差分给出了优化过程中的敏感度矩阵。通过该方法识别获得了包括材料泊松比在内的 4 个弹性常数。研究结果表明该方法具有以下几方面优点：

（1）在识别优化过程中计算采用数值差分获得了敏感度矩阵的显式表达式，大大加快了识别过程的收敛速度，提高了优化效率。如该方法与单纯形搜索法相比，可节省 4/5 的计算时间。

（2）该方法相比于采用应变数据构建目标函数的识别方法，由于显著降低了数值误差对识别过程的影响，识别结果与理论真值的偏离程度更小，不确定性更小，因此识别结果更加可靠。

（3）采用位移数据构建目标函数进行本构关系参数的识别，可解决低应变水平或高噪声水平实验的本构参数识别问题，在工程实验中和其他低应变水平材料如陶瓷基复合材料的本构参数反演中可以发挥很好的作用。该方法在随机误差水平扩大 10 倍时，依然能够识别得到正确的复合材料拉、压杨氏模量值。

（4）本识别方法对于本构关系参数的初值不敏感，初值变化 30% 依然可以得到理论真值，计算时间没有明显增加。

（5）由于不需要由位移场数据通过差分计算获得应变场数据的过程，直接以位移数据构建目标函数可以节省计算成本，提高效率。

8 数字图像相关方法辅助的二维编织气凝胶基复合材料力学行为参数识别

8.1 引言

本书前面重点探讨了数字图像相关技术在碳纤维增强树脂基复合材料力学性能参数识别中的应用以及识别结果的不确定性。数字图像相关技术还可以进一步广泛应用于材料微结构和宏观性能更为复杂的多维编织陶瓷基复合材料。陶瓷基复合材料由于低密度、优异的耐高温性能和良好的疲劳特性，目前已成为现在航空航天领域不可或缺的优质材料，尤其在高超声速飞行器的结构系统中被广泛应用。目前，对于陶瓷基材料国内外开展了大量的相关研究，但该类新研陶瓷基复合材料在实际工程应用中缺乏完整的宏观本构模型。因此，对新研陶瓷基复合材料的强度、破坏模式及破坏机理的研究尤其是进行本构参数识别并建立相关失效判据成为一个亟须解决的问题。

陶瓷基复合材料是一种重要的高温防护材料，在航空航天领域有极大的应用，尤其用于高超声速飞行器的热防护系统。研究表明[1]，在真空环境或惰性气体环境中，陶瓷基复合材料可承受高达甚至超过2300℃的高温，并在一定的温度范围内，可以保持高度的力学可靠性及热稳定性。该材料具有很大的脆性表现，在复杂应力场作用下表现出极大的非线性行为，因此，对该材料在不同应力状态下的力学行为进行研究，并且对其非线性力学响应建立相应的本构模型将对材料的力学行为预测及工程中的优化设计有重要的意义。

从材料属性角度来看，二维编织陶瓷基复合材料属于正交各向异性材料，陶瓷基的复合材料相当于在单质陶瓷中加入了具有韧性的纤维，可以增大材料的抗拉性能。由于二维编织的陶瓷基复合材料主要构成为陶瓷基及纤维，所以在外部载荷的作用下，材料内部会出现基体开裂，基体与纤维界面脱粘或滑移，纤维出现断裂或者拔出等多种细观损伤模式，进一步表现出与金属材料不同的非线性力学响应行为。因此，在使用材料作为高超声速飞行器的隔热层时，需要了解材料的力学响应，为其构建适当的本构模型，进而提出新研材料的失效准则。本章的研究对象是陶瓷基复合材料中的一种——二维编织氧化铝纤维增强多孔硅氧铝基复合材料，目前对于该材料的本构模型的研究还很缺乏，本章将基于大量实验同时结合数字图像相关方法对该材料的本构模型进行研究，并尝试建立其失效判据。

8.2　数字图像相关方法辅助的材料单轴拉伸试验方法

本构关系用于描述材料应力与应变在一定条件下（温度、压力、孔隙率、损伤程度等）的关系，本构关系的合适与否在于提出的数学模型能否准确描述相应材料的应力应变关系。建立一个新研材料本构模型的一般思路大致如下[2]：（1）试验。首先对试件级的材料进行大量的力学测试，从而获得不同加载状态下的力学行为。（2）建模。根据测试得到的力学行为，提出一个可以描述该行为的数学模型。（3）验证。将建立的本构模型用于其他类型的试验结果预测，并与真实试验的结果相对比，从而验证模型的可靠性。（4）修正。对于出现的所建模型不能准确或合理表征的材料力学行为，需要对本构模型进行进一步的参数修正，进而推广其适用范围。

二维编织氧化铝纤维增强多孔硅氧铝基复合材料具有轻质、耐高温抗氧化的特性，目前已成为航天领域重要的高温结构防热—一体化多功能材料之一，吸引了许多国内外学者对其力学行为从宏观到细观进行广泛研究[3~5]。其中通过试验研究获得多孔硅氧铝基复合材料全面和可靠的力学性能参数对其在复杂多轴载荷环境下的应用具有十分重要的意义[6]，同时是材料设计和应用的重要依据。

二维编织氧化铝纤维增强多孔硅氧铝基复合材料为典型的宏观正交各向异性材料，沿材料主方向具有不同力学弹性常数。材料力学弹性常数测试试验中的变形测量通常采用单点或多点接触式电测方法，如应变片或位移传感器，获得标距内平均应变，因此均匀应变是保证应变测量精度的重要条件。为了满足这一条件，试验通常采用简单加载方式（如单轴拉伸、纯剪切等）。一方面，单一试验可获得的力学性能参数的个数十分有限，因此需要开展多种不同加载方式的力学试验；另一方面，由于二维编织氧化铝纤维增强多孔硅氧铝基复合材料孔隙率高，接触式应变片变形测试方法需使用聚合物胶，胶渗入多孔基体，导致应变数据受胶体材料影响，存在高不确定性，因而提出基于非接触式数字图像相关技术（DIC）结合有限元模型修正方法，通过实测变形场结合有限元数值模型，通过单一力学试验实现同时识别多个材料力学性能参数，以有效解决上述这些问题[7,8]。

8.2.1　二维编织多孔硅氧铝基复合材料单轴拉伸试验基本方案

数字图像相关技术辅助的材料单轴拉伸试验采用二维编织氧化铝纤维增强多孔硅氧铝基复合材料，该材料由航天科工集团航天特种材料及工艺技术研究所制备。制备工艺为首先筛选出了适于浸渍–裂解（PIP）工艺的先驱体，随后对先驱体采用固化、干燥、烧结工艺,最后机械加工成型,获得哑铃型单轴拉伸试样。拉伸试样尺寸如图 8.1 所示,夹持端长度为 20mm。为了防止试样夹持端被试验机夹溃,根据国军标 GJB 6475—2008[9] 中对陶瓷基复合材料拉伸试件加强片的规定,试样夹持端粘贴 2mm 厚的铝合金加强片。粘贴加强片之前,对试样和加强片粘接表面进行打磨、清洁,采用室温固化胶结剂进行粘贴,并在固化过程中对加强片保持一定的压力达到加固的目的。

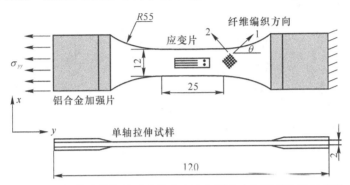

图 8.1 不同偏轴角度的拉伸试样的尺寸以及应变片和铝合金加强片粘贴示意图(单位:mm)

试验采用 MTS 810 液压伺服疲劳试验机,配合 25kN 液压夹具和 10kN 力传感器。试验中试验机采集的数据包括时间、作动器位移、载荷及轴向引伸计应变,试验的采集频率为 2Hz。试验采用位移控制,加载速率为 0.1mm/min,试验装置图如图 8.2 所示。试验中同时采用数字图像相关技术获得试样表面全场位移和应变。由于试样表面为白色且无自然纹理,试验时采用试样表面喷漆的方法制作散斑。制作散斑的过程为先在试件表面喷一层均匀的哑光白漆,在白漆之上再喷涂大小均匀分散随机的黑漆颗粒,得到高质量的散斑场。制作出的散斑尺寸及分布状态对亚像素精度的计算有着很重要的影响:如果散斑太小将会错误地进行相关性分析,增加量化噪声,在低信噪比并且位移很小时会增加 DIC 的误差,影响所测量位移场的精度;相反,如果散斑太大,则分析数据时需要更大的子区,空间分辨率就会降低,测量的结果会因数据量太少而失去了全场测量的优势。试验过程中使用二维采集系统,在设置采集系统时,要保证采集的试样是一个平面试样,进一步要确保样件平面与相机芯片平行,在实验过程中试件不能存在离面的运动和变形,并且在实验过程中保证相机不受振动的影响。对于本章涉及的试验,制作的散斑直径约为 0.1~0.2mm,图 8.3 所示为喷涂散斑后拉伸试样图像。

图像采集设备为 1600 万像素的高分辨率 CCD 相机(Imperx IPX-16M3)。图 8.3 中方框为变形测量区域 AOI(area of interest),采集试件表面加载变形前后的图像,通过数字图像相关软件(VIC-2D),计算得到不同载荷下的位移和应变数据。数字图像相关系统每 5s 采集一张照片。本章涉及的试验中,为了评价数字

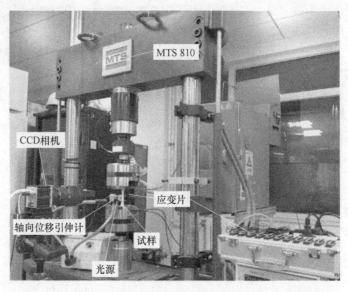

图 8.2 二维编织多孔硅氧铝基复合材料单轴拉伸试验装置照片

图 8.3 喷涂散斑的二维编织多孔硅氧铝基复合材料单轴拉伸试验件照片

相关技术识别得到的位移场数据的可靠性，初始试验中同时采用轴向引伸计及应变片的方式获得试样标距内拉伸方向位移（图 8.2）。在试样的一面制作散斑（图 8.3），散斑对面采用栅长为 10mm 的应变片对称地贴在试件试验段的表面，由于试验过程中发现因测试试样厚度为 2mm，受面外横向力作用容易产生弯曲变形，因此选用轴向引伸计侧面加持的方法进行试验。图 8.4 所示为一表面贴好应变片的试样。

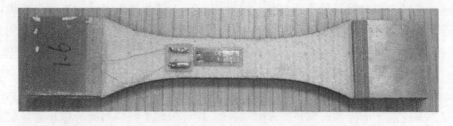

图 8.4 带应变片的二维编织多孔硅氧铝基复合材料单轴拉伸试验件照片

8.2.2 有限元模型验证

拉伸试验中采用非接触式数字图像相关技术可获得试样表面离散的全场位移和应变数据，并采用有限元模型修正技术开展复合材料的线弹性力学参数识别。开展模型修正前，为了定性识别单轴拉伸实验中面内应变分量分布规律，对于沿经向（正轴向）和偏轴拉伸试验采用 ABAQUS 开展了有限元建模分析，有限元模型如图 8.5 所示。为了模拟拉伸试验，在试样的上夹持端进行全约束，下夹持端底部施加轴向拉伸载荷，并约束下夹持端除轴向外其他方向的位移自由度，夹持长度与试验中夹持长度一致，为 75mm。由于试样的厚度远远小于试样面内尺寸，因此采用平面应力单元，模型共计 1400 个 CPS4I 平面应力单元，1491 个节点。

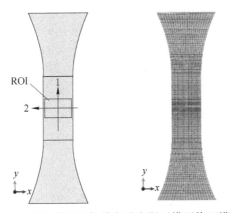

图 8.5 常温条件下拉伸实验有限元模型修正模型

$$
\begin{Bmatrix} \varepsilon_{11} \\ \varepsilon_{22} \\ \gamma_{12} \end{Bmatrix} = \begin{bmatrix} \dfrac{1}{E_{11}} & -\dfrac{\nu_{21}}{E_{22}} & 0 \\ -\dfrac{\nu_{12}}{E_{11}} & \dfrac{1}{E_{22}} & 0 \\ 0 & 0 & \dfrac{1}{G_{12}} \end{bmatrix} \begin{Bmatrix} \sigma_{11} \\ \sigma_{22} \\ \tau_{12} \end{Bmatrix} \tag{8.1}
$$

式中，1，2 为材料经向和纬向。

基于形如式（8.1）的面内正交各向异性线弹性材料本构关系，考虑几何非线性，分别计算获得了沿材料经向和偏轴拉伸条件下的（与经向呈 0°，30° 和 45°）的位移场和应变场。材料工程弹性常数初值假设为 $E_{11}=30\text{GPa}$，$E_{22}=10\text{GPa}$，$\nu_{12}=0.05$，$G_{12}=2\text{GPa}$。图 8.6 所示为正交各向异性材料单轴拉伸条件下的位移场分布，图 8.7 所示为正交各向异性材料单轴拉伸条件下应变场分布情况。从有限元模拟结果可以看出，当沿材料经线方向拉伸（正轴向拉伸）时，

远离夹持端处沿 x 方向位移 u 近似为零，沿 y 方向位移 v 分布均存在明显梯度。由于材料为正交各向异性材料，远离夹持端处均存在沿拉伸方向（ε_{22}）和垂直拉伸（ε_{11}）方向的均布的正应变，剪切应变分量为零。当拉伸方向与材料的经线方向存在夹角时，远离夹持端处的存在 3 个均不为零的面内应变分量，并且应变均匀分布。采用不同的材料弹性常数有限元模型计算得到的试样中间部分的沿

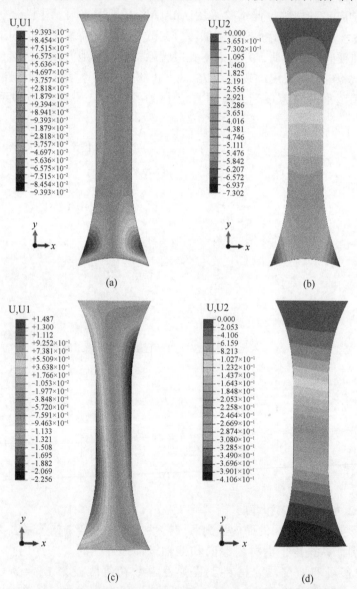

图 8.6　常温条件下正交各向异性复合材料单轴拉伸位移场分布

材料沿经向拉伸情况下（0°拉伸）：（a）x 方向位移 u；（b）y 方向位移分布 v；
沿与材料经向呈 45°方向拉伸情况下：（c）x 方向位移 u；（d）y 方向位移 v

拉伸方向应力分布情况。从线弹性有限元计算得到的应变场云图和应力分布结果可知，虽然单轴拉伸试验中的材料为正交各向异性复合材料，但在远离夹持和加载部位，材料沿拉伸方向的正应力与材料的本构参数无关，仅与材料的几何尺寸和外载有关，大小等于 F/A。结果说明即使不是各向同性材料，但保持线弹性条件下，单轴试验也是静定试验，应力也与材料本构无关。因此说明只要试验过程中获得试样沿材料主方向的应变，可以通过外载和横截面几何尺寸计算应力，通过最小二乘回归识别多个材料力学常数。由于应力幅值不随材料本构参数变化，因此该过程不再需要有限元模型的迭代和修正，大大提高了本构参数识别的效率。以上数值分析结果为采用非接触式数字相关技术识别材料面内完整的力学性能常数奠定了充分的基础。

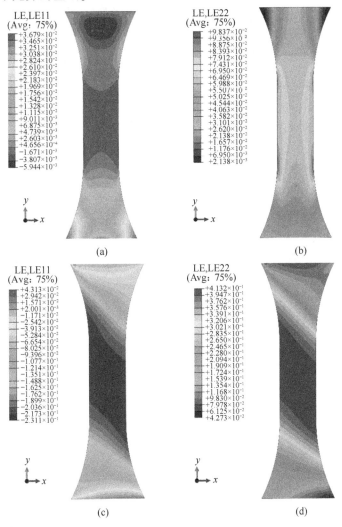

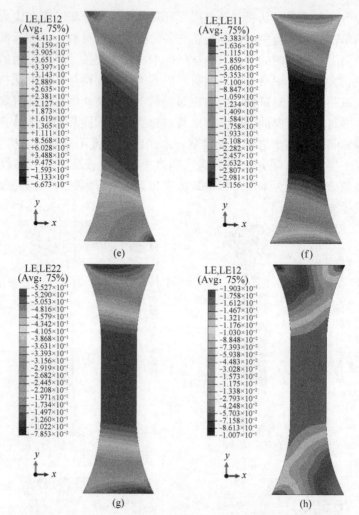

图 8.7　常温条件下正交各向异性复合材料单轴拉伸应变场分布

材料沿经向拉伸（0°拉伸）：（a）x 方向正应变 ε_{xx}；（b）y 方向正应变 ε_{yy}；

材料沿与经向呈 30°方向拉伸：（c）x 方向正应变 ε_{xx}；（d）y 方向正应变 ε_{yy}；（e）剪应变 γ_{xy}；

材料沿与经向呈 45°方向拉伸：（f）x 方向正应变 ε_{xx}；（g）y 方向正应变 ε_{yy}；（h）剪应变 γ_{xy}

8.3　数字图像相关方法辅助的材料单轴拉伸试验结果与讨论

8.3.1　材料常温经向（0°）准静态拉伸试验结果

由 8.1.2 节可知正交各向异性复合材料偏轴拉伸过程中，基于线弹性本构假设 ROI 区域内应变场近似均匀分布，由于图像随机噪声波动的影响以及 DIC 识别位移和计算应变数据的特点，无法采用某一具体位置处实测数据确定复合材料力学本构参数。采用有限元模型修正等试验力学方法开展材料力学本构参数识别，应对全场实测离散带噪声的数据开展平滑（连续化）降噪处理。由数值分析和理论推导可知，线弹性本构假设条件下，远离夹持端的 ROI 区域内面内应变分量近似均匀分布，因此提出对 ROI 区域内应变采用平均化处理，实现针对离散应变数据的平滑降噪。

试验数据采集完成后，采用数字图像相关算法软件 VIC-2D 计算位移和应变。分析过程中通过划分出的每个子集匹配获得全场的位移场数据，用 VIC-2D 中的应变计算算法对上述过程得到的位移场数据进行拟合和数值微分，从而得到相应的应变数据，期间采用高斯平滑过滤器平滑应变数据。在 VIC-2D 中，参考子区尺寸（subset size）、步长（step size）和平滑过滤尺寸（filter size）的大小是三个重要的用户自定义参数值，分析数据时为了获得可靠的变形测量结果，选用适当大小的参考子集区域、步长和滤波器滤波尺寸十分重要。参考子集尺寸为相关窗尺寸，以像素为单位，代表分析实验数据时的最小分析集合。一般为了尽可能获取最佳变形测量结果，分析时需要在较高分辨率和较低噪声之间取得平衡，并且同时需要保证每个子集具备足够的可分辨的灰度信息以确保图像相关匹配过程的准确性，一般的经验性结论是散斑大小使得子集大小在 30×30 个像素左右时能达到很好的测量结果[10]。步长是相邻子集中点之间的像素点数目，以像素为单位。步长决定了分析过程将会得到多少个位移数据点，增加位移数据的数量会增加软件分析所需要的处理时间。平滑过滤尺寸为滤波器大小的输入参数，以像素为单位。滤波器大小的输入参数是根据数据点定义的，应变窗口是数据点的数量乘以数据点之间的像素数量或步长，一般通过增加步长来增加应变窗口。步长对 DIC 位移场的影响小，而对应变场的影响较大。此外，步长与平滑过滤尺寸共同决定了应变窗口的尺寸[11]。

本部分涉及的试验中，数字图像相关技术中采用的相关窗大小为 31×31 像素，每隔 7 个像素计算一个位移数据，变形测量区域内可得到 45×53 个位移和应变数据，对应的变形测量区域实际大小为 11.64mm×13.72mm。图 8.8 所示为拉伸实验中采用的 ROI 区域和放大的散斑图像。图 8.9 所示为 DIC 识别得到的一典型拉伸试样 ROI 区域内沿拉伸方向（0°）位移场分布（u）和应变场 ε_{yy} 分布情况。从图中结果可见位移场 v 沿拉伸方向基本呈线性分布，但应变分量 ε_{yy} 幅值较小。由于 DIC 图像随机噪声的影响，ROI 区域内应变的分布规律性不明显，因此无法采用某一位置处的应变数值识别材料的线弹性力学参数。由圣维南原理可知远离夹持位置处的应变场 ε_{yy} 近似均匀分布，且为了平滑应变场中的随机噪声影响，因此提出采用 ROI 区域内的平均应变开展材料线弹性参数的识别。图 8.10 所示为采用不同的数据采集方式获得的应力-应变曲线，从图中可见引伸计实测数据与 DIC 识别得到 ROI 区域内平均应变结果一致性好。但应变片所测量结

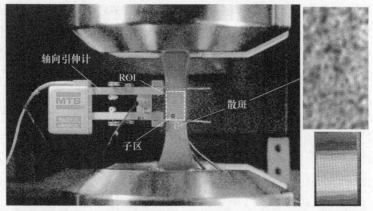

图 8.8　单轴拉伸试验数字图像相关技术中采用的 ROI 区域、散斑放大图像以及
实测轴向位移数据

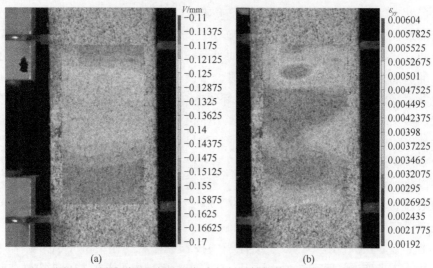

(a) 　　　　　　　　　　　　　　(b)

图 8.9　纤维增强硅氧铝基复合材料单轴拉伸试验中 DIC 得到的
拉伸方向位移场（a）以及正应变分量分布情况（b）

果与其他两种测量手段得到的结果有较大差异。在试验之前已对轴向引伸计进行
标定，保证了其数据的精度及可靠性。进一步分析，由于试样为多孔材料，在粘
贴应变片时由于常温胶粘剂渗透至孔隙内，导致改变了该区域内材料的力学属
性，进而导致应变片的测量结果与其他两种测量手段得到的结果有较大差异。同
时，DIC 识别得到的位移数据与轴向引伸计测量得到的数据的高度一致性验证了
DIC 位移数据的准确性，为采用 DIC 位移数据开展陶瓷基复合材料力学性能参数
识别奠定基础。因此，在接下来的试验过程中，仅采用 DIC 识别得到的应变数据
开展陶瓷基复合材料力学性能参数识别。针对正轴向单轴拉伸实验结果，取前
2000με 采用最小二乘回归可获得沿纤维经向（材料 1 方向）拉伸弹性模量，所

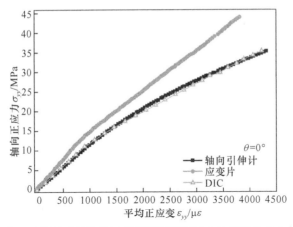

图 8.10　典型试样的单轴拉伸试验采用不同测试方法得到的应力–应变数据

得到的结果见表 8.1。其中泊松比采用 ROI 区域内横向平均应变和纵向（拉伸方向）平均应变之比获得的结果。

表 8.1　纤维增强硅氧铝基复合材料常温沿材料经向（0°）拉伸试验结果

试样	弹性模量/GPa	比例极限/MPa	断裂应力/MPa	极限应变/$\mu\varepsilon$	泊松比
1	11.62	20.10	38.29	4069	0.092
2	11.14	22.82	52.39	5023	—
3	11.56	20.28	39.40	4834	0.079
4	10.09	19.31	44.69	6038	0.080
平均值	11.10±0.71	20.63±1.52	43.69±6.44	4991±810	0.84±0.0072

8.3.2　材料常温准静态偏轴拉伸试验结果

图 8.11 所示为 15°准静态偏轴拉伸实验中某一试样载荷为 $F = 893.8\text{N}$ 时 DIC 识别得到的 ROI 区域内的位移场和应变场分布云图。从图 8.11 中可见沿与材料 1 方向夹角 15°方向拉伸条件下 DIC 识别获得的纵向位移具有明显的分布规律，但横向位移场以及应变场的分布规律不显著。图 8.12 所示为 30°准静态偏轴拉伸实验中某一试样载荷为 $F = 461.7\text{N}$ 时 DIC 识别得到的 ROI 区域内的位移场和应变场分布云图。从图 8.12 中可见，与 15°偏轴拉伸实验的实测位移场结果相比，沿与材料经向呈 30°方向拉伸条件下的纵向位移场分布规律更明显。图 8.13 所示为 45°准静态偏轴拉伸实验中某一试样 DIC 识别得到的载荷为 $F = 471.5\text{N}$ 时 ROI 区域内的位移场和应变场分布云图。从图 8.13 中可见，45°偏轴拉伸实验条件下识别得到的横向位移场 u 和纵向位移场 v 分布规律明显。由于数字相关技术中（VIC-2D）位移识别采用子区搜索法，得到的位移数据是离散且带有噪声的，因

此应变计算过程中位移数据中的随机噪声不可避免地被放大，所以由于图像噪声波动的影响，应变场没有体现出显著的均匀分布特征，分散性大。综上所述，由于图像随机噪声波动的影响以及 DIC 识别位移和计算应变数据的特点，无法采用某一具体位置处实测数据确定复合材料力学本构参数。采用有限元模型修正或虚场等实验力学方法开展材料力学本构参数识别时，应对全场实测离散带噪声的数据开展平滑（连续化）降噪处理。由数值分析和理论推导可知，线弹性本构假设条件下，远离夹持端的 ROI 区域内面内应变分量近似均匀分布，因此提出对 ROI 区域内应变采用平均化处理，初步实现针对离散应变数据的平滑降噪。

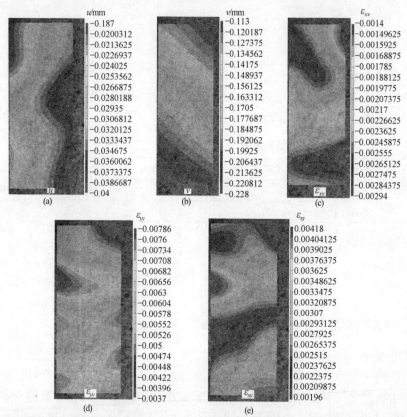

图 8.11 纤维增强硅氧铝基复合材料（$\theta = 15°$）偏轴拉伸实验 DIC 得到的位移及应变分布情况

不同偏轴角度拉伸试样在轴向单调拉伸条件下应力-应变曲线如图 8.14 和图 8.15 所示。与 0°单向拉伸试件的拉伸结果相比，偏轴拉伸的应力-应变行为具有显著的非线性。对 ROI 区域内的 DIC 实测应变进行平均化处理，由坐标变换可得沿材料主方向的应变分量。单轴拉伸情况下，假设远离夹持和加载端的区域内（图 8.8 中 ROI 区域）近似满足圣维南条件，即沿拉伸方向正应力均匀分布，则：

$$\sigma_{xx} = 0, \qquad \sigma_{yy} = F/A = p, \qquad \tau_{xy} = 0 \tag{8.2}$$

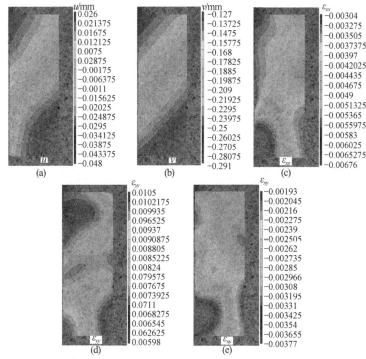

图 8.12　纤维增强硅氧铝基复合材料（$\theta=30°$）偏轴拉伸实验 DIC 得到的位移及应变分布情况

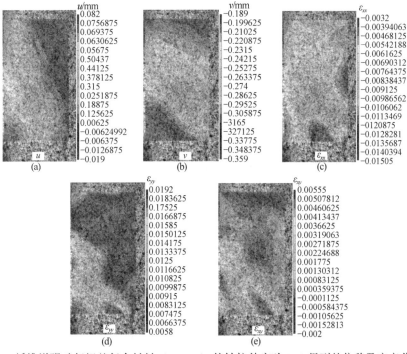

图 8.13　纤维增强硅氧铝基复合材料（$\theta=45°$）偏轴拉伸实验 DIC 得到的位移及应变分布情况

由坐标变换可得沿材料主方向的应力分量：

$$\sigma_{11} = p(\cos\theta)^2, \qquad \sigma_{22} = p(\sin\theta)^2, \qquad \tau_{12} = -p\sin\theta\cos\theta \qquad (8.3)$$

式中，θ 为材料经向（1 方向）与总体坐标系下 x 方向的夹角。

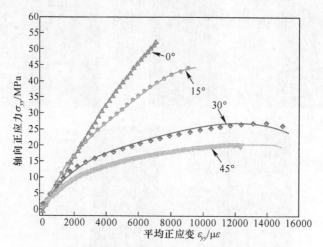

图 8.14　偏轴拉伸试样典型轴向拉伸应力–应变曲线

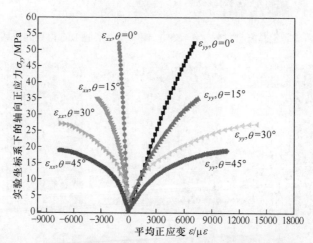

图 8.15　偏轴拉伸试样在轴向拉伸条件下典型应力–应变曲线

对 ROI 区域内的 DIC 实测应变进行平均化处理，由坐标变换可得沿材料主方向的应变分量：

$$\varepsilon_{11} = \varepsilon_{xx}(\sin\theta)^2 + \varepsilon_{yy}(\cos\theta)^2 - \gamma_{xy}\cos\theta\sin\theta \qquad (8.4a)$$

$$\varepsilon_{22} = \varepsilon_{xx}(\cos\theta)^2 + \varepsilon_{yy}(\sin\theta)^2 + \gamma_{xy}\cos\theta\sin\theta \qquad (8.4b)$$

$$\gamma_{12} = (\varepsilon_{xx} - \varepsilon_{yy})\sin(2\theta) - \gamma_{xy}\cos(2\theta) \qquad (8.4c)$$

由式（8.3）和式（8.4）可获得复合材料沿材料坐标系内应力应变行为曲线。图 8.16(a) 所示为准静态拉伸实验中不同试样沿材料主方向（纤维经向）

正应力应变 σ_{11}-ε_{11} 曲线，图 8.16(b) 所示为沿纤维纬向正应力-应变 σ_{22}-ε_{22} 曲线，图 8.16(c) 所示为材料坐标系下剪切应力-应变 τ_{12}-γ_{12}。从图 8.16 可见，复杂面内多轴载荷条件下材料的响应行为与单轴载荷条件下的行为有很大区别，线性阶段多轴应力分量之间的耦合行为不明显，因此多轴复杂应力对材料的线性行为影响很小。随着应力水平的提高，不同应力分量均表现出显著的非线性行为，因此多轴应力分量之间的耦合行为对材料的非线性力学本构行为影响显著。由图 8.16(a) 可见，材料 1 主方向的正应力-应变行为在单轴载荷条件下（0° 单轴拉伸）基本表现为线性行为，但在偏轴拉伸条件下表现出了显著的非线性行为。15° 偏轴拉伸试验中 1 方向正应力-应变基本还表现为线性，2 方向表现为拉伸正应力下的压缩应变，且存在明显的非线性行为。该行为主要是由于随着材料主方向（1 方向）拉伸应力逐渐变大，编织的纤维束之间将会出现弯曲正应力，进而导致横向纤维束变形，产生基体变形和开裂，该因素结合线性泊松比效应对于 2 方向应变的影响高于 2 方向较低水平拉伸应力对正应变的影响，因此 2 方向出现了拉伸应力下的压缩正应变。30° 偏轴拉伸试验中 1 主方向的正应力在其他两个应力分量的共同作用下，表现出了明显的非线性，说明其他两个应力分量可能导致 1 方向材料损伤加速演化。30° 偏轴拉伸试验中 2 方向正应力分量水平提高，不同应力-应变分量也表现出了非线性行为。需要特别指出的是 2 方向出现了高拉伸正应力水平下的压缩正应变，且该高压缩正应变现象无法仅通过线性本构行为中的泊松比效果解释，需要考虑材料面内本构模型中的正应力和剪切应变之间的非线性耦合行为。由图 8.16(c) 可见面内剪切应力-应变行为始终表现出非线性行为。15° 和 30° 偏轴拉伸试验中，面内非线性剪切应力-应变行为基本一致。45° 偏轴拉伸试验（图 8.16(c)）获得的剪切应力-应变曲线与 15° 和 30° 偏轴拉伸试验有显著差别，非线性剪切行为的切线模量和强度均有一定程度的降低。通过图 8.17 不同偏轴角下的应力-应变曲线分析可知，45° 偏轴拉伸与 15° 和 30° 偏轴拉伸试验主要区别在于出现了沿 2 方向（纤维纬线方向）存在拉伸正应变，因此该现象初步说明剪切行为受到了 2 方向拉伸正应变的影响，导致复合材料的基体微裂纹张开，非线性面内切线模量和强度下降，损伤演化行为加速。可见双轴拉伸应力作用下（即使 45° 偏轴拉伸试验中 σ_{11} 和 σ_{22} 拉伸正应力水平均不高）会产生更多的基体裂纹和界面脱粘损伤，使得编织纤维束更加松散，同时将降低材料的承剪能力，表现为材料的剪切强度下降。

由于 45° 偏轴拉伸中的高水平剪切加载变形，材料会产生基体裂纹和界面脱粘损伤，将降低基体的剪切承载能力和界面传递载荷的能力，显著降低 1 方向拉伸应力的承载水平，进一步导致 1 方向拉伸正应力引起的 2 方向弯曲应变水平显著降低，不足以引起 2 方向的压缩正应变，因此图 8.16(b) 中 45° 偏轴拉伸试验中出现了拉伸正应力和正应变。综上所述，双轴拉伸和剪切平面应力状态下的损伤耦合效应是偏轴拉伸试件的损伤演化加速的主要原因。

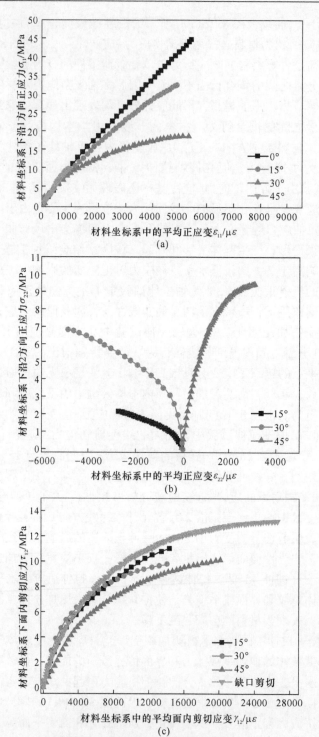

图 8.16   不同偏轴拉伸条件下材料坐标系下面内应力-应变行为曲线

（a）沿材料 1 方向（经向）正应力-应变；（b）沿材料 2 方向（纬向）正应力-应变；
（c）材料面内剪切应力-应变曲线

由图 8.16 和图 8.17 所示结果可见 1 方向和 2 方向的正应力–应变行为在 15°和 30°偏轴拉伸试验中表现不同。15°偏轴拉伸试验中 1 方向正应力–应变基本还表现为线性，2 方向表现为拉伸正应力下的压缩应变，且存现明显的非线性行为。该行为主要是由于随着材料主方向（1 方向）拉伸应力增大时，交织纤维束之间出现的弯曲正应力可能导致横向纤维束（纬纱）产生沿纱束方向的基体变形和开裂，该因素对于 2 方向应变的影响高于 2 方向较低水平拉伸应力对应变的影响，因此 2 方向出现了拉伸应力下的压缩正应变。30°偏轴拉伸试验中 1 主方向的正应力在其他两个应力分量的共同作用下，一方面表现出了明显的非线性，说明其他两个应力分量可能导致 1 方向材料损伤加速演化。30°偏轴拉伸试验中 2 方向正应力分量水平提高，不同应力–应变分量均表现出了非线性行为。需要特别指出的是 2 方向出现了高拉伸正应力水平下的压缩正应变，且该高压缩正应变现象无法通过线性本构行为中的泊松比效果解释，需要考虑材料面内本构模型中的正应力和剪切应变之间的非线性耦合行为。

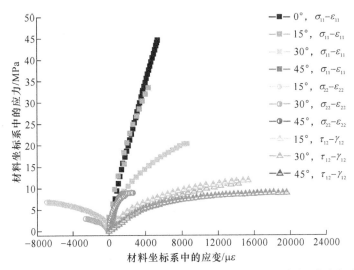

图 8.17　偏轴拉伸条件下材料坐标系内沿不同材料主方向的应力–应变行为曲线

综上，采用数字图像相关技术的基本原理，结合 DIC 技术进行陶瓷基复合材料单轴拉伸试验。考虑到无法获得真实的试验件边界条件，因此利用圣维南原理，选择远离夹持区域的试件中间区域作为 ROI 区域；同时结合传统的引伸计测量方法测试结果，验证了 DIC 技术识别得到的位移数据的可靠性。通过单轴和偏轴试件在不同加载方式下的力学试验，得到全局坐标系下和材料坐标系下的应力–应变行为曲线，通过试验结果可得，该材料在常温复杂面内载荷条件下会表现出显著的非线性行为，并且多轴应力分量之间的耦合行为对材料的非线性力学本构行为影响显著。对于不适用接触式变形测量技术的新研多孔复合材料，采用数字图像相关技术结合偏轴单向拉伸试验，成功获得了沿材料主方向的应力–应变行为，为后续建立新研材料的本构模型和强度预测提供了理论和数据基础。

8.4   数字图像相关方法辅助的缺口剪切试验以及结果

为了获得新研二维编织气凝胶基复合材料纯剪条件下的应力–应变行为和强度，进行了数字图像相关方法辅助的缺口剪切试验。缺口面内纯剪切试件形状和尺寸如图 8.18 所示，用于测定材料的剪切力学性能。试样形式、试验装置和方法均参考 ASTM C1292—00 试验标准[12]。由于试样较脆，为了防止试样夹持端被压溃，设计了加强片的尺寸，加强片的厚度为 2mm。试验采用 MTS 810 液压伺服疲劳试验机，配合 25kN 液压夹具和 10kN 力传感器。由于试件材料为多孔材料，无法粘贴应变片和使用引伸计，所以在试验中试验机采集的数据为时间、作动器位移、载荷，试验的采集频率为 2Hz。试验采用位移控制，加载速率为 0.1mm/min，试验装置图如图 8.19 所示。试验中同时采用 DIC 全场测量技术对试验过程

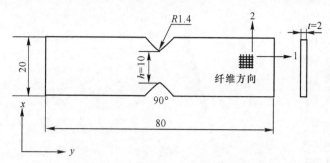

图 8.18   缺口剪切试样的尺寸示意图（单位：mm）

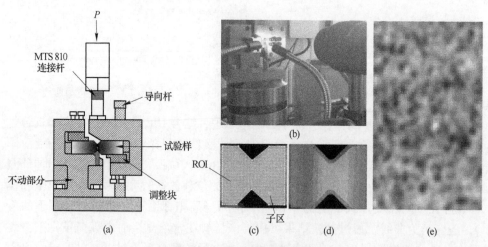

图 8.19   缺口剪切实验装置

（a）缺口剪切试验装置示意图；（b）试验用 DIC 装置；（c）DIC 子区示意图；
（d）实测位移场；（e）放大散斑图像

中的变形量进行采集。2D-DIC 全场测量采集系统包括一台分辨率为 1600 万像素
的 CCD 相机（IPX-16M3-L-1）和焦距为 105mm 的 Sigma 镜头（Sigma105mm f/
2.8~C），试验过程中物距为 500mm。试验过程中采集频率为每 6s 采集一张图
片。图 8.20 所示为常温纯剪切试验过程中识别得到的 x 方向位移场 u 和 y 方向
位移场 v。图 8.21 所示为识别得到的应变场分布。从实测应变分布云图可见，纯
剪切试验过程中缺口之间的正应变 ε_{xx} 和 ε_{yy} 水平均低，面内剪切应变在缺口之间
分布基本均匀，且剪切应变水平高，因此可以得出结论试样失效是由纯剪切主导
的。图 8.22(a) 所示为典型试样纯剪切应力-应变曲线，从图中可见纯剪切条件
下，材料表现为典型的非线性，从目前的结果可见，材料表现出了显著剪切非线
性特性，剪切行为中也不存在明显的屈服应力。图 8.22(b) 所示为纯剪切试样
的剪切应力-应变行为与偏轴拉伸试验得到的剪切应力-应变行为的比较。从比
较结果可见，纯剪切得到的剪切强度高于拉伸-剪切复杂应力条件下得到的剪切
强度。

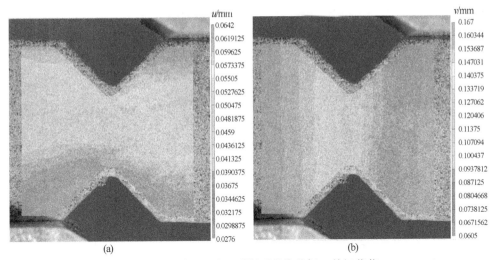

图 8.20　常温纯剪切试验过程中识别得到的位移场（剪切载荷 V=125.5N）

(a) x 方向位移 u；(b) y 方向位移 v

8.5　二维编织气凝胶基复合材料力学行为的试验分析与有限元建模

从 8.3 节偏轴拉伸试验结果可见，二维编织硅氧铝基复合材料与普通金属材
料相比，除了具有宏观的各向异性外，还具有明显的物理非线性，且在加载过程
中一般无明显的屈服点，尤其以剪切非线性尤为突出[13~15]。因此，传统的线弹
性各向异性虎克定律的本构模型已不能充分有效地描述二维编织硅氧铝基复合材
料的力学行为[16]。很多复合材料力学方面的研究人员利用分片光滑插值函数以
及增量加载的方法，给出了许多不同的非线性本构模型[17~19]，但是，迄今为止的

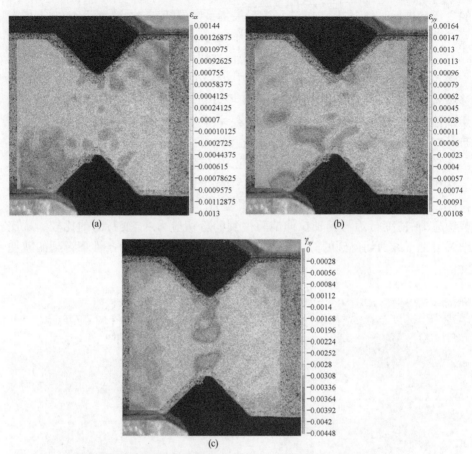

图 8.21　纤维增强硅氧铝基复合材料常温纯剪切试验中 DIC 实测应变场分布（$V = 125.5\text{N}$）

（a）ε_{xx}；（b）ε_{yy}；（c）γ_{xy}

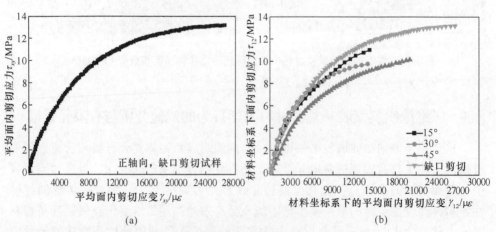

图 8.22　材料坐标系下面内剪切应力-应变曲线

（a）正轴向剪切；（b）拉-剪复杂应力状态

非线性模型大多数仅考虑了材料的单轴非线性，没有正确地注意到在复杂应力状态下材料主方向应力分量之间，特别是正应力分量与剪应力分量之间的非线性耦合对材料的行为的影响，该影响在高应力水平时表现尤为明显。由于材料试验获得的单轴压缩载荷条件下的强度远低于拉伸强度，且目前未开展材料其他方向的压缩试验，因此该本构模型仅考虑拉伸正应力和剪切应力之间的关系，而压缩方向在后续材料子程序中可以仅考虑单轴压缩本构关系，不考虑不同压缩正应力和剪切应力之间的关系。

8.5.1 材料面内非线性完整力学本构模型参数识别

本节借鉴树脂基复合材料应力-应变行为数值模拟方面的研究成果，结合二维编织硅氧铝基复合材料的非线性应力-应变关系特性，建立一个相对简单但方便应用于有限元分析的唯象本构模型。模型中以应变（可观测的外变量）为状态变量，提出用简单函数描述材料在加载条件下的应力-应变关系，最后将该本构模型编写成用户材料子程序（UMAT），与 ABAQUS 有限元软件连接，并用多个算例验证模型的有效性。

二维编织硅氧铝基复合材料的预制体为周期性平纹编织结构，在宏观尺度上可将其视为正交各向异性材料；由于航空航天器多为薄壁结构，故在面内加载的条件下，材料近似处于平面应力状态。基于纤维增强硅氧铝基复合材料常温准静态偏轴拉伸试验结果，考察建立材料的非线性弹性应力-应变关系。平面应力状态下正交各向异性复合材料薄板沿材料主方向弹性性质可用余能密度 w_e^* 表示如下：

$$\varepsilon_i = \frac{\partial w_e^*}{\partial \sigma_i} \qquad (i = 1, 2, 6) \tag{8.5}$$

式中，ε_1、ε_2、σ_1、σ_2 分别是沿材料主方向的正应变和正应力分量；ε_6、σ_6 分别为剪切应变和剪应力分量。

设 w_e^* 关于 σ_i 解析的，考虑应力为零时 w_e^* 为零以及零初应力状态，则 w_e^* 可展开为 σ_i 的多项式：

$$w_e^* = \frac{1}{2} S_{ij}\sigma_i\sigma_j + \frac{1}{3} S_{ijk}\sigma_i\sigma_j\sigma_k + \frac{1}{4} S_{ijkl}\sigma_i\sigma_j\sigma_k\sigma_l + \cdots \qquad (i, j, k, l = 1, 2, 6)$$

$$\tag{8.6}$$

式中，S_{ij}、S_{ijk}、S_{ijkl}、$\cdots$ 为待确定材料的柔度常数。

考虑到模型的工程实用性，并结合试验结果，截断式中至应力分量的四次项为近似。由于二维编织复合材料主方向上应存在 3 个对称面，故合理假设材料为正交各向异性，w_e^* 应为 $\sigma_6(\tau_{12})$ 的偶函数。因此，σ_6 的奇次项系数 S_{i6}，S_{ij6}，S_{666}，S_{ijk6}，$S_{i666}(i, j, k = 1, 2)$ 均为零。由此，

$$w_e^* = \frac{1}{2}S_{11}\sigma_1^2 + S_{12}\sigma_1\sigma_2 + \frac{1}{2}S_{22}\sigma_2^2 + \frac{1}{2}S_{66}\sigma_6^2 + \frac{1}{3}S_{111}\sigma_1^3 + S_{112}\sigma_1^2\sigma_2 + S_{122}\sigma_1\sigma_2^2 +$$

$$S_{166}\sigma_1\sigma_6^2 + \frac{1}{3}S_{222}\sigma_2^3 + S_{266}\sigma_2\sigma_6^2 + \frac{1}{4}S_{1111}\sigma_1^4 + S_{1112}\sigma_1^3\sigma_2 + S_{1122}\sigma_1^2\sigma_2^2 + S_{1166}\sigma_1^2\sigma_6^2 +$$

$$S_{1222}\sigma_1\sigma_2^3 + S_{1266}\sigma_1\sigma_2\sigma_6^2 + \frac{1}{4}S_{2222}\sigma_2^4 + S_{2266}\sigma_2^2\sigma_6^2 + \frac{1}{4}S_{6666}\sigma_6^4 \tag{8.7}$$

将式（8.7）代入式（8.5），得：

$$\varepsilon_1 = S_{11}\sigma_1 + S_{12}\sigma_2 + S_{111}\sigma_1^2 + 2S_{112}\sigma_1\sigma_2 + S_{122}\sigma_2^2 + S_{166}\sigma_6^2 + S_{1111}\sigma_1^3 +$$
$$\quad 3S_{1112}\sigma_1^2\sigma_2 + 2S_{1122}\sigma_1\sigma_2^2 + 2S_{1166}\sigma_1\sigma_6^2 + S_{1222}\sigma_2^3 + S_{1266}\sigma_2\sigma_6^2$$

$$\varepsilon_2 = S_{22}\sigma_2 + S_{12}\sigma_1 + S_{112}\sigma_1^2 + 2S_{122}\sigma_1\sigma_2 + S_{222}\sigma_2^2 + S_{266}\sigma_6^2 + S_{1112}\sigma_1^3 +$$
$$\quad 2S_{1122}\sigma_1^2\sigma_2 + 3S_{1222}\sigma_1\sigma_2^2 + S_{1266}\sigma_1\sigma_6^2 + S_{2222}\sigma_2^3 + 2S_{2266}\sigma_2\sigma_6^2$$

$$\varepsilon_6 = S_{66}\sigma_6 + 2S_{166}\sigma_1\sigma_6 + 2S_{266}\sigma_6\sigma_2 + 2S_{1166}\sigma_1^2\sigma_6 + 2S_{1266}\sigma_1\sigma_2\sigma_6 + 2S_{2266}\sigma_2^2\sigma_6 + S_{6666}\sigma_6^3$$

$$\tag{8.8}$$

式中，非零常数 S_{ij} 描述了线性变形部分，S_{ijk} 和 S_{ijkl} 描述了非线性变形部分，S_{ijk} 代表由于材料的拉压模量不同引起的非线性变形部分。

虽然材料拉伸和压缩行为存在很大的不同，但由于压缩得到的强度偏低，且目前未开展不同偏轴角度下的压缩实验，因此本构模型暂时未充分考虑压缩行为，仅适用于拉伸和拉伸-剪切多轴载荷下的行为。因此可简化假设 $S_{ijk} = 0$。因此式（8.8）可写成：

$$\varepsilon_1 = S_{11}\sigma_1 + S_{12}\sigma_2 + S_{1111}\sigma_1^3 + 3S_{1112}\sigma_1^2\sigma_2 + 2S_{1122}\sigma_1\sigma_2^2 +$$
$$\quad 2S_{1166}\sigma_1\sigma_6^2 + S_{1222}\sigma_2^3 + S_{1266}\sigma_2\sigma_6^2 \tag{8.9a}$$

$$\varepsilon_2 = S_{22}\sigma_2 + S_{12}\sigma_1 + S_{1112}\sigma_1^3 + 2S_{1122}\sigma_1^2\sigma_2 + 3S_{1222}\sigma_1\sigma_2^2 +$$
$$\quad S_{1266}\sigma_1\sigma_6^2 + S_{2222}\sigma_2^3 + 2S_{2266}\sigma_2\sigma_6^2 \tag{8.9b}$$

$$\varepsilon_6 = S_{66}\sigma_6 + 2S_{1166}\sigma_1^2\sigma_6 + 2S_{1266}\sigma_1\sigma_2\sigma_6 + 2S_{2266}\sigma_2^2\sigma_6 + S_{6666}\sigma_6^3 \tag{8.9c}$$

式中，S_{11}、S_{12}、S_{22}、S_{66}、S_{1111}、S_{2222}、S_{6666}、S_{1112}、S_{1222} 为常数，可由单轴拉伸和纯剪试验确定；S_{1122} 可由双轴拉伸测定；S_{1166}、S_{1266}、S_{2266} 为非线性耦合项系数，可由偏轴拉伸试验来确定。

该本构描述的是应力分量间的非线性耦合，与材料线弹性理论中的泊松比效果和复合材料层合板理论中常说的拉-弯耦合是不同的，后者是线性耦合，反映的是层合板结构非对称铺设条件下的各向异性。

0°单轴拉伸试验中采用数字相关技术不但可以获得沿着拉伸方向（材料 1 方向）的应变，同时也识别得到了垂直于拉伸方向的应变。图 8.23 所示为某一典型试验样 0°正轴向拉伸试验中通过数字相关技术获得的沿着拉伸方向和垂直于拉伸方向的正应变随轴向拉伸应力变化的情况。从图 8.23（a）可见，沿材料纤维方向（1 方向）拉伸应力-应变关系近似为线性，因此通过最小二乘回归可获得该试样主方向拉伸弹性模量 $E_{11} = 8.02$GPa，可识别获得 $S_{11} = 1/E_{11}$，$S_{1111} = 0$。单轴拉伸试验中平面应力状态中仅 $\sigma_{11} \neq 0$，将上述 0° 正轴向拉伸应力 σ_{11} 代入式 (8.9b)，可得：

$$\varepsilon_2 = S_{12}\sigma_1 + S_{1112}\sigma_1^3 \tag{8.10}$$

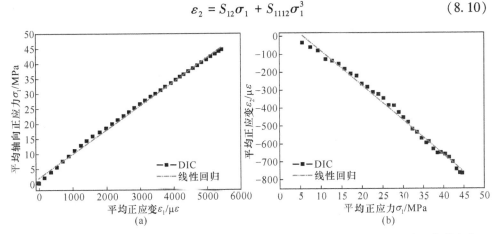

图 8.23　0° 正轴向拉伸实验中某一典型试样的纵向（拉伸方向）和横向（垂直于拉伸方向）正应力-应变行为和线性拟合结果

(a) σ_1-ε_1；(b) ε_2-σ_1

从图 8.23(b) 的结果可见，单轴拉伸试验中材料主方向上，垂直于拉伸方向的正应变 ε_2 与沿着拉伸方向的正应力 σ_1 之间的变化关系近似为线性，因此可以识别得到 $S_{12} = -19.3$。通过 E_{11} 和 S_{12} 直接的关系 $S_{12} = -\nu_{12}/E_{11}$ 可得该试样的泊松比。采用上述方法结合 3 个 0° 单轴拉伸试验结果，可识别得到材料的沿纤维方向（1 方向）的平均拉伸弹性模量 $E_{11} = 7.74\mathrm{GPa}$，平均泊松比为 $\nu_{12} = 0.153$。近似认为 $S_{1112} = 0$，合理假设材料垂直于纤维方向拉伸试验中（材料主方向，2 方向）的应力-应变行为也近似为线性的，因此 $S_{2222} = S_{1222} = 0$。由于未开展双轴拉伸试验，暂时不考虑 1 方向和 2 方向正应力之间的非线性耦合影响，因此 $S_{1122} = 0$。最后式 (8.9) 的本构关系可简化为：

$$\varepsilon_1 = S_{11}\sigma_1 + S_{12}\sigma_2 + 2S_{1166}\sigma_1\sigma_6^2 + S_{1266}\sigma_2\sigma_6^2 \tag{8.11a}$$

$$\varepsilon_2 = S_{22}\sigma_2 + S_{12}\sigma_1 + S_{1266}\sigma_1\sigma_6^2 + 2S_{2266}\sigma_2\sigma_6^2 \tag{8.11b}$$

$$\varepsilon_6 = S_{66}\sigma_6 + 2S_{1166}\sigma_1^2\sigma_6 + 2S_{1266}\sigma_1\sigma_2\sigma_6 + 2S_{2266}\sigma_2^2\sigma_6 + S_{6666}\sigma_6^3 \tag{8.11c}$$

从式 (8.11) 可见，仅需要通过偏轴拉伸试验确定本构参数 S_{1166}、S_{1266} 和 S_{2266}。由于材料为二维正交编织复合材料，故合理假设材料沿纤维经向和纬向（1 方向和 2 方向）存在对称性，则 $S_{11} = S_{22}$，$S_{1166} = S_{2266}$ 以及 $S_{12} = S_{21}$，因此仅需要通过偏轴拉伸试验识别 S_{1166} 和 S_{1266} 两个表征材料正应力和剪切应力之间非线性耦合影响的参数。如由式 (8.11a) 和式 (8.11b) 可得：

$$\varepsilon_1 - S_{11}\sigma_1 - S_{12}\sigma_2 = 2S_{1166}\sigma_1\sigma_6^2 + S_{1266}\sigma_2\sigma_6^2 \tag{8.12a}$$

$$\varepsilon_2 - S_{22}\sigma_2 - S_{21}\sigma_1 = S_{1266}\sigma_1\sigma_6^2 + 2S_{1166}\sigma_2\sigma_6^2 \tag{8.12b}$$

$$\varepsilon_6 - S_{66}\sigma_6 - S_{6666}\sigma_6^3 = 2S_{1166}\sigma_1^2\sigma_6 + 2S_{1266}\sigma_1\sigma_2\sigma_6 + 2S_{2266}\sigma_2^2\sigma_6 \quad (8.12c)$$

根据坐标变换，有：

$$\sigma_1 = \sigma_y\cos^2\theta; \qquad \sigma_2 = \sigma_y\sin^2\theta; \qquad \sigma_6 = -\sigma_y\sin\theta\cos\theta \quad (8.13a)$$

$$\varepsilon_1 = \varepsilon_y\cos^2\theta - \gamma_{xy}\sin\theta\cos\theta + \varepsilon_x\sin^2\theta \quad (8.13b)$$

$$\varepsilon_2 = \varepsilon_x\cos^2\theta + \gamma_{xy}\sin\theta\cos\theta + \varepsilon_y\sin^2\theta \quad (8.13c)$$

将式（8.13）代入式（8.12），通过 15° 偏轴拉伸试验结果，多元线性回归（两个线性方程和两个待回归系数）结合数据中心化以及标准化处理，可得到 S_{1166} 和 S_{1266}。两个典型 15° 偏轴拉伸试验的拟合结果如图 8.24 所示。由于试验数据存在一定的分散性，因此得到的非线性耦合系数 S_{1166} 和 S_{1266} 也存在分散性，但从拟合结果可见，采用式（8.11）可以很好地描述 15° 偏轴拉伸试验结果，特别是拉伸正应力 σ_y 作用下出现的 x 方向非线性压缩正应变 ε_x 的行为。图 8.25 所示为采用 15° 偏轴拉伸试验结果拟合得到的材料非线性耦合参数 S_{1166} 和 S_{1266} 预测得到的 30° 和 45° 偏轴拉伸试验结果和 DIC 实测结果之间的比较。通过图 8.25 结果也进一步说明该二维正交编织复合材料存在拉伸应力和剪切应变之间非线性耦合影响，该关系可影响材料的应力和应变行为以及失效过程，应在应力分析和强度校核时予以考虑。

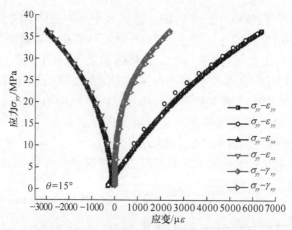

图 8.24　15° 偏轴拉伸试验中典型试样得到的轴向正应力与试验总体坐标系下的应变之间的关系，其中离散数据为 DIC 实测数据，连续数据点为最小二乘回归得到的结果

缺口面内纯剪切试验中由于仅存在 $\sigma_6 \neq 0$，$\sigma_1 = \sigma_2 = 0$，由于简单的 3 次幂指数关系对于如图 8.26 所示的纯剪切应力-应变关系拟合参数过少，回归结果不理想，故借鉴树脂基复合材料层间剪切应力-应变行为关系，给出形如式（8.14）的本构关系：

$$\gamma_{12} = \tau_{12}/G_{12} + (\tau_{12}/k_{12})^{n_{12}} \quad (8.14)$$

其中 $1/G_{12} = S_{66}$，对式（8.14）两边取对数，则非线性拟合可转化为一元线性回

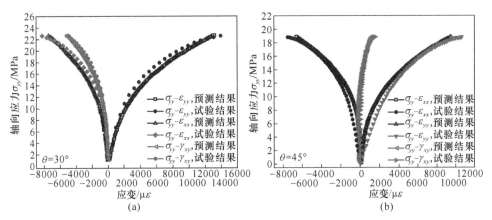

图 8.25 采用 15°偏轴拉伸试验结果拟合得到的材料非线性耦合参数 S_{1166} 和 S_{1266} 预测其他偏轴条件下试验坐标系下的应力-应变关系，预测结果与实测结果直接的比较

(a) 30°；(b) 45°

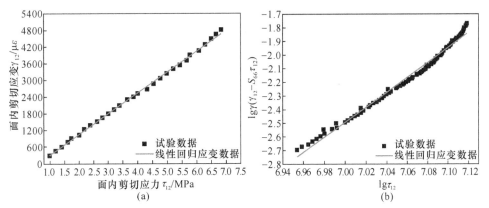

图 8.26 缺口面内纯剪切试验典型试样最小二乘回归得到的本构参数结果

(a) 线性柔度系数 S_{66}；(b) 非线性本构参数 k_{12} 和 n_{12} 的拟合结果

归问题，有：

$$\lg[\gamma_{12} - S_{66}\tau_{12}] = n_{12}\lg\tau_{12} - n_{12}\lg k_{12} \tag{8.15}$$

对面内纯剪切试验中的某一典型试样的结果可通过上式拟合回归得到描述剪切非线性的参数 k_{12} 和 n_{12}。两个典型试样纯剪切应力-应变的回归拟合结果见图 8.26。从拟合结果可见，式（8.15）给出的本构关系可以很好地表征纤维增强硅氧铝基复合材料的面内剪切应力-应变关系，拟合结果中的相关系数均超过 0.97。完整的纤维增强硅氧铝基复合材料沿材料主方向常温本构参数见表 8.2。

表 8.2   试验数据回归得到的纤维增强硅氧铝基复合材料常温本构参数（柔度系数）

参数	S_{11} /MPa^{-1}	S_{12} /MPa^{-1}	S_{22} /MPa^{-1}	S_{66} /MPa^{-1}	$S_{1166} \times 10^{-7}$ /MPa^{-3}	$S_{1266} \times 10^{-7}$ /MPa^{-3}	n_{12}	k_{12} /MPa^{-1}
数值	1.3×10^{-4}	-2.0×10^{-5}	1.3×10^{-4}	3.77×10^{-4}	1.872	-4.125	7.35	26.06

8.5.2 材料力学行为的有限元模型实现

通过 ABAQUS 有限元软件中提供的 Fortran 程序接口，对上述非线性本构模型编写沿复合材料主方向的用户材料子程序 UMAT。UMAT 子程序中，需要给定材料的雅克比矩阵 $\boldsymbol{D}$(Jacobian matrix)，即需要计算对应给定应变增量 $\Delta \boldsymbol{\varepsilon}$ 的应力增量 $\Delta \boldsymbol{\sigma}$。其定义如下：

$$D_{ij} = \frac{\partial \Delta \sigma_{ij}}{\partial \Delta \varepsilon_{ij}} \tag{8.16}$$

由式（8.11），并对应变增加取全微分，得：

$$\Delta \varepsilon_1^m = (S_{11} + \alpha_{1k}^{m-1} \mid \sigma_6^2)\Delta \sigma_1^m + (S_{12} + \alpha_{2k}^{m-1} \mid \sigma_6^2)\Delta \sigma_2^m +$$
$$(2\alpha_{1k}^{m-1} \mid \sigma_{1k}^{m-1} \mid \sigma_6 + 2\alpha_{2k}^{m-1} \mid \sigma_{2k}^{m-1} \mid \sigma_6)\Delta \sigma_6^m \tag{8.17a}$$

$$\Delta \varepsilon_2^m = (S_{12} + \alpha_{2k}^{m-1} \mid \sigma_6^2)\Delta \sigma_1^m + (S_{22} + \alpha_{1k}^{m-1} \mid \sigma_6^2)\Delta \sigma_2^m +$$
$$(2\alpha_{2k}^{m-1} \mid \sigma_{1k}^{m-1} \mid \sigma_6 + 2\alpha_{1k}^{m-1} \mid \sigma_{2k}^{m-1} \mid \sigma_6)\Delta \sigma_6^m \tag{8.17b}$$

$$\Delta \varepsilon_6^m = (2\alpha_{1k}^{m-1} \mid \sigma_{1k}^{m-1} \mid \sigma_6 + 2\alpha_{2k}^{m-1} \mid \sigma_{2k}^{m-1} \mid \sigma_6)\Delta \sigma_1^m +$$
$$(2\alpha_{2k}^{m-1} \mid \sigma_{1k}^{m-1} \mid \sigma_6 + 2\alpha_{1k}^{m-1} \mid \sigma_{2k}^{m-1} \mid \sigma_6)\Delta \sigma_2^m +$$
$$\left[S_{66} + \alpha_{1k}^{m-1} \mid \sigma_1^2 + 2\alpha_{2k}^{m-1} \mid \sigma_{1k}^{m-1} \mid \sigma_2 + \alpha_{1k}^{m-1} \mid \sigma_2^2 + \frac{n_{12}}{k_{12}} \left(\frac{{}_k^{m-1} \mid \sigma_6}{k_{12}} \right)^{n_{12}-1} \right] \Delta \sigma_6^m \tag{8.17c}$$

这里 $\alpha_1 = 2S_{1166} = 2S_{2266}$，$\alpha_2 = S_{1266}$。式（8.17）给出了应变增量 $\Delta \varepsilon_i^m$ 与应力增量 $\Delta \sigma_j^m$ 之间的非线性关系，其中 $\Delta \varepsilon_i^m$ 为给定应力增量。式中 ${}_k^{m-1} \mid \sigma_i (i=1, 2, 6)$ 代表考虑材料非线性过程时，在计算第 m 个增量步第 k 个迭代过程中，已知的第 $m-1$ 个增量步中 i 方向的应力分量，这些应力分量已经通过 UMAT 中已知的应力张量数组传递到迭代过程。由于需要求解材料的雅克比矩阵 $\boldsymbol{D}$，则式（8.17）可写成矩阵形式：

$$\begin{Bmatrix} \Delta \varepsilon_1 \\ \Delta \varepsilon_2 \\ \Delta \varepsilon_6 \end{Bmatrix}_k^m = \begin{bmatrix} f_{11}(\sigma_1, \sigma_2, \sigma_6) & f_{12}(\sigma_1, \sigma_2, \sigma_6) & f_{16}(\sigma_1, \sigma_2, \sigma_6) \\ f_{21}(\sigma_1, \sigma_2, \sigma_6) & f_{22}(\sigma_1, \sigma_2, \sigma_6) & f_{26}(\sigma_1, \sigma_2, \sigma_6) \\ f_{61}(\sigma_1, \sigma_2, \sigma_6) & f_{62}(\sigma_1, \sigma_2, \sigma_6) & f_{66}(\sigma_1, \sigma_2, \sigma_6) \end{bmatrix}_k^{m-1} \cdot$$

$$\begin{Bmatrix} \Delta \sigma_1 \\ \Delta \sigma_2 \\ \Delta \sigma_6 \end{Bmatrix}_k^m = [f]_k^{m-1} \begin{Bmatrix} \Delta \sigma_1 \\ \Delta \sigma_2 \\ \Delta \sigma_6 \end{Bmatrix}_k^m \tag{8.18}$$

对已知矩阵 $[f]_k^{m-1}$ 求逆，得

$$\begin{Bmatrix} \Delta\sigma_1 \\ \Delta\sigma_2 \\ \Delta\sigma_6 \end{Bmatrix}_k^m = [g]_k^{m-1} \begin{Bmatrix} \Delta\varepsilon_1 \\ \Delta\varepsilon_2 \\ \Delta\varepsilon_6 \end{Bmatrix}_k^m \qquad (8.19)$$

根据第 $m-1$ 个增量步收敛的结果计算 $\boldsymbol{D}$，并通过牛顿-拉夫森迭代获得第 m 个增加步的应力增量，则第 m 个增量步收敛的更新应变和应力分量为：

$$\begin{Bmatrix} \varepsilon_1 \\ \varepsilon_2 \\ \varepsilon_6 \end{Bmatrix}^m = \begin{Bmatrix} \varepsilon_1 \\ \varepsilon_2 \\ \varepsilon_6 \end{Bmatrix}^{m-1} + \begin{Bmatrix} \Delta\varepsilon_1 \\ \Delta\varepsilon_2 \\ \Delta\varepsilon_6 \end{Bmatrix}^m$$

$$\begin{Bmatrix} \sigma_1 \\ \sigma_2 \\ \sigma_6 \end{Bmatrix}^m = \begin{Bmatrix} \sigma_1 \\ \sigma_2 \\ \sigma_6 \end{Bmatrix}^{m-1} + \begin{Bmatrix} \Delta\sigma_1 \\ \Delta\sigma_2 \\ \Delta\sigma_6 \end{Bmatrix}^m = \begin{Bmatrix} \sigma_1 \\ \sigma_2 \\ \sigma_6 \end{Bmatrix}^{m-1} + [g]_k^{m-1} \begin{Bmatrix} \Delta\varepsilon_1 \\ \Delta\varepsilon_2 \\ \Delta\varepsilon_6 \end{Bmatrix}_k^m \qquad (8.20)$$

最后进行失效判据检查。令

$$STATEV = -\frac{\sigma_1^2}{X_c X_t} + \frac{\sigma_1\sigma_2}{X_c X_t} - \frac{\sigma_2^2}{Y_c Y_t} + \frac{X_c + X_t}{X_c X_t}\sigma_1 + \frac{Y_c + Y_t}{Y_c Y_t}\sigma_2 + \frac{\tau_{12}^2}{(\alpha S)^2} - 1 \qquad (8.21)$$

则当修正 Hoffman 判据满足时，$STATEV \geqslant 0$，材料失效。

　　ABAQUS 开发的用户子程序 UMAT 中也考虑了材料轴向（纤维经向）压缩行为与拉伸行为的显著区别。由于压缩方向的材料试验开展的数量有限，且压缩行为主要由基体材料主导，压缩强度低，故用户子程序中仅考虑了轴向压缩方向的线性本构关系以及压缩强度对材料行为的影响。图 8.27 所示为 0°拉伸试样的有限元仿真模型结合非线性材料用户子程序以及几何非线性计算得到的试样标距中间位置处应力-应变行为曲线，其中材料本构模型参数采用了表 8.2 通过偏轴拉伸试验识别得到的参数。图 8.28 所示为 0°拉伸试样中损伤参数的分布云图。从与试验实测比较的结果来看，有限元仿真预测结果与实测结果一致性较好，说明采用基于 DIC 数据识别得到的本构模型基本可给出材料单轴拉伸应力-应变行为。但由于该材料行为具有一定的不确定性，因此有限元仿真结果更接近于实测的平均行为。从损伤参数的计算结果可见，当拉伸载荷 F 达到 950N 时，损伤参数 STATEV 在标距段（直线段）和圆弧段之间的过渡区域由于应力集中出现大于零区域，可以预计失效可能出现在该过渡区域附近。图 8.29 所示为 15°拉伸试样的有限元仿真模型结合非线性材料用户子程序以及几何非线性计算得到的试样标距中间位置处应力-应变行为曲线。图 8.30 所示为 15°拉伸试样中损伤参数的分布云图。从比较结果可见有限元仿真预测结果与实测结果的平均响应一致性较好。从损伤参数的分布云图可见，试验的失效是基本沿着 15°材料主方向起始，

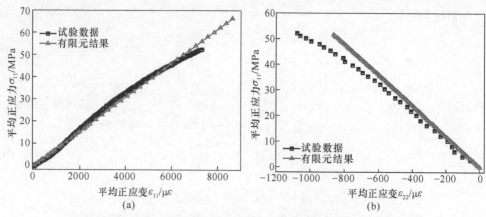

图 8.27　0°拉伸试样有限元仿真模型结合非线性材料用户子程序计算
得到的标距中间某典型位置处应力-应变曲线与拉伸实测结果的比较

(a) σ_{11}-ε_{11}；(b) σ_{11}-ε_{22}；

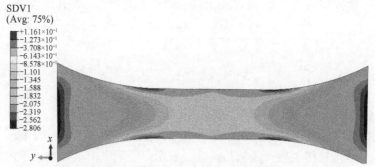

图 8.28　0°拉伸试样有限元仿真模型结合非线性材料用户子程序
计算得到的应力损伤指标分布云图

在 $F = 800N$ 时试样标距区域内的损伤参数基本都到达 Hoffman 失效指标，材料失效。15°偏轴拉伸试验过程中试样的平均失效载荷 $F = 840N$，与数值预测的结果接近。图 8.31 所示为 30°拉伸试样的有限元仿真模型结合非线性材料用户子程序以及几何非线性计算得到的试样标距中间位置处应力-应变行为曲线。图 8.32 所示为 30°拉伸试样中损伤参数的分布云图。从比较结果可见有限元仿真预测结果与实测结果的平均响应一致性较好。从损伤参数的分布云图可见，试验的失效是基本沿着-30°材料主方向起始。图 8.33 所示为 45°拉伸试样的有限元仿真模型结合非线性材料用户子程序以及几何非线性计算得到的试样标距中间位置处应力-应变行为曲线。从试验结果和有限元预测结果的比较可见，形如式（8.11）所示的本构模型，可给出材料在复杂应力条件下的响应行为。图 8.34 所示为 45°拉伸试样中损伤参数的分布云图。从损伤云图可见 45°拉伸试样的损伤没有显著的方向性，损伤从标距段中间部分起始，并沿轴向扩展，直到断裂。

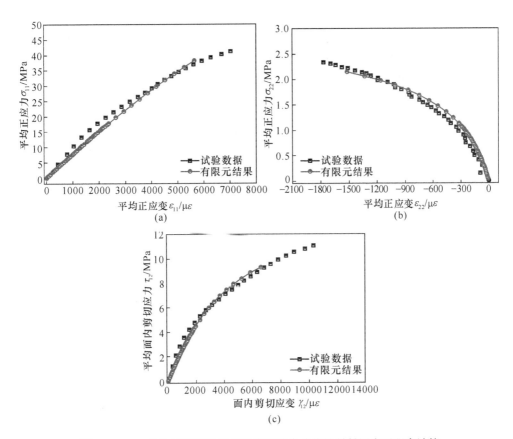

图 8.29 15°拉伸试样有限元仿真模型结合非线性材料用户子程序计算
得到的标距中间某典型位置处应力-应变曲线与拉伸实测结果的比较

(a) σ_{11}-ε_{11}；(b) σ_{22}-ε_{22}；(c) τ_{12}-γ_{12}

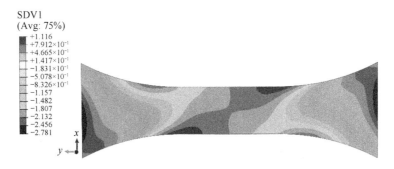

图 8.30 15°拉伸试样有限元仿真模型结合非线性材料用户子程序
计算得到的应力损伤指标分布云图

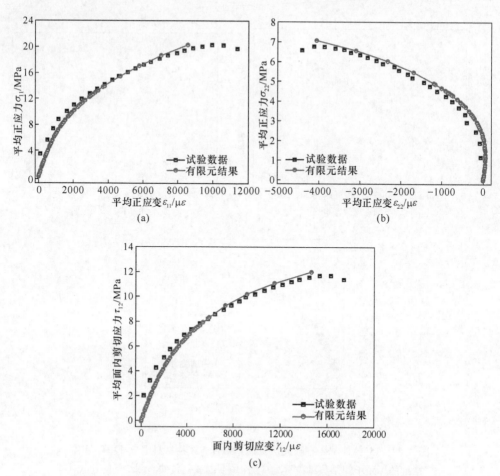

图 8.31　30°拉伸试样有限元仿真模型结合非线性材料用户子程序计算
得到的标距中间某典型位置处应力–应变曲线与拉伸实测结果的比较

（a）σ_{11}-ε_{11}；（b）σ_{22}-ε_{22}；（c）τ_{12}-γ_{12}

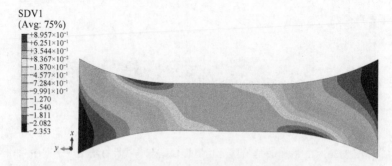

图 8.32　30°拉伸试样有限元仿真模型结合非线性材料用户子程序
计算得到的应力损伤指标分布云图

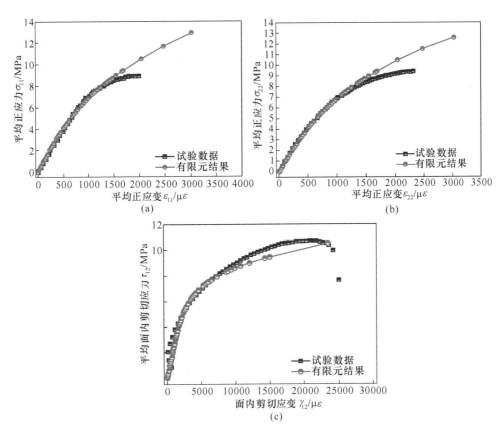

图 8.33 45°拉伸试样有限元仿真模型结合非线性材料用户子程序计算
得到的标距中间某典型位置处应力-应变曲线与拉伸实测结果的比较

(a) σ_{11}-ε_{11}；(b) σ_{22}-ε_{22}；(c) τ_{12}-γ_{12}

图 8.34 45°拉伸试样有限元仿真模型结合非线性材料用户子程序
计算得到的应力损伤指标分布云图

8.5.3　材料面内非线性力学行为机制

本节提出可采用细观力学单胞有限元模型定性地分析二维编织高铝纤维增强硅氧铝基复合材料主方向的非线性变形机制，即建立能具体表征材料编织细节的代表性体积单元模型，结合有限元模型定性分析该复合材料的变形机理。为了了解二维编织高铝纤维增强硅氧铝基复合材料的变形机理，使用 TexGen 建立了一组单轴拉伸状态下的代表性体积单胞（RVC），定性研究每种成分对复合材料整体行为的影响。结合 TexGen 建立的有限元模型中展现的材料特征包括：纤维束的几何形状、纤维束的方向、纤维体积分数、基体的材料特性以及周期性边界条件。假定二维编织陶瓷基复合材料中的纤维横截面形状为椭圆形，建模时不考虑材料中分布的空隙，除纤维之外的体积全部为基体，建立具有二维编织陶瓷基复合材料代表性体积单元的代表性几何模型，如图 8.35 所示。借助自动生成有限元网格的功能对该几何模型进行网格划分，网格类型为六面体实体单元（C3D8R），每个边长按比例划分单元，纵向及横向分别划分 80 个单元，厚度方向上 4 个单元，最终生成的代表体元中总共包含 25600 个单元及 28617 个节点。在图 8.36 中，浅灰色单元为基体，深灰色和黑灰色单元分别代表纵向和横向的纤维束。在材料属性设置模块，假设硅氧铝基体材料属性为各向同性的，纤维束的材料属性为具有横观各向同性弹性特性的单向复合材料。不考虑界面效应，单元与单元之间的连接方式为共节点连接。设置模型边界条件为对模型施加周期性边界条件（PBC），确保变形和应力的周期性。周期性边界条件的设定由有限元中的显式表达式多点约束（MPC）实现。由于材料的厚度远小于平面尺寸，因

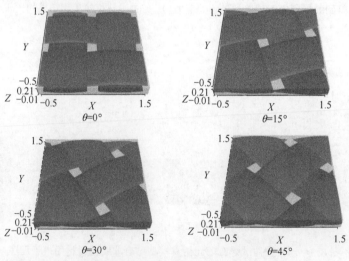

图 8.35　45°拉伸试样有限元仿真模型结合非线性材料用户子程序
计算得到的应力损伤指标分布云图

此设代表性体积单胞的顶面和底面为自由边界面。在对单元进行分析时采用几何非线性计算。基于施加的载荷和计算出的位移，结合能量理论，可以定性获得材料的均质等效应力-应变响应，从而讨论材料的变形机理。

图 8.36 代表性体积单元示意图

由于硅氧铝基材料和高铝纤维材料的特殊性，无法获得基体和纤维准确的力学性能，损伤演化规律和破坏准则。考虑定性地分析研究二维编织气凝胶基复合材料的变形机理，根据基体和纤维束的材料特性得知，纤维束的弹性模量远高于基体的弹性模量。基于这种特征估算得到材料的等效正应力-应变行为如图 8.37 所示。与实验过程中得到的非线性趋势相似，材料在受到纵向拉伸载荷作用时，沿拉伸方向的纤维束被拉长，横向纤维束由于编织相互作用，发生弯曲导致面外变形，如图 8.38 所示。因此，由于硅氧铝基的低弹性模量以及纤维束和硅氧铝基体之间的相互作用，面外大变形可导致材料出现显著的非线性横向收缩。同时，纤维束和基体材料之间的材料常数不匹配也在变形机制中起到了关键作用，如图 8.39 所示，对于均质正交各向异性材料，轴向拉伸试样的正应力-应变响应

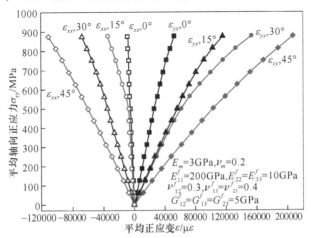

图 8.37 代表性体积单胞等效正应力-应变行为

曲线是线性的。随着纤维束和基质之间材料参数不匹配度增加，应力–应变响应曲线的非线性趋势越来越明显，如图 8.40 所示。由于采用单胞建模时纤维束和基体均为线性弹性，因此均匀化得到的等效应力–应变响应曲线表现出的非线性特征是由几何非线性引起。

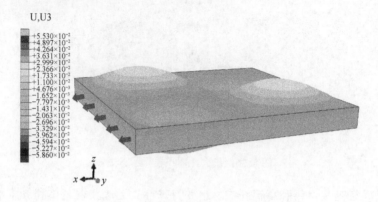

图 8.38　代表性体积单胞的变形示意图

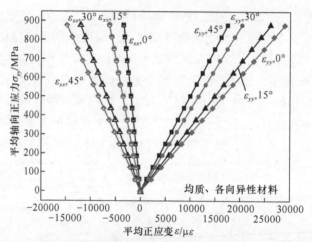

图 8.39　均质正交各向异性代表性体积单胞的等效应力–应变行为

　　综上，单胞数值模拟结果表明，导致该材料的非线性响应的原因包括：
（1）无约束的表面。由于表面无约束，横向纤维弯曲导致横向产生非线性收缩。
（2）纤维束和基体材料之间参数不匹配，相互之间的作用导致材料出现非线性。
　　本章以二维编织硅氧铝基复合材料为研究对象，采用基于数字图像相关的全场测量方法，从简单应力状态到复杂应力状态对典型陶瓷基复合材料的强度、破坏模式及破坏机理进行研究，尤其是进行本构参数识别，研究该材料在不同应力状态下的力学行为，充分了解材料的非线性力学行为，进而了解或建立材料失效

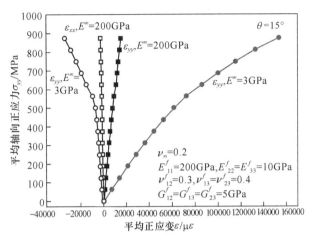

图 8.40　非均质代表性体积单胞材料坐标系下等效应力-应变响应曲线

的准则，并且建立相应的本构模型。在此基础上，结合 TexGen 对二维编织结构的变形模式进行了定性的分析讨论，并结合有限元模型修正技术对材料参数进行反演。

（1）针对二维编织陶瓷基复合材料设计并制备试件进行简单应力状态和复杂应力状态下的实验，实验过程中结合数字图像相关方法对全场应变进行测量，获取材料基本的力学性能。从实验结果可以看到，复杂多轴载荷条件下材料的响应行为与单轴载荷条件的行为有很大区别，线性阶段多轴应力分量之间的耦合行为不明显，因此多轴复杂应力对材料的线性行为影响很小。随着应力水平的提高，不同应力分量均表现出显著的非线性行为，多轴应力分量之间的耦合行为对材料的非线性力学本构行为影响显著。

（2）基于互补应变能密度的一般公式建立本构模型。使用多变量线性最小二乘回归从计算的应力和测量的应变中反演材料的本构参数。通过与偏轴拉伸实验结果进行比较，证明该本构模型能与实验数据很好吻合。

参 考 文 献

[1] Leuchs M. Chemical Vapour Infiltration Processes for Ceramic Matrix Composites：Manufacturing，Properties，Applications［M］. John Wiley & Sons, Ltd., 2008.

[2] Javadi A，Rezania M. Intelligent finite element method：An evolutionary approach to constitutive modeling［J］. Advanced Engineering Informatics，2009，23(4)：442~541.

[3] Yue C，Feng J，Feng J，et al. Efficient gaseous thermal insulation aerogels from 2-dimension nitrogendoped graphene sheets［J］. International Journal of Heat Mass Transfer，2017，109：1026~1030.

[4] Jiang Y，Feng J，Feng J. Synthesis and characterization of ambient-dried microglass fibers/silica aerogelnanocomposites with low thermal conductivity［J］. Journal of Sol-Gel Science and Technol-

ogy, 2017, 83(1): 64~71.

[5] 黄兴, 冯坚, 张思钊, 等. 纤维素基气凝胶功能材料的研究进展 [J]. 材料导报, 2016, 30(7): 9~14, 27.

[6] 李香兰. 平纹编织 C/SiC 复合材料的力学性能 [D]. 南昌: 南昌大学, 2011.

[7] 吕双祺, 石多奇, 杨晓光, 等. 采用数字图像相关方法的莫来石纤维增强气凝胶复合材料力学实验 [J]. 复合材料学报, 2015, 32(5): 1428~1435.

[8] 郭保桥, 陈鹏万, 谢惠民, 等. 虚位移场方法在石墨材料力学参数测量中的应用 [J]. 实验力学, 2011, 26(5): 565~572.

[9] 国防科学技术工业委员会. GJB 6475—2008 连续纤维增强陶瓷基复合材料常温拉伸性能实验方法 [S]. 北京: 国防科工军标出版发行部, 2008.

[10] Orteu J. Image correlation for shape, motion and deformation measurements: basic concepts, theory and applications[M]. Springer Science Business Media, 2009.

[11] Wang Y C S, Lava P. Investigation of the uncertainty of DIC under heterogeneous strain states with numerical tests[J]. Strain, 2012, 48(6): 453~462.

[12] ASTM C1292—00 高温下连续纤维增强高级陶瓷剪切强度标准实验方法 [S]. 美国: 美国材料试验协会, 2000.

[13] He Y, Makeev A, Shonkwiler B. Characterization of nonlinear shear properties for composite materials using digital image correlation and finite element analysis[J]. Composites Science Technology, 2012, 73: 64~71.

[14] Carpentier P, Liu L, Makeev A, et al. An improved short-beam method for measuring multiple constitutive properties for composites[J]. Journal of Testing and Evaluation, 2016, 44(1): 1~14.

[15] Tiren He A M, Liu Liu. Uncertainty analysis in composite material properties characterization using digital image correlation and finite element method[J]. Composite Structures, 2018, 184: 337~351.

[16] 汪文学, 高雄善裕. 正交各向异性复合材料板的非线性弹性应力应变关系 [J]. 固体力学学报, 1991, 12(4): 71~76.

[17] Camanho P P, Dávila C G, Pinho S T, et al. Prediction of in situ strengths and matrixcracking in composites under transverse tension and in plane shear[J]. Composites: Part A, 2006, 37(2): 161~172.

[18] Vogler T J, Kyriakides S. Inelastic behavior of an AS4/PEEK composite under combined transverse compression and shear. Part Ⅰ: Experiments [J]. International Journal of Plasticity, 1999, 15(8): 783~806.

[19] Puck A, Mannigel M. Physically based non-linear stress-strain relations for the inter-fibre fracture analysis of FRP laminates [J]. Composites Science Technology, 1998, 67(9): 1955~1964.

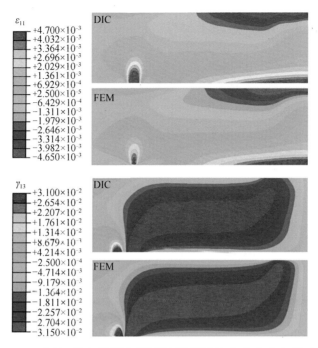

图 4.14　1—3 面加载条件下有限元计算得到的应变分布与数字图像相关
方法实测应变分布比较情况

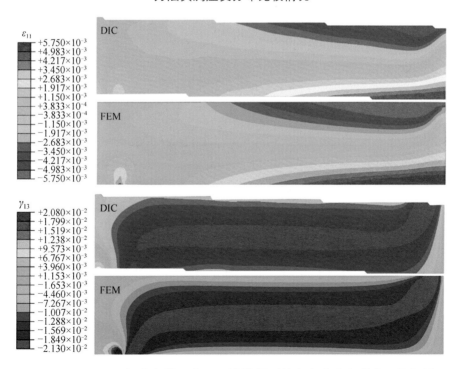

图 4.15　1—2 面加载条件下有限元计算得到的应变分布与数字图像相关
方法实测应变分布比较情况

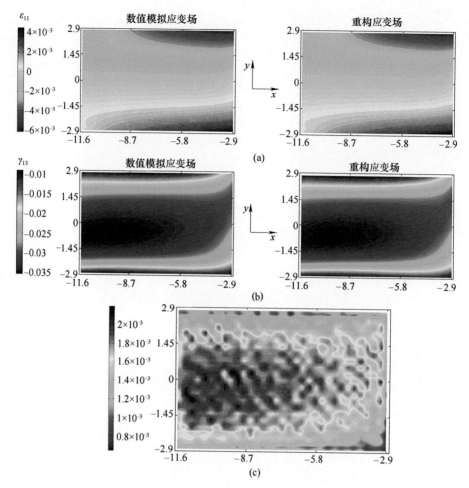

图 5.9 不考虑噪声条件下有限元模型数值计算得到的模拟应变场云图、重构应变场
云图及重构算法误差云图

(a) 正应变 ε_{xx}；(b) 剪应变 γ_{xy}；(c) 重构应变误差云图

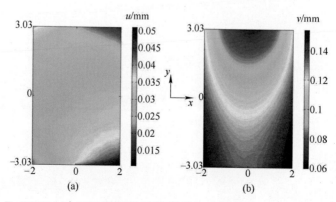

图 6.7 对 P=5740N 时 DIC 实测位移数据进行全场有限元重构后所得位移场

(a) 沿 x 方向位移场；(b) 沿 y 方向位移场

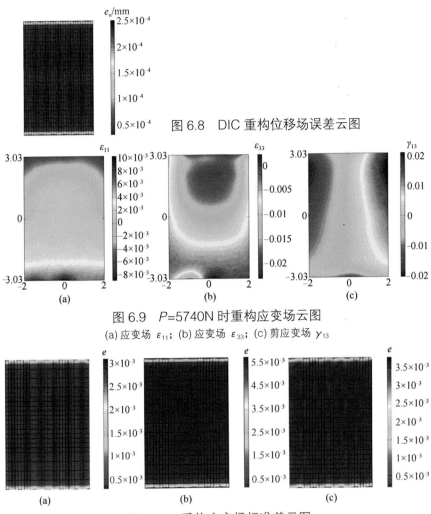

图 6.8 DIC 重构位移场误差云图

图 6.9 $P=5740N$ 时重构应变场云图

(a) 应变场 ε_{11}；(b) 应变场 ε_{33}；(c) 剪应变场 γ_{13}

图 6.10 重构应变场标准差云图

(a) ε_{11} 标准差云图；(b) ε_{33} 标准差云图；(c) γ_{13} 标准差云图

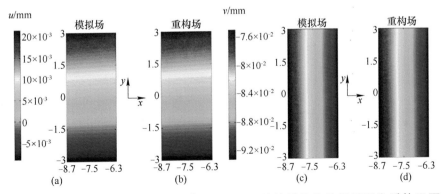

图 7.3 含标准差 $\sigma_0=2.79 \times 10^{-5}$mm 随机误差的模拟位移场云图和重构云图

(a) 沿 x 方向模拟位移云图；(b) 沿 x 方向重构位移云图；

(c) 沿 y 方向模拟位移云图；(d) 沿 y 方向重构位移云图

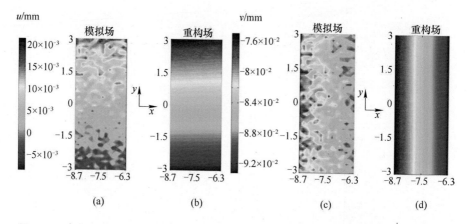

图 7.4　含标准差 $\sigma_0 = 2.79 \times 10^{-4}$ mm 随机误差的模拟位移场云图和重构云图

(a) 沿 x 方向模拟位移云图；(b) 沿 x 方向重构位移云图；

(c) 沿 y 方向模拟位移云图；(d) 沿 y 方向重构位移云图

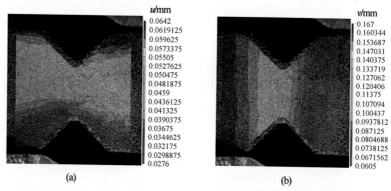

图 8.20　常温纯剪切试验过程中识别得到的位移场（剪切载荷 $V = 125.5$ N）

(a) x 方向位移 u；(b) y 方向位移 v

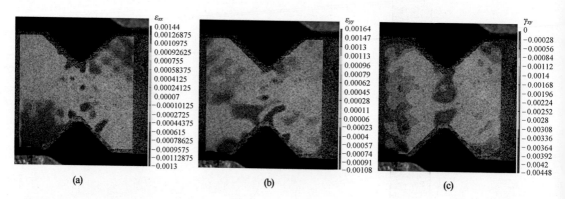

图 8.21　纤维增强硅氧铝基复合材料常温纯剪切试验中 DIC 实测应变场分布（$V = 125.5$ N）

(a) ε_{xx}；(b) ε_{yy}；(c) γ_{xy}